영재학급, 영재교육원,
경시대회 준비를 위한

창의사고력 초등수학 팩

수 · 퍼즐 · 측정

"

서로 다른 펜토미노 조각 퍼즐을 맞추어
직사각형 모양을 만들어 본 경험이 있는지요?

한참을 고민하여 스스로 완성한 후 느끼는 행복은 꼭 말로 표현하지 않아도 알겠지요. 퍼즐 놀이를 했을 뿐인데, 여러분은 펜토미노 12조각을 어느 사이에 모두 외워버리게 된답니다. 또 보도블록을 보면서 조각 맞추기를 하고, 화장실 바닥과 벽면의 조각들을 보면서 멋진 퍼즐을 스스로 만들기도 한답니다.
이 과정에서 공간에 대한 감각과 또 다른 퍼즐 문제, 도형 맞추기, 도형 나누기 에 대한 자신감도 생기게 되지요. 완성했다는 행복감보다 더 큰 자신감과 수학에 대한 흥미가 생기게 되는 것입니다.

팩토가 만드는 창의사고력 수학은 바로 이런 것입니다.

수학 문제를 한 문제 풀었을 뿐인데, 그 결과는 기대 이상으로 여러분을 행복하게 해줍니다. 학교에서도 친구들과 다른 멋진 방법으로 문제를 해결할 수 있고, 중학생이 되어서는 더 큰 꿈을 이루는 밑거름이 되어 줄 것입니다.
물론 고민하고, 시행착오를 반복하는 것은 퍼즐을 맞추는 것과 같이 여러분들의 몫입니다. 팩토는 여러분에게 생각할 수 있는 기회를 주고, 그 과정에서 포기하지 않도록 여러분들을 도와주는 친구가 되어줄 것입니다.
자 그럼 시작해 볼까요?

"

Contents

Ⅰ 수

Ⅱ 퍼즐

Ⅲ 측정

구성과 특징

팩토를 공부하기 前 » 진단평가

1 매스티안 홈페이지 www.mathtian.com의 교재 자료실에서 해당 학년의 진단평가 시험지와 정답지를 다운로드 하여 출력한 후 정해진 시간 안에 풀어 봅니다.

2 학부모님 또는 선생님이 정답지를 참고하여 채점하고 채점한 결과를 홈페이지에 입력한 후 팩토 교재 추천을 받습니다.

팩토를 공부하는 방법

① 원리 탐구하기

주제별 원리 이해를 위한 활동으로 구성되며, 주제별 기본 개념과 문제 해결의 노하우가 정리되어 있습니다.

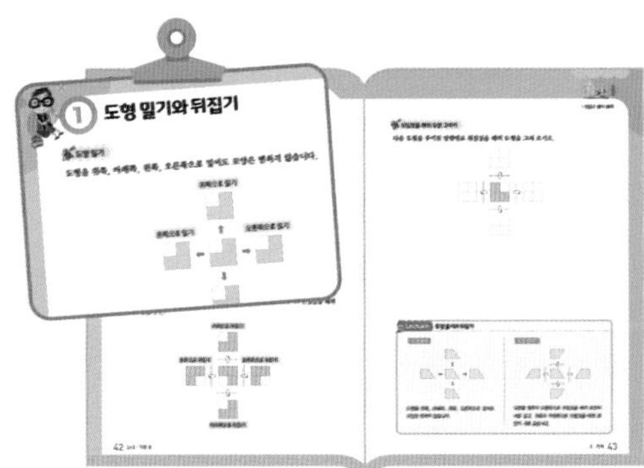

② 대표 유형 익히기

대표 유형 문제를 해결하는 사고의 흐름을 단계별로 전개하였고, 반복 수행을 통해 효과적으로 유형을 습득할 수 있습니다.

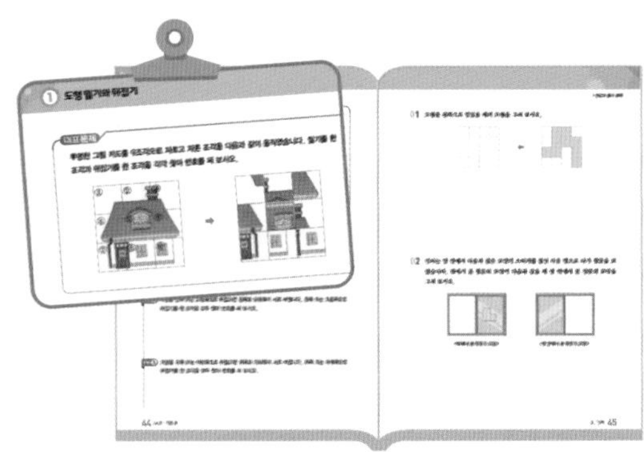

③ 실력 키우기

유형별 학습이 가장 놓치기 쉬운 주제 통합형 문제를 수록하여 내실 있는 마무리 학습을 할 수 있습니다.

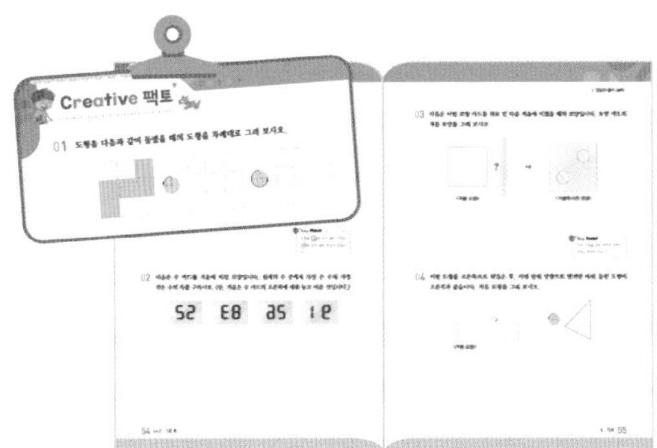

④ 경시대회 & 영재교육원 대비

- 각 주제의 대표적인 경시대회 대비, 심화 문제를 담았습니다.
- 영재교육원 선발 문제인 영재성 검사를 경험할 수 있는 개방형·다답형 문제를 담았습니다.

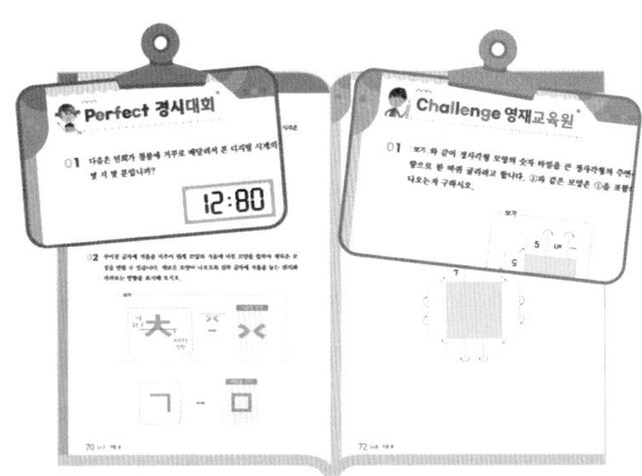

⑤ 명확한 정답 & 친절한 풀이

채점하기 편하게 직관적으로 정답을 구성하였고, 틀린 문제를 이해하거나 다양한 접근을 할 수 있도록 친절하게 풀이를 담았습니다.

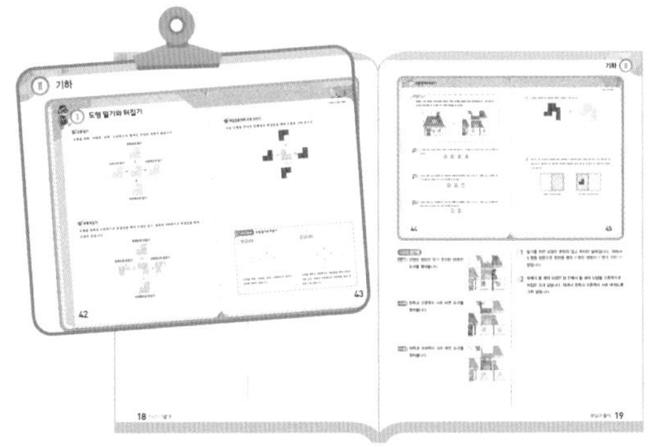

팩토를 공부하고 난 後 » 형성평가·총괄평가

1. 팩토 교재의 부록으로 제공된 형성평가와 총괄평가를 정해진 시간 안에 풀어 봅니다.
2. 학부모님 또는 선생님이 정답지를 참고하여 채점하고 채점한 결과를 매스티안 홈페이지 www.mathtian.com에 입력한 후 학습 성취도와 다음에 공부할 팩토 교재 추천을 받습니다.

I

수

학습 Planner

계획한 대로 공부한 날은 😀에, 공부하지 못한 날은 ☹에 ◯표 하세요.

공부할 내용	공부할 날짜	확 인
1 수와 숫자의 개수	월 일	😀 ☹
2 수의 크기를 나타내는 식	월 일	😀 ☹
3 숫자 카드로 수 만들기	월 일	😀 ☹
Creative 팩토	월 일	😀 ☹
4 숫자가 가려진 수의 크기 비교	월 일	😀 ☹
5 몇째 번 수 만들기	월 일	😀 ☹
6 조건에 맞는 수	월 일	😀 ☹
Creative 팩토	월 일	😀 ☹
Perfect 경시대회	월 일	😀 ☹
Challenge 영재교육원	월 일	😀 ☹

1 수와 숫자의 개수

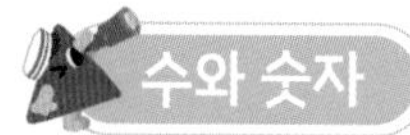

주어진 숫자 카드 3장을 사용하여 한 자리 수와 두 자리 수를 만들고 ☐ 안에 알맞은 수를 써넣으시오.

2 3 8

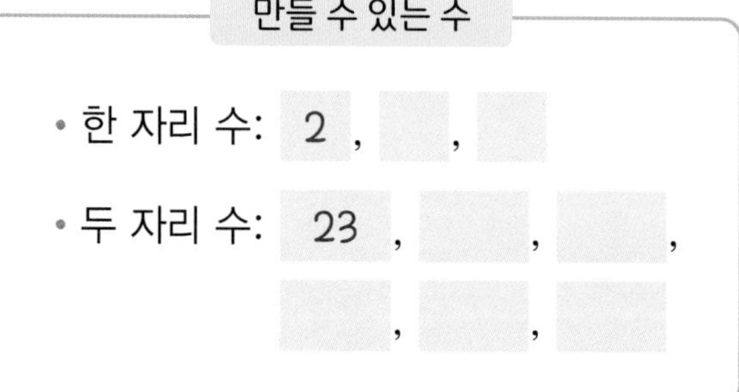

만들 수 있는 수
• 한 자리 수: 2 , ☐ , ☐
• 두 자리 수: 23 , ☐ , ☐ , ☐ , ☐ , ☐

➡ 숫자 3 개를 사용하여 만들 수 있는 수는 모두 ☐ 개입니다.

0 5 9

만들 수 있는 수

• 한 자리 수: ☐ , ☐ , ☐

• 두 자리 수: ☐ , ☐ , ☐ , ☐

➡ 숫자 ☐ 개를 사용하여 만들 수 있는 수는 모두 ☐ 개입니다.

Lecture 수와 숫자

수는 0부터 9까지의 숫자로 이루어져 있습니다.

68은 숫자 6과 숫자 8로 이루어진 1개의 두 자리 수입니다.

68 ─ 수 : 68 ➡ 1개
　　─ 숫자 : 6 (60을 나타내는 숫자), 8 (8을 나타내는 숫자) ➡ 2개

정답과 풀이 2쪽

0부터 49까지의 수 배열표가 있습니다. 물음에 답해 보시오.

0	1	2	3	4	5	6	7	8	9
10	11	12	13	14	15	16	17	18	19
20	21	22	23	24	25	26	27	28	29
30	31	32	33	34	35	36	37	38	39
40	41	42	43	44	45	46	47	48	49

(1) 일의 자리 숫자가 2인 수에 모두 ○표 하고, 수의 개수를 구해 보시오.

(2) 십의 자리 숫자가 2인 수에 모두 △표 하고, 수의 개수를 구해 보시오.

(3) 0부터 49까지의 수에서 숫자 2는 모두 몇 번 나오는지 구해 보시오.

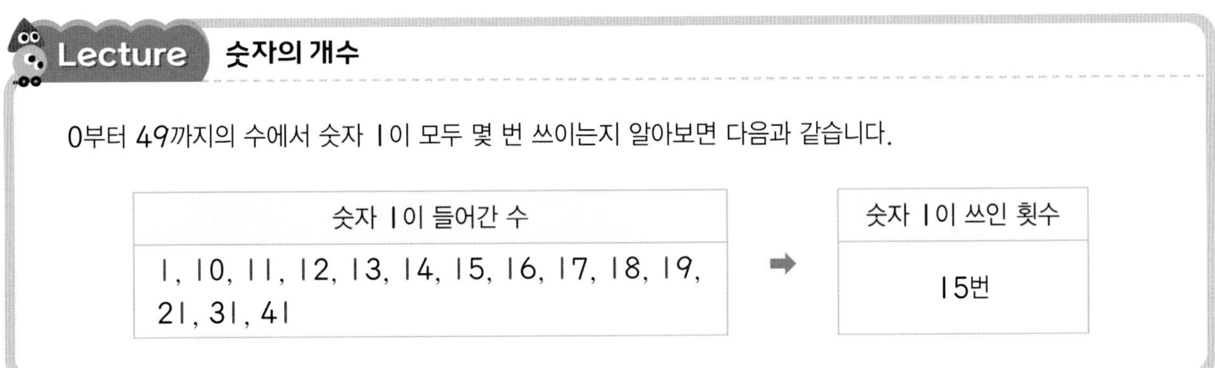

Lecture 숫자의 개수

0부터 49까지의 수에서 숫자 1이 모두 몇 번 쓰이는지 알아보면 다음과 같습니다.

숫자 1이 들어간 수		숫자 1이 쓰인 횟수
1, 10, 11, 12, 13, 14, 15, 16, 17, 18, 19, 21, 31, 41	➡	15번

대표문제

40개의 상자에 1부터 40까지 수를 써 순서대로 나란히 늘어놓았습니다. 숫자 3이 쓰인 상자는 모두 몇 개인지 구해 보시오.

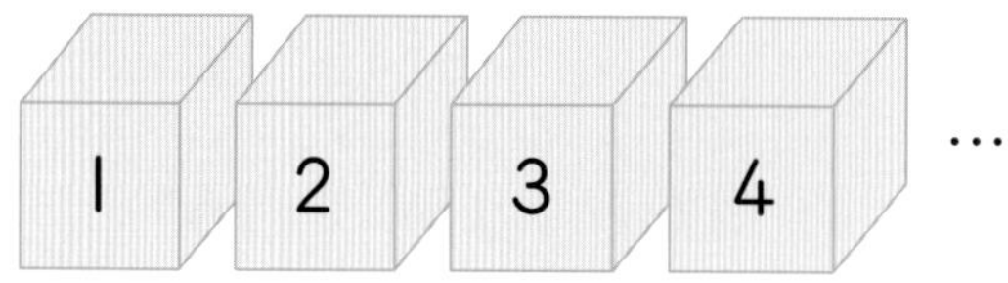

STEP 1 1부터 40까지의 수에서 일의 자리 숫자가 3인 수를 모두 써 보시오.

STEP 2 1부터 40까지의 수에서 십의 자리 숫자가 3인 수를 모두 써 보시오.

STEP 3 STEP 1 과 STEP 2 에서 찾은 수 중 겹치는 수를 써 보시오.

STEP 4 숫자 3이 쓰인 상자는 모두 몇 개입니까?

정답과 풀이 3쪽

01 1부터 60까지의 수가 쓰여 있는 수 배열표가 있습니다. 이 수 배열표에서 숫자 5가 쓰인 수는 모두 몇 개인지 구해 보시오.

1	2	3	4	5	6	7	8	9	10
11	12	13	14	15	16	17	18	19	20

02 다음과 같이 쪽수가 적혀 있는 책을 펼쳤을 때, 쪽수에 적혀 있는 숫자 4는 모두 몇 개인지 구해 보시오.

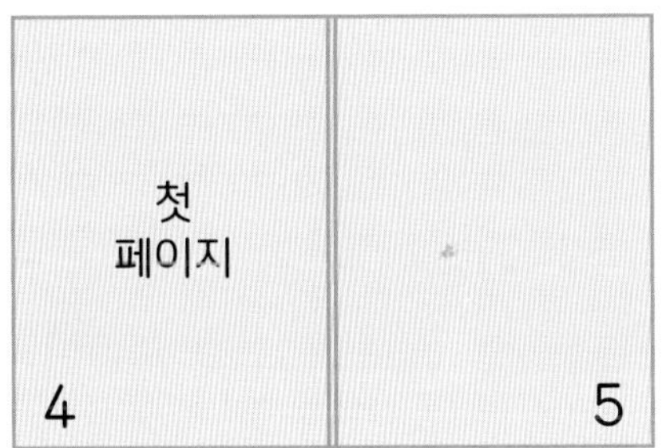

…

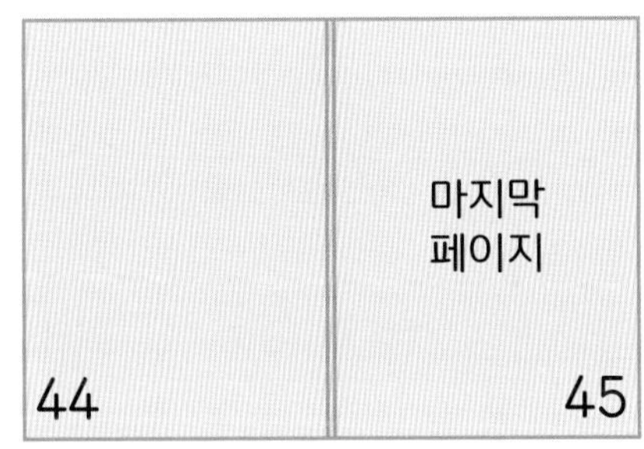

2 수의 크기를 나타내는 식

부등호를 사용하여 식으로 나타내기

주어진 문장을 >, <를 사용하여 식으로 나타낸 후 알맞은 수를 써 보시오.

보기

★은 2보다 큽니다. ➡ 식 2 < ★

★은 7보다 작습니다. ➡ 식 ★ < 7

★은 2보다 크고 7보다 작습니다. ➡ 식 2 < ★ < 7

➡ 2보다 크고 7보다 작은 ★은 3, 4, 5, 6 입니다.

▲은 6보다 큽니다. ➡ 식 ______

▲은 11보다 작습니다. ➡ 식 ______

▲은 6보다 크고 11보다 작습니다. ➡ 식 ______

➡ 6보다 크고 11보다 작은 ▲은 ______ 입니다.

●은 43보다 작습니다. ➡ 식 ______

●은 38보다 큽니다. ➡ 식 ______

●은 38보다 크고 43보다 작습니다. ➡ 식 ______

➡ 38보다 크고 43보다 작은 ●은 ______ 입니다.

정답과 풀이 4쪽

▲이 될 수 있는 숫자 구하기

▲이 될 수 있는 숫자를 모두 찾아 ○표 하시오.

보기

67 < 6▲ ➡ 0 1 2 3 4 5 6 7 ⑧ ⑨

6⑧
6⑨

▲1 < 42 ➡ 0 1 2 3 4 5 6 7 8 9

98▲ < 983 ➡ 0 1 2 3 4 5 6 7 8 9

791 < ▲03 ➡ 0 1 2 3 4 5 6 7 8 9

365 < 3▲0 ➡ 0 1 2 3 4 5 6 7 8 9

Lecture 수의 크기를 나타내는 식

수의 크기는 부등호를 사용한 식으로 나타냅니다.

① ▲은 2보다 큽니다. ➡ 2 < ▲

② ▲은 8보다 작습니다. ➡ ▲ < 8

③ ▲은 2보다 크고 8보다 작습니다. ➡ 2 < ▲ < 8

대표문제

● 안에 들어갈 수 있는 수를 모두 구해 보시오.

10 < 20－● < 15

STEP 1 20－●＝★이라고 할 때, ★이 될 수 있는 수를 모두 구해 보시오.

10 < ★ < 15

STEP 2 20－●＝★에 STEP 1에서 구한 ★의 값을 넣어서 ●가 될 수 있는 수를 구해 보시오.

- ★＝ 11 ➡ 20－●＝ 11 , 따라서 ●＝
- ★＝ ➡ 20－●＝ , 따라서 ●＝
- ★＝ ➡ 20－●＝ , 따라서 ●＝
- ★＝ ➡ 20－●＝ , 따라서 ●＝

STEP 3 ● 안에 들어갈 수 있는 수를 모두 구해 보시오.

정답과 풀이 5쪽

01 ★ 안에 들어갈 수 있는 수를 모두 더한 값을 구해 보시오.

$21 < 17 + ★ < 28$

02 십의 자리 숫자를 알 수 없는 세 자리 수 '2●5'와 '1●6'의 크기가 다음과 같을 때, ● 안에 공통으로 들어갈 수 있는 숫자를 구해 보시오.

$270 < 2●5$
$1●6 < 186$

3 숫자 카드로 수 만들기

숫자 카드로 두 자리 수 만들기

주어진 3장의 숫자 카드 중 2장을 사용하여 두 자리 수를 만들어 보시오.

숫자 카드: 1, 2, 4

십의 자리	일의 자리		두 자리 수
1	2	➡	1 2
	□	➡	□□
2	□	➡	□□
	□	➡	□□
□	□	➡	□□
	□	➡	□□

숫자 카드: 0, 5, 8

십의 자리	일의 자리		두 자리 수
5	0	➡	□□
	□	➡	□□
□	□	➡	□□
	□	➡	□□

정답과 풀이 6쪽

숫자 카드로 세 자리 수 만들기

주어진 3장의 숫자 카드를 모두 사용하여 세 자리 수를 만들어 보시오.

3 6 9

백의 자리	십의 자리	일의 자리		세 자리 수
3	6	9	➡	3 6 9
	☐	☐	➡	☐ ☐ ☐
☐	☐	☐	➡	☐ ☐ ☐
	☐	☐	➡	☐ ☐ ☐
☐	☐	☐	➡	☐ ☐ ☐
	☐	☐	➡	☐ ☐ ☐

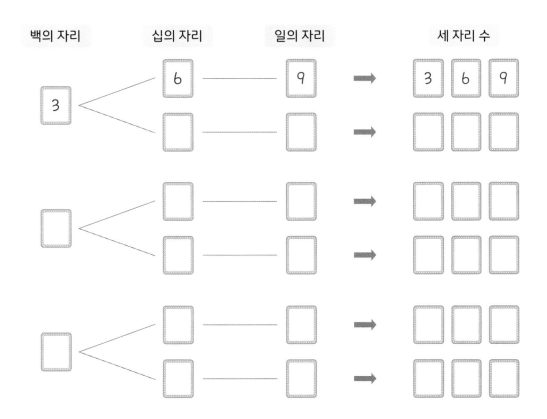

Lecture 숫자 카드로 수 만들기

다음은 3장의 숫자 카드 1, 4, 7 로 만들 수 있는 수입니다.

① 숫자 카드로 만든 한 자리 수: 1, 4, 7
② 숫자 카드로 만든 두 자리 수: 14, 17, 41, 47, 71, 74
③ 숫자 카드로 만든 세 자리 수: 147, 174, 417, 471, 714, 741

숫자 카드로 수 만들기

대표문제

주어진 4장의 숫자 카드 중 2장을 사용하여 만들 수 있는 두 자리 수 중에서 65보다 작은 수는 모두 몇 개인지 구해 보시오.

2 6 0 9

STEP 1 두 자리 수를 만들 때, 십의 자리에 들어갈 수 있는 숫자를 모두 써 보시오.

STEP 2 안에 알맞게 숫자를 써넣어 두 자리 수를 만들어 보시오.

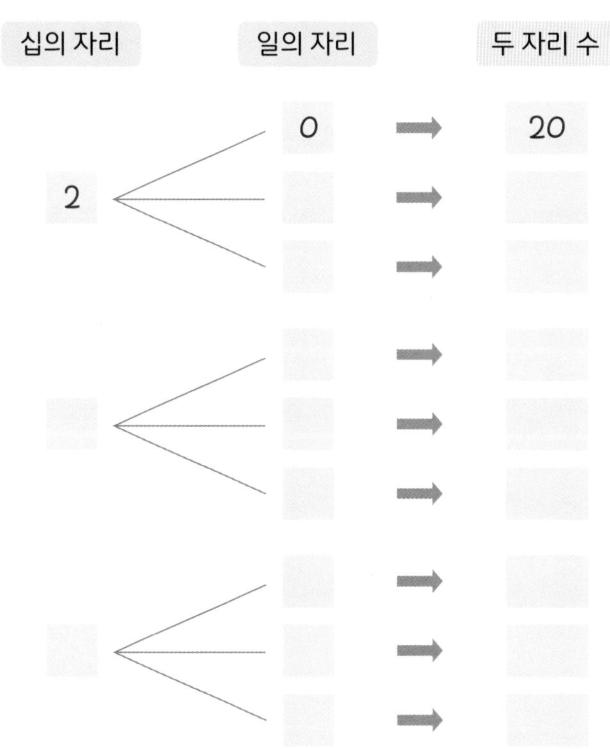

STEP 3 STEP 2에서 만든 두 자리 수 중에서 65보다 작은 수는 모두 몇 개입니까?

정답과 풀이 7쪽

01 주어진 3장의 숫자 카드 중 2장을 사용하여 만들 수 있는 두 자리 수 중에서 홀수는 모두 몇 개인지 구해 보시오.

2 7 3

02 주어진 4장의 숫자 카드 중 2장을 사용하여 만들 수 있는 두 자리 수 중에서 십의 자리 수가 일의 자리 수보다 작은 수를 모두 구해 보시오.

4 5 1 0

Creative 팩토

01 1부터 100까지의 쪽수가 적혀 있는 수학 문제집이 있습니다. 이 수학 문제집의 쪽수에서 숫자 1이 한 번만 적힌 쪽수는 모두 몇 쪽인지 구해 보시오.

Key Point
일의 자리, 십의 자리, 백의 자리에 숫자 1이 들어가는 경우를 찾아봅니다.

02 민영이가 1부터 50까지의 수를 더하기 위해 계산기를 사용했습니다. 민영이는 숫자 4와 숫자 8 중 어느 것을 몇 번 더 많이 눌렀는지 구해 보시오.

Key Point
숫자 4와 숫자 8이 각각 일의 자리에 쓰인 경우와 십의 자리에 쓰인 경우로 나누어 생각합니다.

정답과 풀이 8쪽

03 ⬚ 안에 들어갈 수 있는 한 자리 수를 모두 더한 값을 구해 보시오.

$8+1\square > 24$

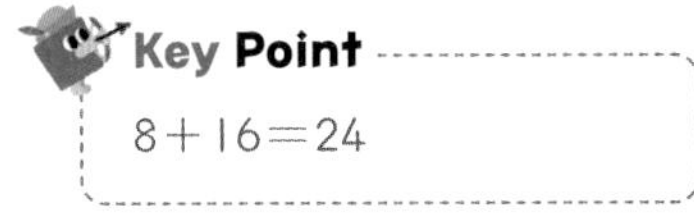

Key Point

8+16=24

04 주어진 4장의 숫자 카드 중 3장을 사용하여 만들 수 있는 세 자리 수 중에서 짝수는 모두 몇 개인지 구해 보시오.

0 1 2 3

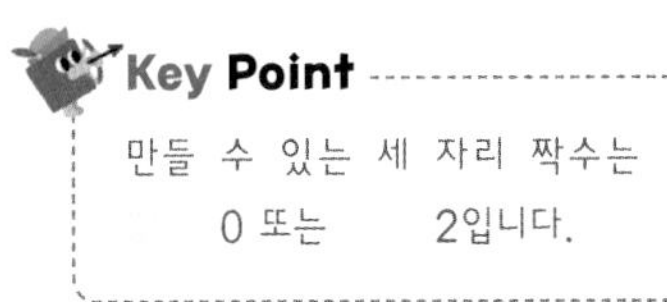

Key Point

만들 수 있는 세 자리 짝수는 0 또는 2입니다.

4 숫자가 가려진 수의 크기 비교

크기에 맞게 수 만들기

주어진 숫자 카드를 모두 사용하여 수의 크기 비교에 맞게 식을 완성해 보시오.

1 5 5　　　　　　　0 1 2

□□□ < 2 0 7 < □□□

9 5 3　　6 3 1

□□□ < □□□ < 4 3 0

세 수의 크기 비교

주어진 식을 보고 □ 안에 알맞은 숫자를 써넣으시오.

18▲ < 181 < 1★0 ➡ ▲= 0 , ★= □

●60 < 258 < 25♥ ➡ ●= □ , ♥= □

640 < ▲28 < 72★ ➡ ▲= □ , ★= □

정답과 풀이 9쪽

숫자가 가려진 수의 크기 비교

두 수의 숫자가 가려져 보이지 않습니다. ▲ 안에 공통으로 들어갈 수 있는 숫자를 모두 찾아 ○표 하시오.

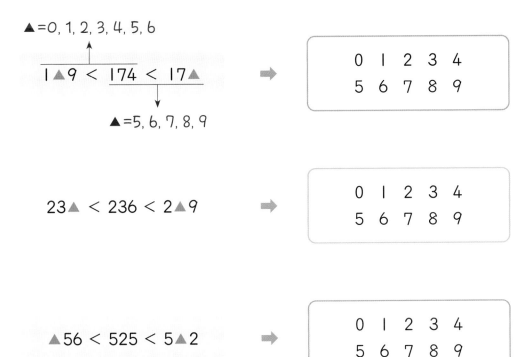

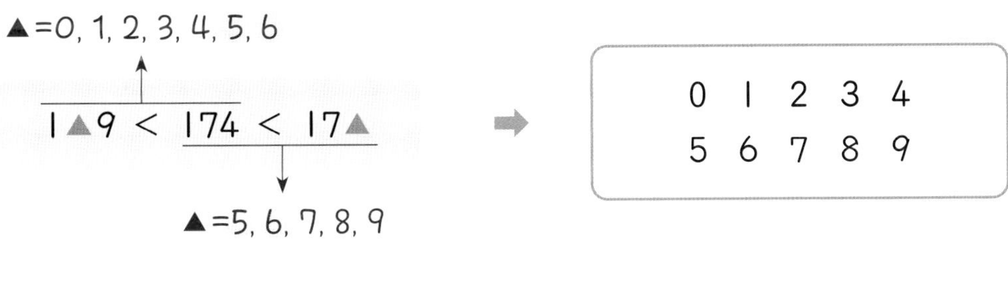

➡ 0 1 2 3 4 5 6 7 8 9

23▲ < 236 < 2▲9 ➡ 0 1 2 3 4 5 6 7 8 9

▲56 < 525 < 5▲2 ➡ 0 1 2 3 4 5 6 7 8 9

Lecture 숫자가 가려진 수의 크기 비교

숫자가 가려진 수의 크기를 비교할 경우 다음과 같은 방법으로 가려진 숫자를 구해 봅니다.

18■ < 181 < 1●0

STEP1 18■ < 181 < 1●0
180=180
■ < 1 → ■=0

STEP2 18■ < 181 < 1●0
100=100
81 < ●0 → ●=9

따라서 ■=0, ●=9입니다.

숫자가 가려진 수의 크기 비교

대표문제

다음은 네 사람이 일주일 동안 줄넘기를 넘은 횟수를 나타낸 표입니다. 종우, 이루, 고은, 윤진이의 순서로 줄넘기를 많이 넘었습니다. ☐ 안에 알맞은 숫자를 써넣으시오.

이름	종우	이루	고은	윤진
줄넘기를 넘은 횟수(번)	213	2☐4	☐☐5	186

STEP 1 종우는 이루보다 줄넘기를 더 많이 넘었습니다. 이루의 줄넘기 횟수를 구해 보시오.

종우 이루

213 > 2☐4

STEP 2 이루는 고은이보다 줄넘기를 더 많이 넘었습니다. STEP 1에서 구한 이루의 줄넘기 횟수를 이용하여 고은이의 줄넘기 횟수의 백의 자리 숫자를 구해 보시오.

이루 고은

2☐4 > ☐☐5

STEP 3 고은이는 윤진이보다 줄넘기를 더 많이 넘었습니다. STEP 2에서 구한 값을 이용하여 고은이의 줄넘기 횟수를 구해 보시오.

고은 윤진

☐☐5 > 186

01 원희와 친구들이 다음과 같이 구슬을 가지고 있고, 원희, 진수, 소현, 재석의 순서로 구슬을 많이 가지고 있습니다. 진수와 소현이가 가지고 있는 구슬의 수를 각각 구해 보시오. (단, 안에는 같은 숫자를 넣지 않습니다.)

원희: 211개　　진수: 0개　　소현: 4개　　재석: 186개

02 서로 다른 네 수가 있습니다. 안에 0부터 9까지의 숫자가 들어갈 수 있을 때, 셋째 번으로 큰 수를 찾아 기호를 써 보시오.

㉮ 9　　㉯ 0　　㉰ 00　　㉱ 90

5 몇째 번 수 만들기

주어진 3장의 숫자 카드 중 2장을 사용하여 두 자리 수를 만들고 큰 수부터 차례로 써 보시오.

1 3 5

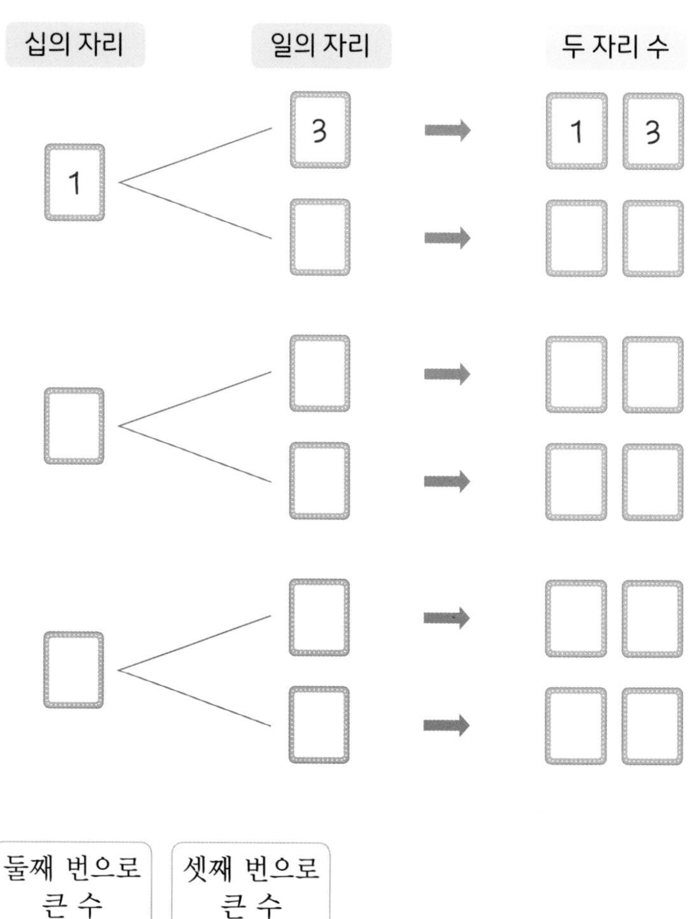

가장 큰 수 — 둘째 번으로 큰 수 — 셋째 번으로 큰 수 — 셋째 번으로 작은 수 — 둘째 번으로 작은 수 — 가장 작은 수

정답과 풀이 11쪽

순서에 맞게 세 자리 수 만들기

0, 3, 8 3장의 숫자 카드를 모두 사용하여 세 자리 수를 만들고 큰 수부터 차례로 써 보시오.

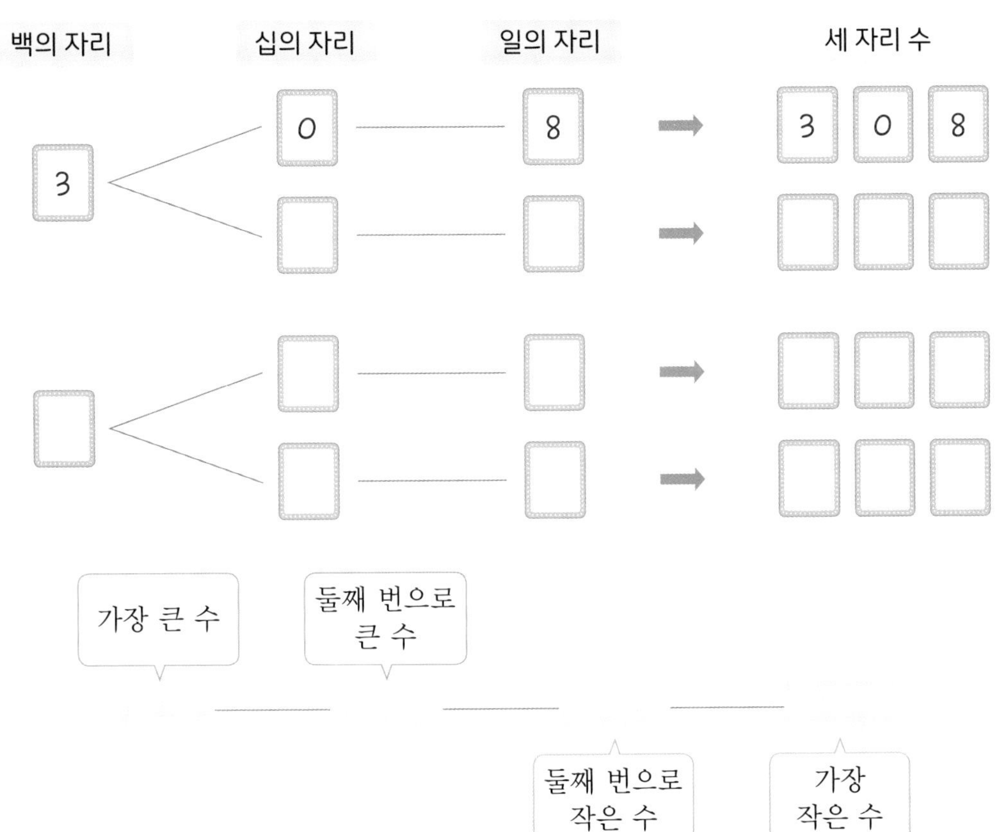

Lecture 몇째 번 수 만들기

0, 1, 4 3장의 숫자 카드 중 2장을 사용하여 두 자리 수를 만들고 수의 크기를 나타내면 다음과 같습니다.

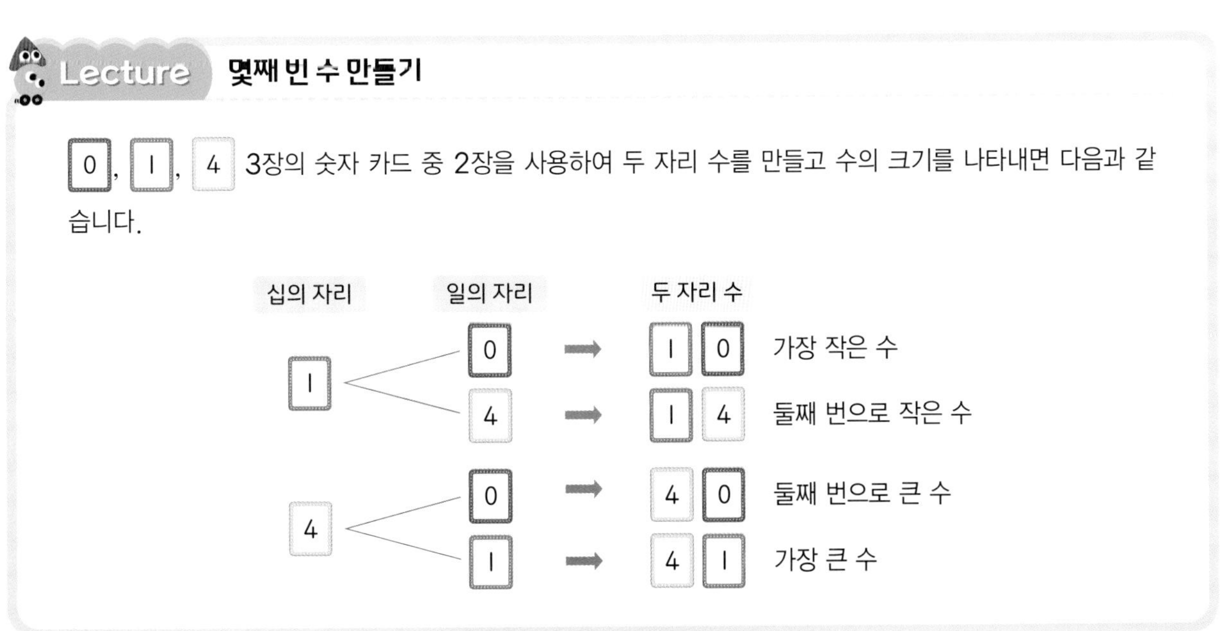

대표문제

주어진 4장의 숫자 카드 중 2장을 사용하여 만들 수 있는 두 자리 수 중에서 셋째 번으로 큰 수를 구해 보시오.

2 5 8 2

STEP 1 십의 자리에 가장 큰 수를 넣어 만들 수 있는 두 자리 수를 큰 수부터 순서대로 2개를 써 보시오.

STEP 2 십의 자리에 둘째 번으로 큰 수를 넣어 STEP 1 에서 만든 수 다음으로 큰 수를 만들어 보시오.

STEP 3 STEP 1 과 STEP 2 의 결과를 보고 만들 수 있는 두 자리 수 중에서 셋째 번으로 큰 수를 써 보시오.

01 주어진 3장의 숫자 카드를 모두 사용하여 만들 수 있는 세 자리 수 중에서 둘째 번으로 작은 수를 구해 보시오.

6 5 0

02 주어진 9장의 숫자 카드 중 3장을 골라 이 중 2장을 사용하여 두 자리 수를 만들려고 합니다. 만들 수 있는 수 중 둘째 번으로 큰 수가 97이라고 할 때, 고른 3장의 숫자 카드는 각각 무엇인지 구해 보시오.

1 2 3 4 5 6 7 8 9

6 조건에 맞는 수

수 배열표에서 조건에 맞는 수 찾기

1부터 50까지의 수 중에서 |조건|에 맞는 수를 모두 찾아 써 보시오.

1	2	3	4	5	6	7	8	9	10
11	12	13	14	15	16	17	18	19	20
21	22	23	24	25	26	27	28	29	30
31	32	33	34	35	36	37	38	39	40
41	42	43	44	45	46	47	48	49	50

|조건|

십의 자리 숫자가 2인 홀수

➡ 21

십의 자리 숫자: 2 / 홀수

|조건|

십의 자리 수와 일의 자리 수의 합이 5인 두 자리 수

➡ 14

→ 1+4=5

|조건|

일의 자리 수에서 십의 자리 수를 뺀 값이 4인 두 자리 수

➡ 15

→ 5−1=4

정답과 풀이 13쪽

조건에 맞는 수를 찾아 ○ 안에 써넣으시오.

151 356 770

각 자리 숫자들이 다른 수

423 561 233

십의 자리 수와 일의 자리 수의 합이 6인 수

145 117 203

120보다 크고 210보다 작은 수

250 491 326

각 자리 수의 합이 10보다 큰 수

Lecture 조건에 맞는 수

10부터 40까지의 두 자리 수 중에서 다음과 같은 조건에 맞는 수를 찾아볼 수 있습니다.

조건 1	각 자리 숫자들이 같은 수	➡ 11, 22, 33
조건 2	십의 자리 숫자가 1인 짝수	➡ 10, 12, 14, 16, 18
조건 3	십의 자리 수와 일의 자리 수의 합이 3인 수	➡ 12, 21, 30

대표문제

다음 | 조건 |을 읽고 수진이의 생일은 언제인지 알아맞혀 보시오.

| 조건 |

수진이의 생일인 ■월 ▲●일을 세 자리 수 ■▲●로 나타낼 때,

① 십의 자리 수와 일의 자리 수의 합은 4입니다.

② 세 자리 수는 짝수입니다. (단, ■, ▲, ●은 0이 아닙니다.)

③ 백의 자리 수는 일의 자리 수보다 작습니다.

STEP 1 | 조건 | ①에서 십의 자리 수와 일의 자리 수의 합이 4인 두 자리 수를 모두 써 보시오.

STEP 2 STEP 1 에서 구한 수 중 짝수를 써 보시오.

STEP 3 STEP 2 에서 구한 수 중 일의 자리 숫자가 0이 아닌 수를 써 보시오.

STEP 4 STEP 3 에서 구한 수의 일의 자리 수보다 작은 수를 백의 자리에 써넣어 세 자리 수 ■▲●을 완성해 보시오.

STEP 5 STEP 4 에서 구한 세 자리 수 ■▲●을 보고 수진이의 생일은 언제인지 써 보시오.

정답과 풀이 14쪽

01 다음 |조건|에 맞는 두 자리 수를 모두 구해 보시오.

조건

- 십의 자리 수와 일의 자리 수의 합이 6입니다.
- 40보다 큰 수입니다.
- 짝수입니다.

02 다음을 보고 각 자리 숫자가 서로 다른 세 자리 수 ◆♥♣을 구해 보시오.

- ◆+♥=4
- ♥ > ♣
- ♣ > ◆

01 다음은 형진이와 친구들의 수학 시험 점수를 나타낸 표입니다. 수학 점수는 형진, 미주, 기혁, 준수 순서로 높습니다. 미주와 기혁이의 수학 점수가 될 수 있는 가장 큰 수를 각각 구해 보시오.

이름	형진	미주	기혁	준수
수학 점수(점)	96	□2	7□	75

02 주어진 4장의 숫자 카드 중 3장을 사용하여 만들 수 있는 세 자리 수 중에서 셋째 번으로 큰 수와 둘째 번으로 작은 수의 합을 구해 보시오.

6 4 8 0

03 | 보기 |와 같은 방법으로 가로 · 세로 퍼즐을 완성해 보시오.

보기

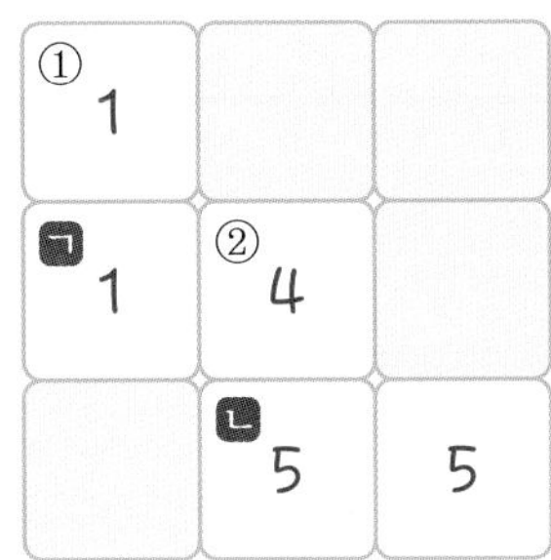

[세로 열쇠]

① 13보다 작은 두 자리 홀수

② 일의 자리 수가 십의 자리 수보다 1만큼 더 큰 수

[가로 열쇠]

㉠ 십의 자리 수와 일의 자리 수의 합이 5인 수

㉡ 십의 자리와 일의 자리 숫자를 바꾸어도 같은 수

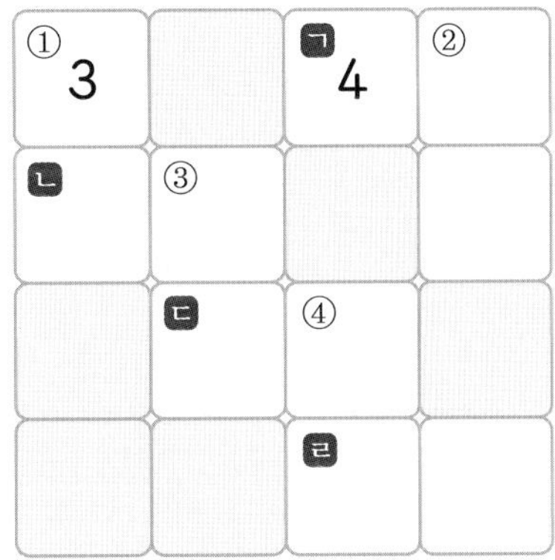

[세로 열쇠]

① 십의 자리 수와 일의 자리 수의 합이 9인 수

② 십의 자리 수와 일의 자리 수의 합이 0이 되는 수

③ 십의 자리 수가 일의 자리 수의 2배인 수

④ 십의 자리 수가 일의 자리 수보다 1만큼 더 작은 수

[가로 열쇠]

㉠ 일의 자리 수가 십의 자리 수보다 3만큼 더 큰 수

㉡ 십의 자리 수가 일의 자리 수의 3배인 수

㉢ 20보다 작은 수 중에서 가장 큰 짝수

㉣ 두 자리 수 중에서 가장 큰 수

01 어느 이상한 나라의 건물의 층수에는 1, 2, 3, 5…, 13, 15…, 39, 50, 51…과 같이 숫자 4가 들어간 수를 쓰지 않는다고 합니다. 이 건물의 엘리베이터에 표시된 가장 높은 층수가 63일 때, 이 건물은 몇 층인지 구해 보시오.

1부터 63까지의 수 중에서 숫자 4가 일의 자리 또는 십의 자리에 들어간 수의 개수를 구해 봅니다.

02 다음 식에서 몇 개의 숫자가 가려져서 보이지 않습니다. 가려진 숫자가 모두 다를 때, ◆ + ★ + ▲ + ♥의 값을 구해 보시오.

178 < ◆7★ < ▲05 < 2♥6 < 221

정답과 풀이 16쪽

03 다음 조건 에 맞는 수를 구해 보시오.

조건

- 세 자리 수입니다.
- 백의 자리 수는 십의 자리 수보다 7만큼 더 큽니다.
- 일의 자리 수는 십의 자리 수보다 2만큼 더 작습니다.

04 250보다 크고 450보다 작은 세 자리 수 중에서 백의 자리 수가 십의 자리 수보다 큰 수는 모두 몇 개인지 구해 보시오.

01 주어진 수를 모두 사용하여 퍼즐을 완성해 보시오.

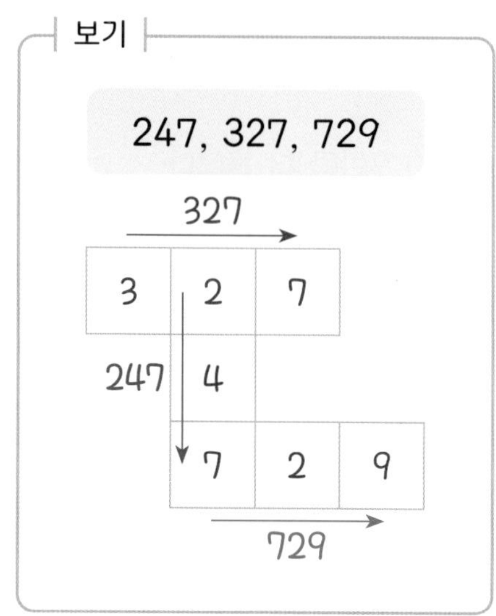

213, 563, 832

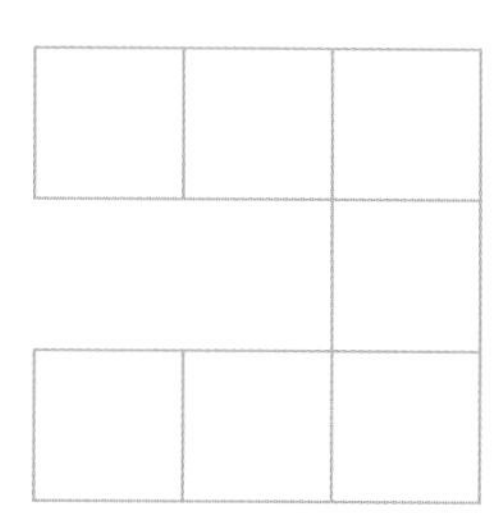

206, 278, 480,
619, 645, 950

685, 786, 527,
539, 517, 267

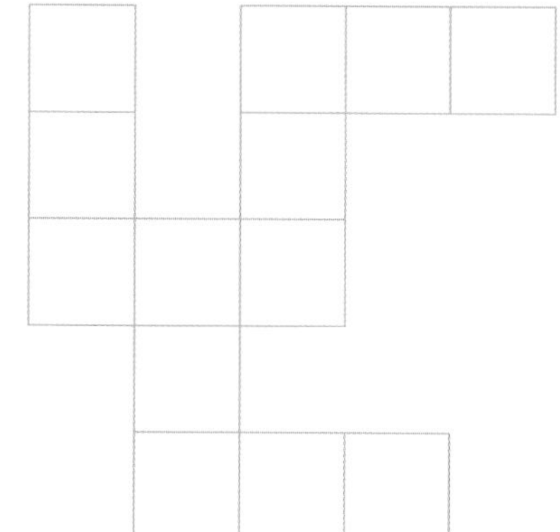

> 정답과 풀이 17쪽

02 다음과 같이 수를 한글로 쓸 수 있습니다. 물음에 답해 보시오.

수	1	2	…	15	16	…	29	…	90
한글	일	이	…	십오	십육	…	이십구	…	구십
글자 수	1	1	…	2	2	…	3	…	2

(1) 1부터 30까지의 수를 한글로 쓸 때, 글자 수는 모두 몇 개입니까?

(2) 1부터 어떤 수까지의 수를 한글로 썼더니 글자의 수가 모두 117개였습니다. 어떤 수까지 쓴 것인지 구해 보시오.

Ⅱ

퍼즐

계획한 대로 공부한 날은 😀 에, 공부하지 못한 날은 🙁 에 ◯표 하세요.

공부할 내용	공부할 날짜	확 인
1 노노그램	월 일	😀 | 🙁
2 브릿지 퍼즐	월 일	😀 | 🙁
3 스도쿠	월 일	😀 | 🙁
Creative 팩토	월 일	😀 | 🙁
4 폭탄 제거 퍼즐	월 일	😀 | 🙁
5 가쿠로 퍼즐	월 일	😀 | 🙁
6 체인지 퍼즐	월 일	😀 | 🙁
Creative 팩토	월 일	😀 | 🙁
Perfect 경시대회	월 일	😀 | 🙁
Challenge 영재교육원	월 일	😀 | 🙁

1 노노그램

노노그램의 규칙에 따라 ▒ 안에 알맞은 수를 써넣으시오.

규칙

① 위에 있는 수는 세로줄에 연속하여 색칠된 칸의 수를 나타냅니다.

	2	3	1
3	1칸	1칸	1칸
2	2칸	2칸	
1		3칸	

② 왼쪽에 있는 수는 가로줄에 연속하여 색칠된 칸의 수를 나타냅니다.

	2	3	1
3	1칸	2칸	3칸
2	1칸	2칸	
1		1칸	

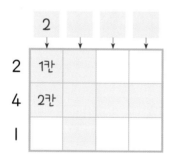

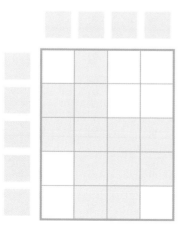

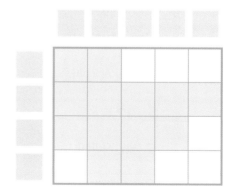

	2			
2	1칸			
4	2칸			
1				

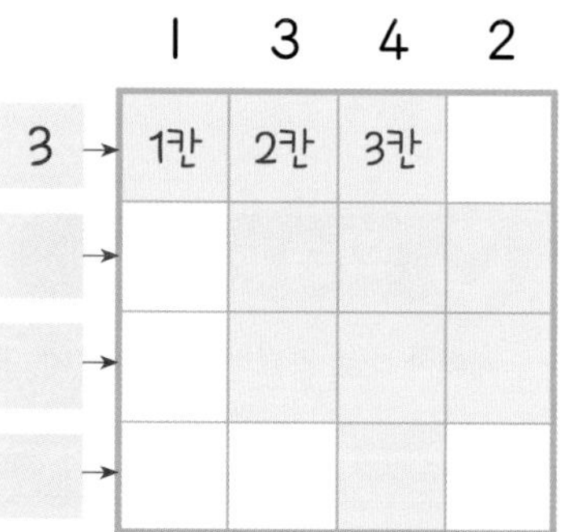

노노그램의 전략

노노그램을 해결하는 전략에 따라 오른쪽 그림의 빈칸을 알맞게 색칠해 보시오.

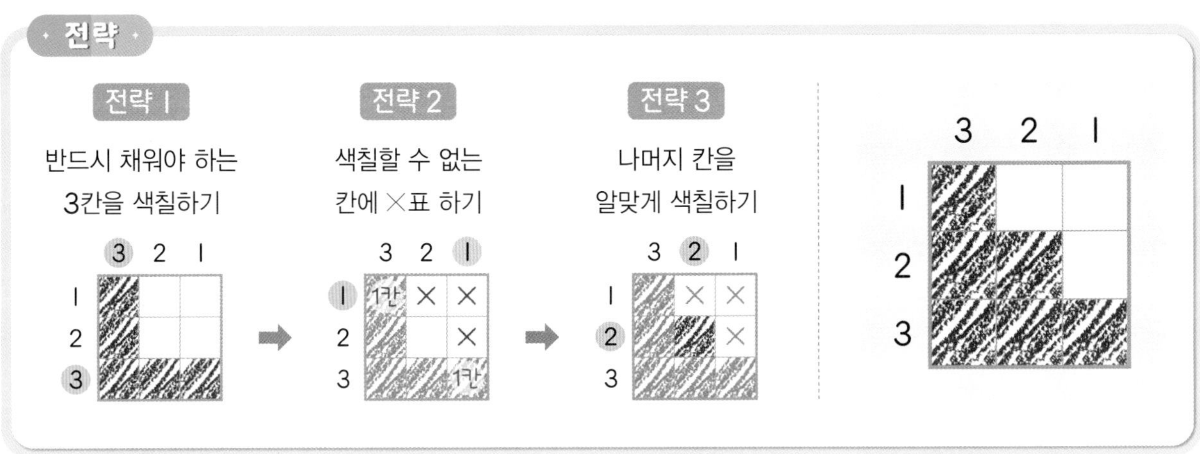

전략 1	전략 2	전략 3
반드시 채워야 하는 3칸을 색칠하기	색칠할 수 없는 칸에 ×표 하기	나머지 칸을 알맞게 색칠하기

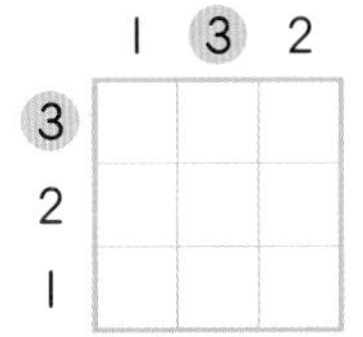

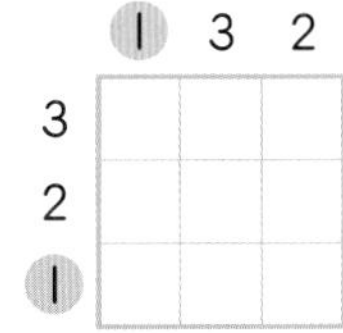

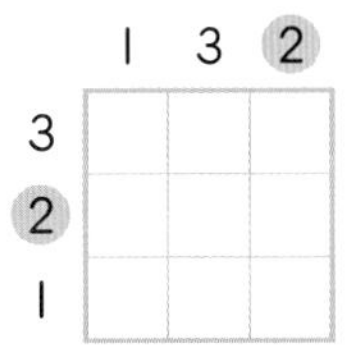

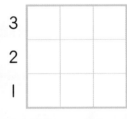

1 3 2
3
2
1

전략 1	전략 2	전략 3
반드시 채워야 하는 3칸, 4칸을 색칠하기	색칠할 수 없는 칸에 ×표 하기	나머지 칸을 알맞게 색칠하기

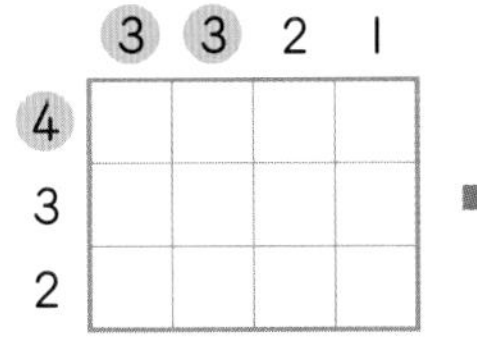

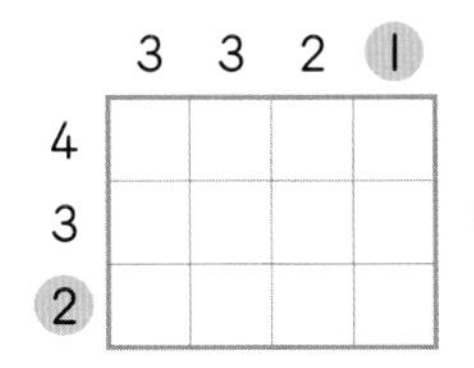

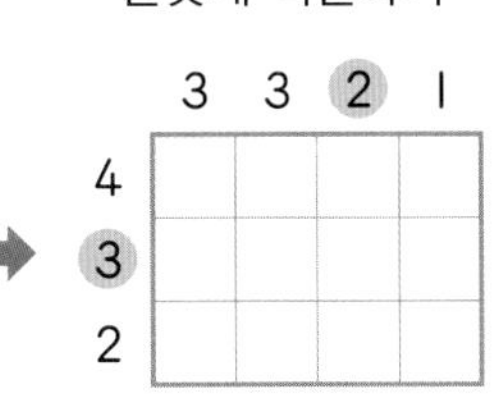

3 3 2 1
4
3
2

대표문제

노노그램의 | 규칙 |에 따라 빈칸을 알맞게 색칠해 보시오.

| 규칙 |

① 위에 있는 수는 세로줄에 연속하여 색칠된 칸의 수를 나타냅니다.

② 왼쪽에 있는 수는 가로줄에 연속하여 색칠된 칸의 수를 나타냅니다.

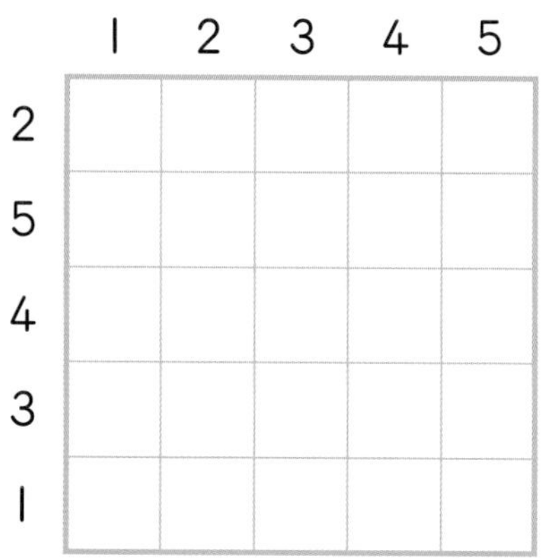

STEP 1 위와 왼쪽에 5가 쓰인 줄은 반드시 모두 채워야 합니다. 반드시 채워야 하는 칸을 색칠해 보시오.

STEP 2 위와 왼쪽에 1이 쓰인 줄은 색칠된 1칸 이외의 칸을 색칠할 수 없습니다. 색칠할 수 없는 칸에 ×표 하시오.

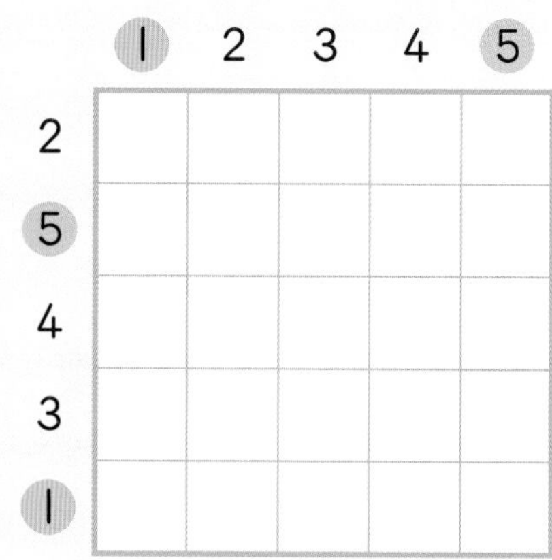

STEP 3 위와 왼쪽에 남은 수 중 4, 2, 3이 쓰인 줄의 순서로 나머지 칸을 알맞게 색칠해 보시오.

정답과 풀이 19쪽

01 노노그램의 규칙에 따라 빈칸을 알맞게 색칠해 보시오.

규칙

① 위에 있는 수는 세로줄에 연속하여 색칠된 칸의 수를 나타냅니다.
② 왼쪽에 있는 수는 가로줄에 연속하여 색칠된 칸의 수를 나타냅니다.

도전 ❶ ★★

	1	4	3	2
2				
3				
4				
1				

도전 ❷ ★★★

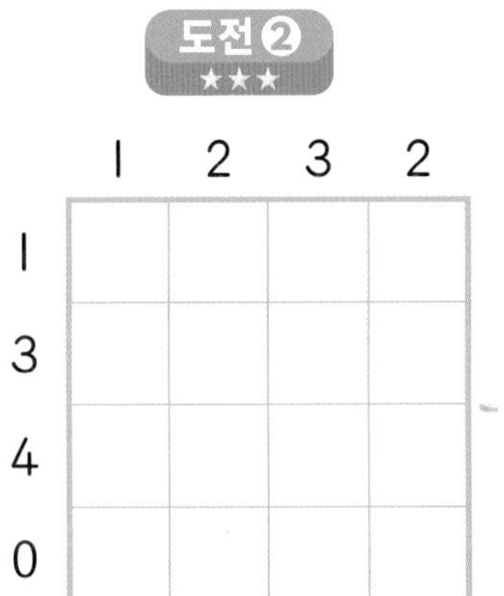

도전 ❸ ★★★★

도전 ❹ ★★★★★

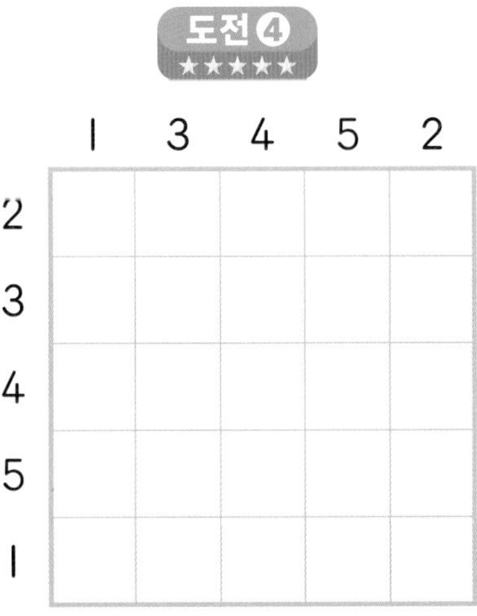

2 브릿지 퍼즐

브릿지 퍼즐의 규칙에 따라 ◯ 안에 알맞은 수를 써넣으시오.

규칙

◯에 적힌 수는 이웃한 ◯와 연결된 선(—)의 개수입니다.

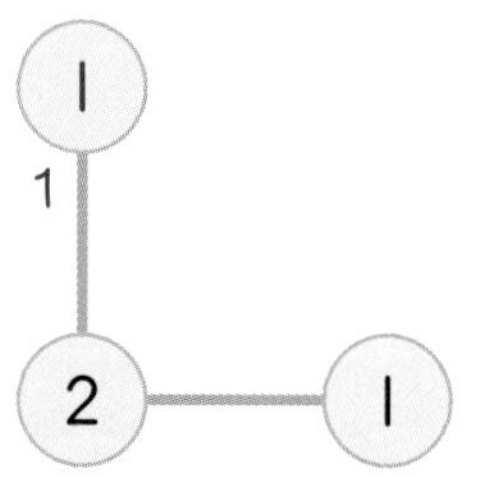

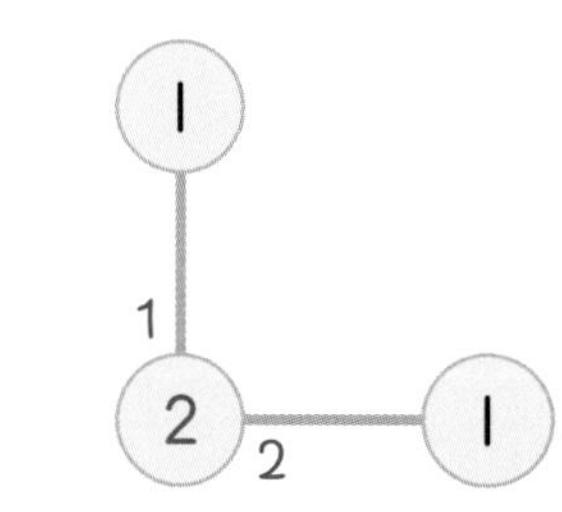

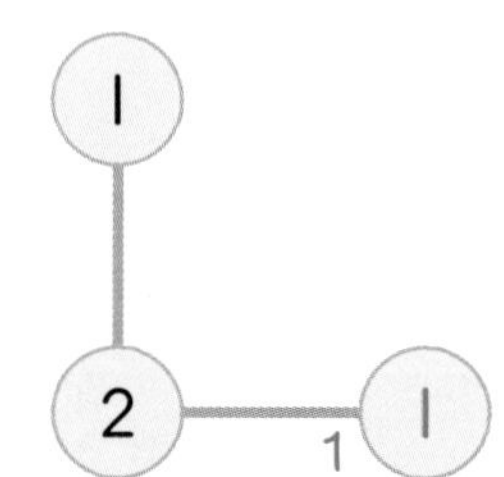

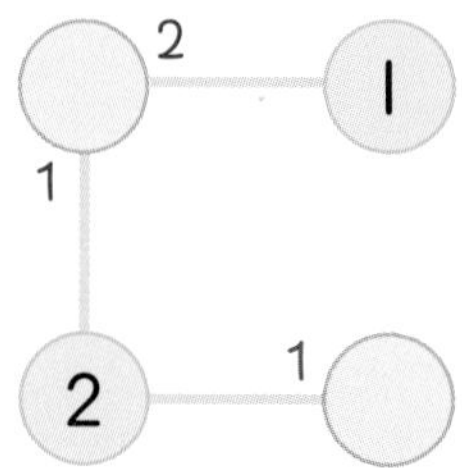

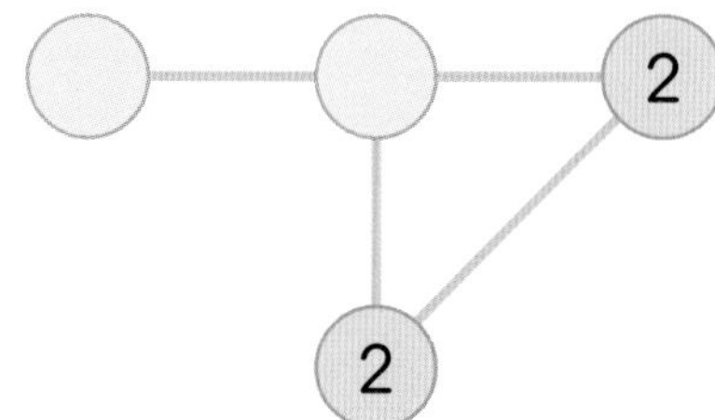

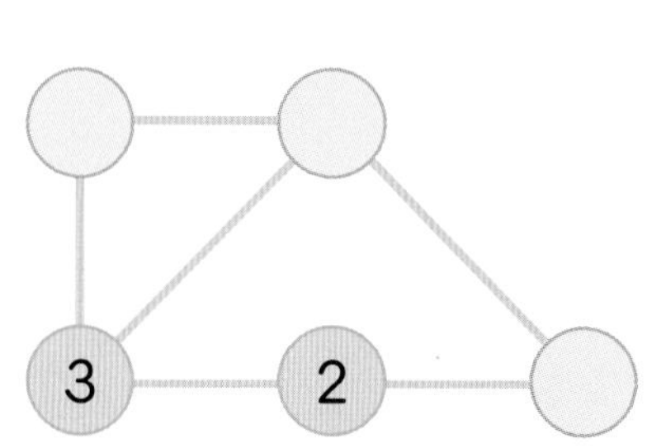

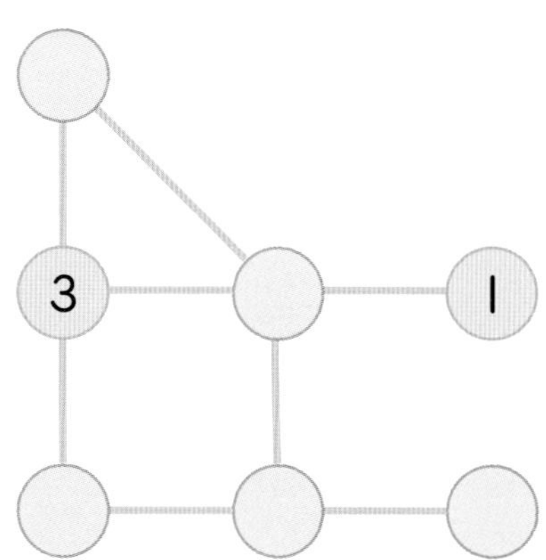

정답과 풀이 20쪽

브릿지 퍼즐의 전략에 따라 선을 알맞게 그어 퍼즐을 완성해 보시오.

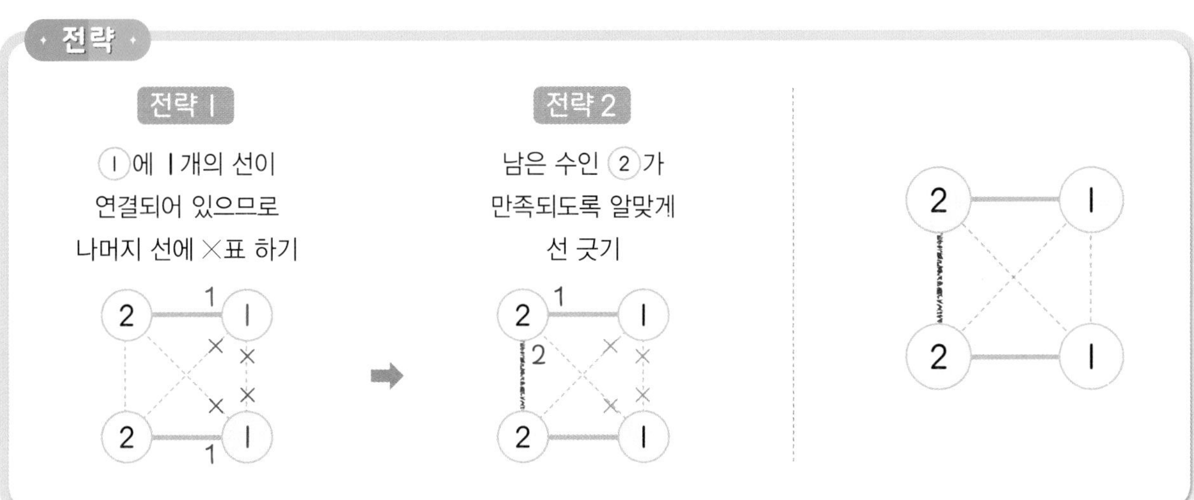

전략 1

①에 1개의 선이
연결되어 있으므로
나머지 선에 ×표 하기

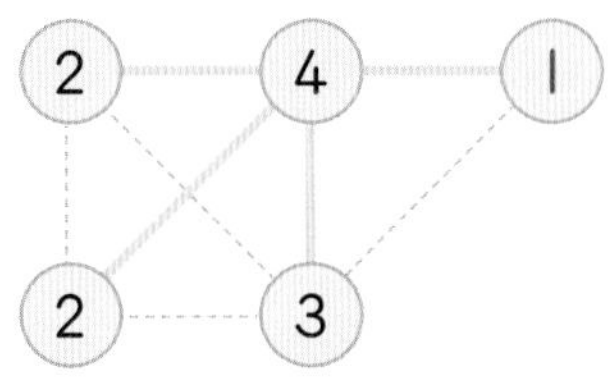

전략 2

가장 큰 수인 ④에 4개의 선이
연결되어 있으므로 ③이
만족되도록 알맞게 선 긋기

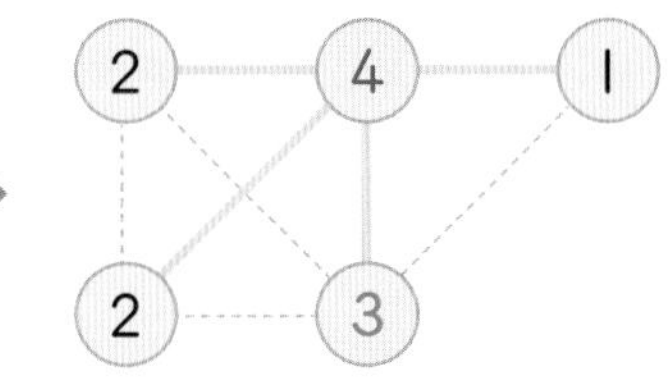

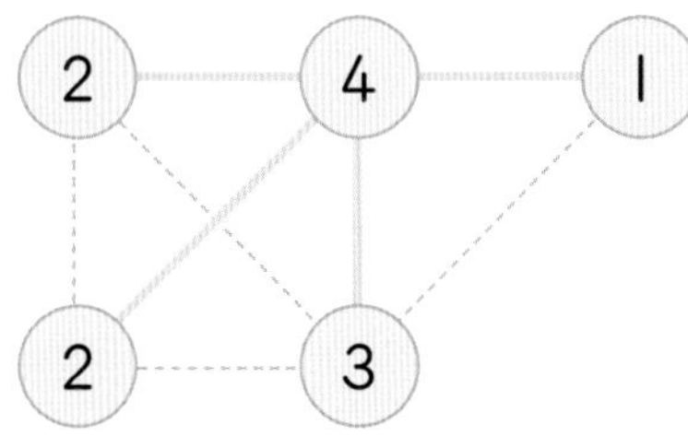

전략 1

②에 2개의 선이
연결되어 있으므로
나머지 선에 ×표 하기

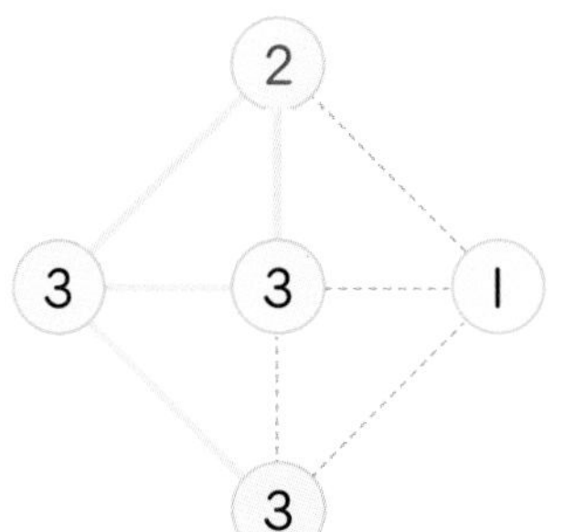

전략 2

가장 큰 수인
③이 만족되도록
알맞게 선 긋기

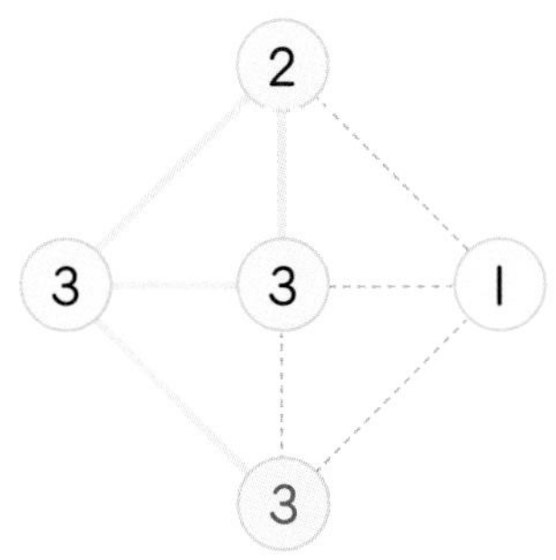

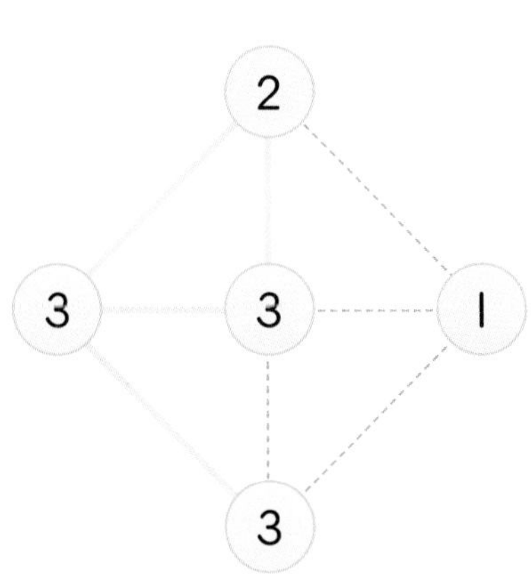

대표문제

브릿지 퍼즐의 |규칙|에 따라 선을 알맞게 그어 보시오.

규칙

◯에 적힌 수는 이웃한 ◯와 연결된 선(—)의 개수입니다.

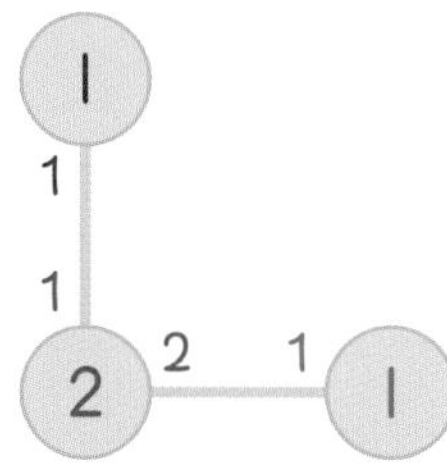

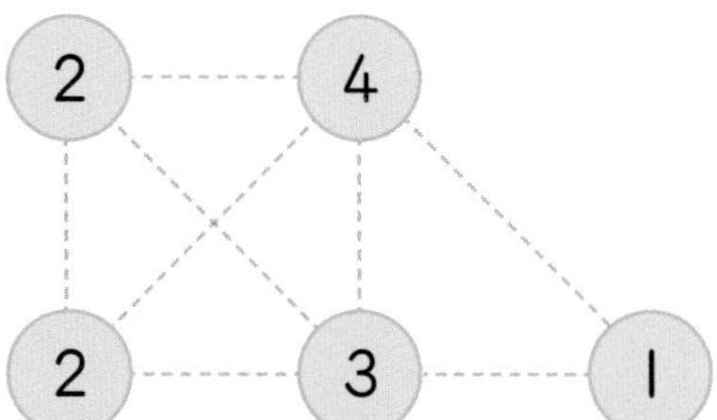

STEP 1 모든 선을 그어야 하는 수를 찾아 선을 그어 보시오.

STEP 2 더 이상 선을 그을 수 없는 수를 찾아 점선 위에 ×표 하시오.

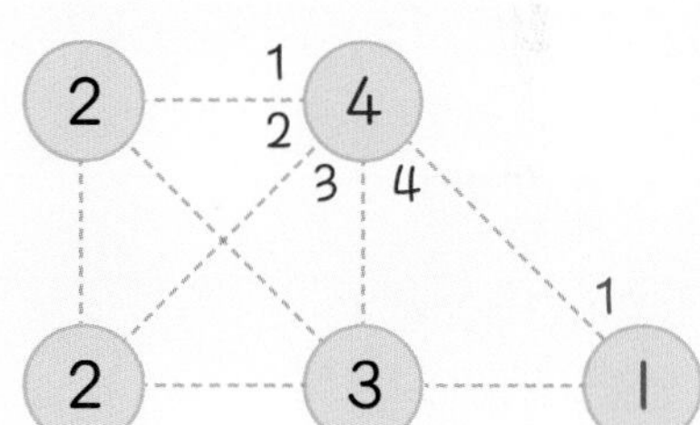

STEP 3 나머지 수에 알맞게 선을 그어 보시오.

정답과 풀이 21쪽

01 브릿지 퍼즐의 규칙에 따라 선을 알맞게 그어 보시오.

규칙

① ◯에 적힌 수는 이웃한 ◯와 연결된 선(—)의 개수입니다.

② ◯들은 1개의 선 또는 2개의 선으로 연결될 수 있습니다.

도전 ① ★★

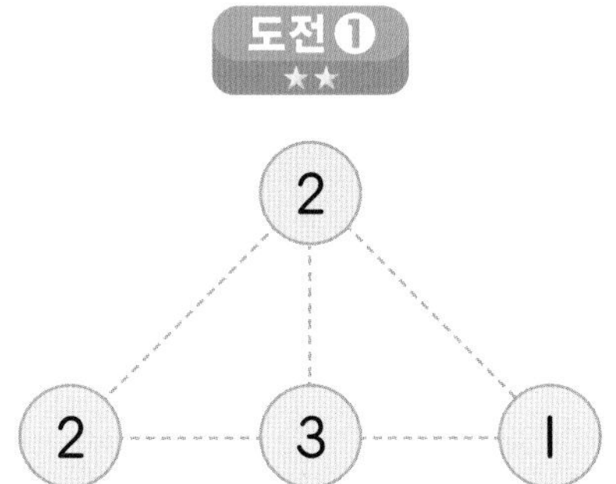

도전 ② ★★★

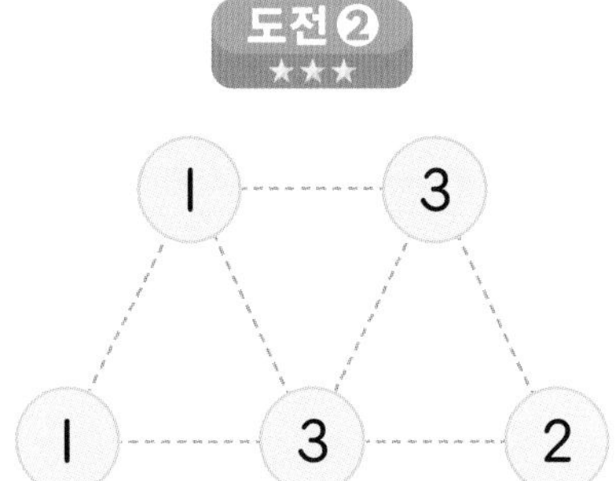

도전 ③ ★★★★

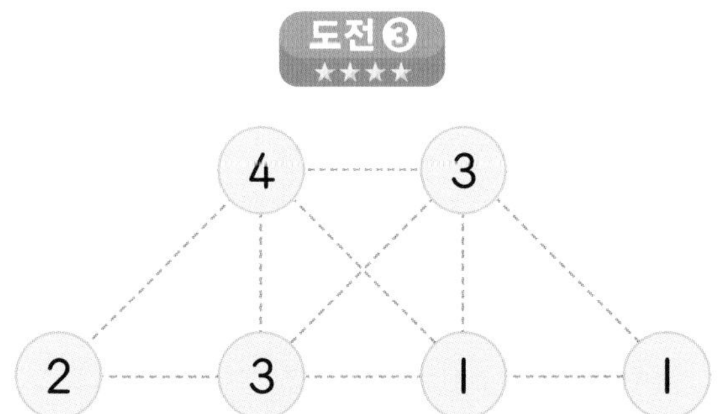

도전 ④ ★★★★★

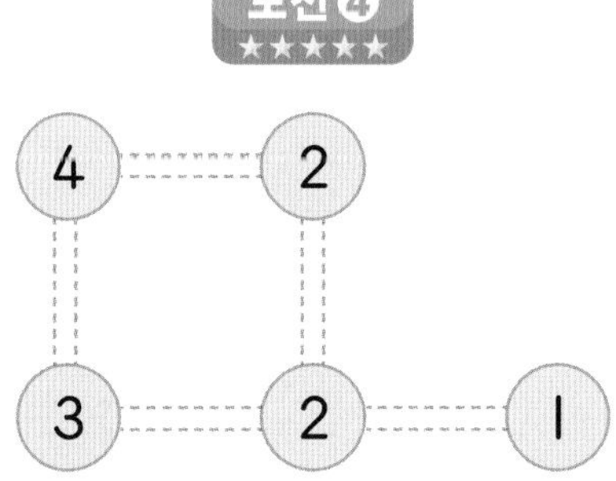

3 스도쿠

스도쿠의 규칙에 따라 ▢ 안에 알맞은 수를 써넣으시오.

규칙1 가로줄의 각 칸에 주어진 수가 한 번씩만 들어갑니다.

1, 2, 3

1	3	2	← 1, 2, 3 있음
3	2	1	← 1, 2, 3 중 2 빠짐
2	1	3	← 1, 2, 3 있음

1, 2, 3

2	3	▢
3	1	2
1	2	▢

규칙2 세로줄의 각 칸에 주어진 수가 한 번씩만 들어갑니다.

1, 2, 3

1	2	3
3	1	2
2	3	1
↑ 1, 2, 3 있음	↑ 1, 2, 3 중 3 빠짐	↑ 1, 2, 3 있음

1, 2, 3

2	1	3
1	3	2
▢	▢	1

규칙3 굵은 선으로 나누어진 부분의 각 칸에 주어진 수가 한 번씩만 들어갑니다.

1, 2, 3, 4

2	3	1	4
4	1	3	2
1	2	4	3
3	4	2	1

← ⊞ 안에 1, 2, 3, 4 중 3 빠짐

1, 2, 3, 4

3	1	4	2
2	▢	▢	3
1	▢	▢	4
4	3	2	1

정답과 풀이 22쪽

스도쿠의 전략에 따라 안에 알맞은 수를 써넣으시오.

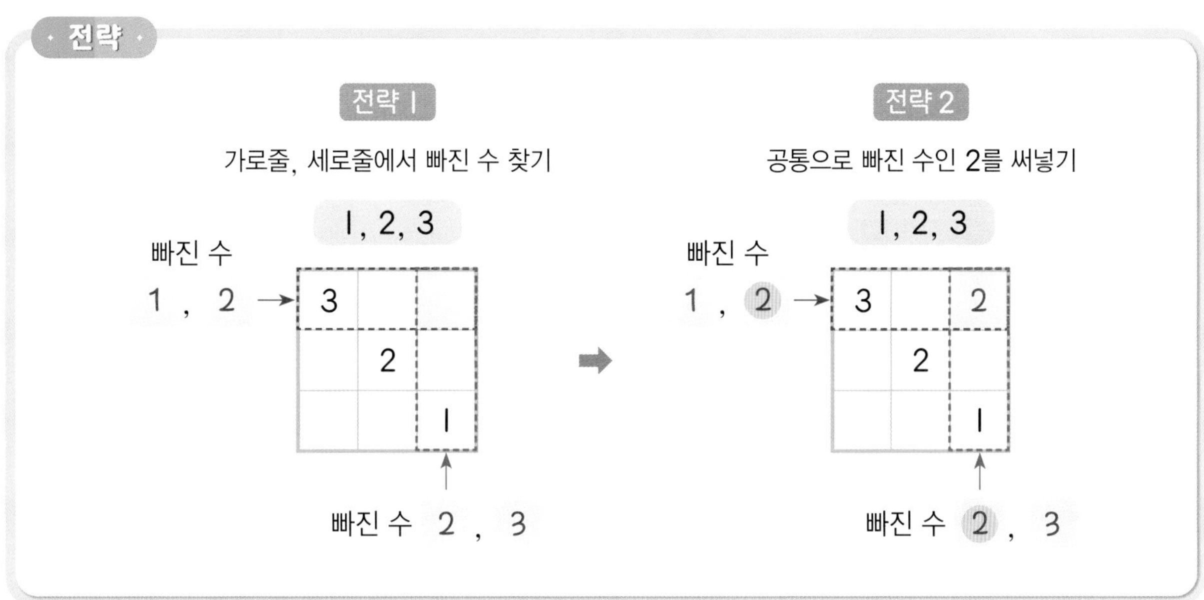

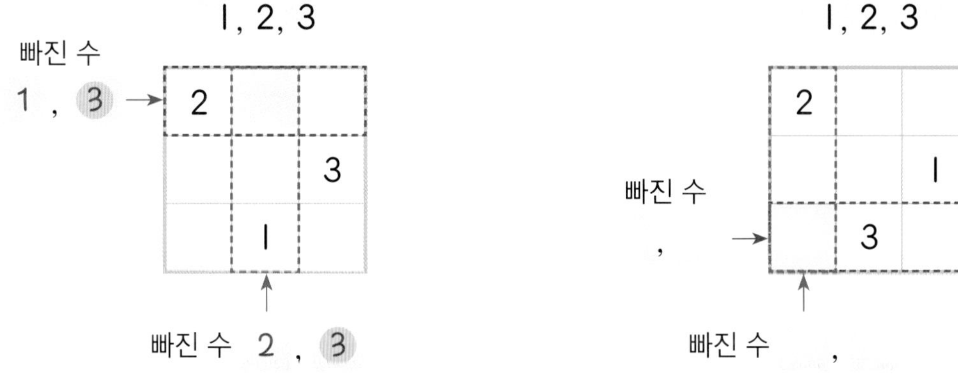

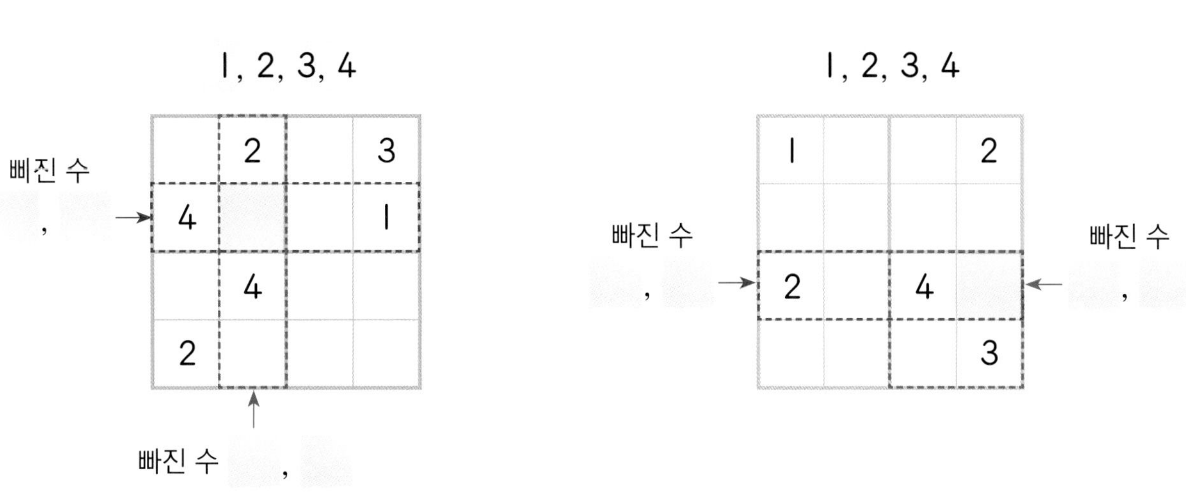

대표문제

스도쿠의 |규칙|에 따라 빈칸에 알맞은 수를 써넣으시오.

규칙

① 가로줄의 각 칸에 주어진 수가 한 번씩만 들어갑니다.
② 세로줄의 각 칸에 주어진 수가 한 번씩만 들어갑니다.
③ 굵은 선으로 나누어진 부분의 각 칸에 주어진 수가 한 번씩만 들어갑니다.

1, 2, 3, 4

	2	3	
3		1	
	1	4	
	3		

STEP 1 색칠한 세로줄의 빈칸에 알맞은 수를 써넣으시오.

	2	3	
3		1	
	1	4	
	3		

STEP 2 안에 알맞은 수를 써넣으시오.

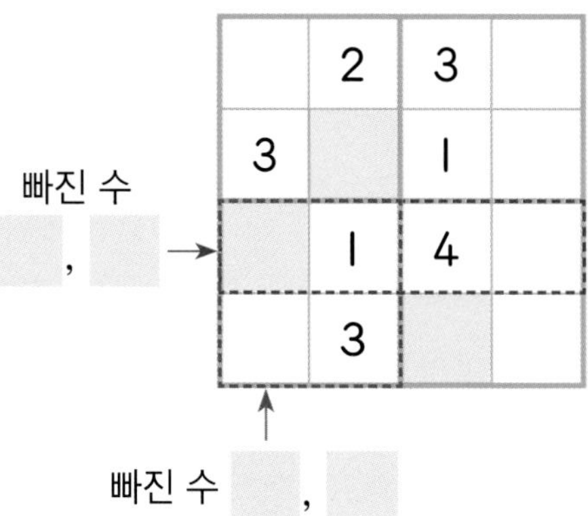

STEP 3 |규칙|에 따라 STEP 2의 나머지 칸에 알맞은 수를 써넣어 퍼즐을 완성해 보시오.

정답과 풀이 23쪽

01 스도쿠의 규칙 에 따라 빈칸에 알맞은 수를 써넣으시오.

규칙

① 가로줄의 각 칸에 주어진 수가 한 번씩만 들어갑니다.
② 세로줄의 각 칸에 주어진 수가 한 번씩만 들어갑니다.
③ 굵은 선으로 나누어진 부분의 각 칸에 주어진 수가 한 번씩만 들어갑니다.

도전 ❶ ★★

1, 2, 3, 4

		2	4
4	3	1	
2			1
1	2		

도전 ❷ ★★★

1, 2, 3, 4

2			4
	2	4	
		1	
1	4		3

도전 ❸ ★★★★

1, 2, 3, 4

	3	4	
2			3
4			1
3			

도전 ❹ ★★★★★

1, 2, 3, 4

2			3
	1	4	
	3		
4			

01 |규칙|에 따라 선을 알맞게 그어 보시오.

규칙
에 적힌 수는 이웃한 과 연결된 선(—)의 개수입니다.

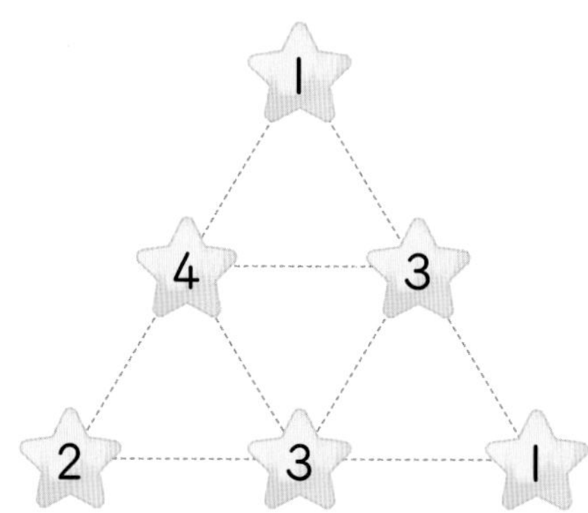

02 가로줄과 세로줄에 ○, □, △, ♡ 모양이 한 번씩만 들어가도록 빈칸에 알맞은 모양을 그려 넣으시오.

□	○	♡	
	△	□	♡
			□
♡			

정답과 풀이 24쪽

03 스도쿠의 |규칙|에 따라 빈칸에 알맞은 수를 써넣으시오.

규칙

① 가로줄의 각 칸에 주어진 수가 한 번씩만 들어갑니다.
② 세로줄의 각 칸에 주어진 수가 한 번씩만 들어갑니다.
③ 굵은 선으로 나누어진 부분의 각 칸에 주어진 수가 한 번씩만 들어갑니다.

1, 2, 3, 4

1			
2	4		1
		2	
3			4

04 |규칙|에 따라 빈칸을 알맞게 색칠하여 퍼즐을 완성해 보시오.

규칙

바깥쪽에 있는 수는 화살표 방향에 있는 줄에 연속하여 색칠된 칸의 수를 나타냅니다.

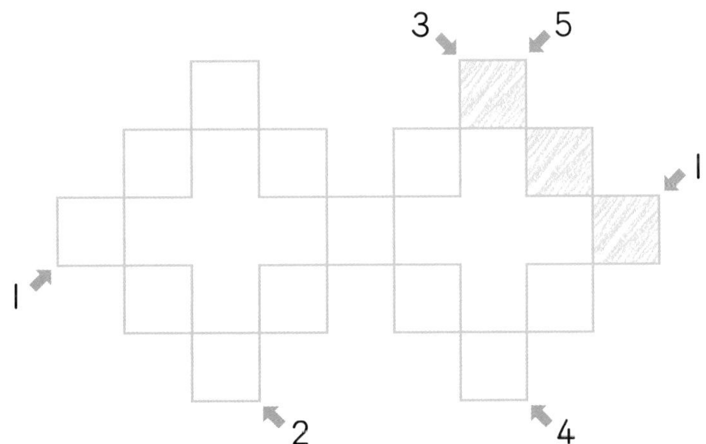

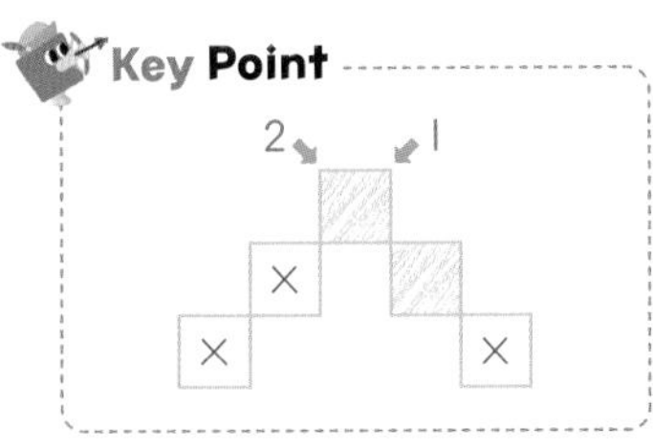

4 폭탄 제거 퍼즐

화살표의 규칙에 따라 순서대로 움직여 폭탄이 있는 칸을 찾아 ◯을 그려 넣으시오.

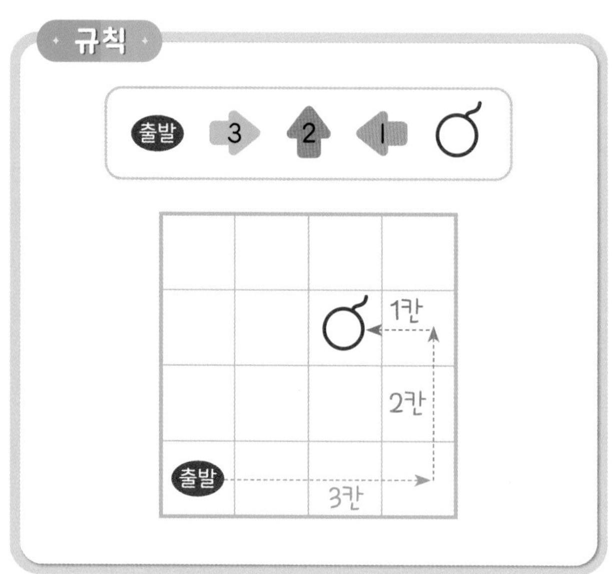

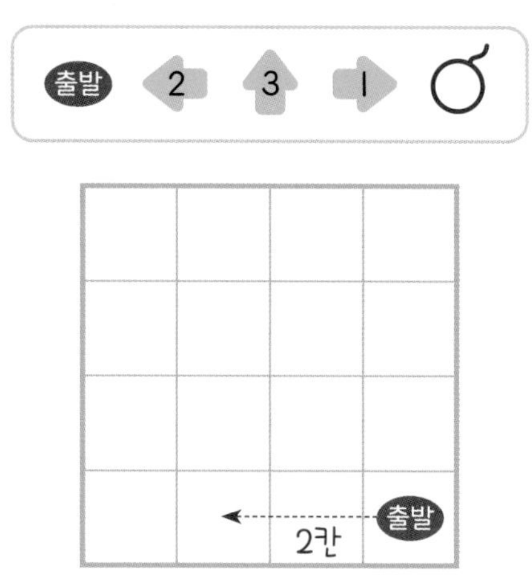

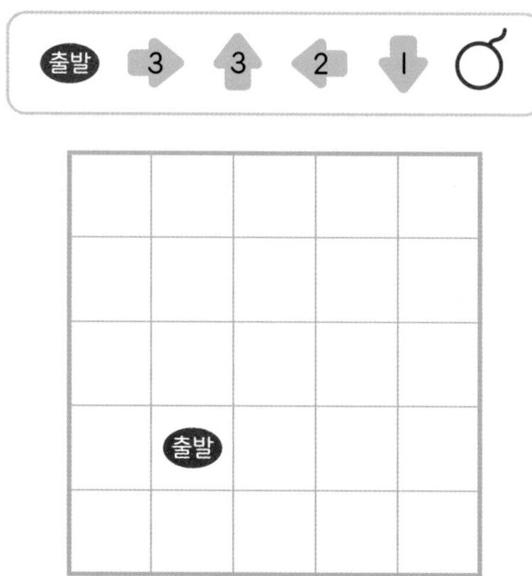

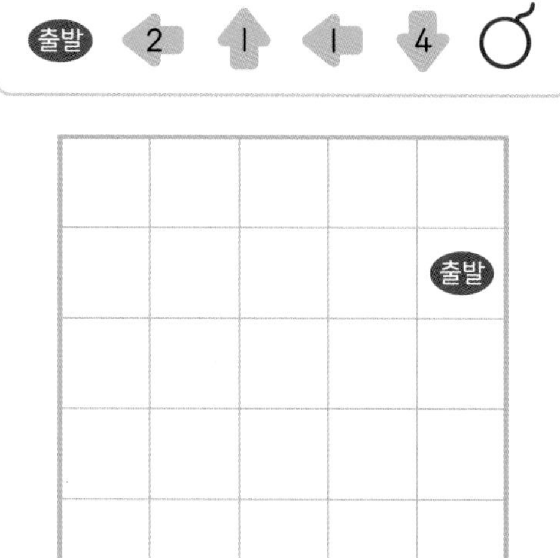

정답과 풀이 25쪽

출발 위치 찾기

화살표의 규칙에 따라 순서대로 움직여 도착한 곳을 보고, 출발 위치를 찾아 ○표 하시오.

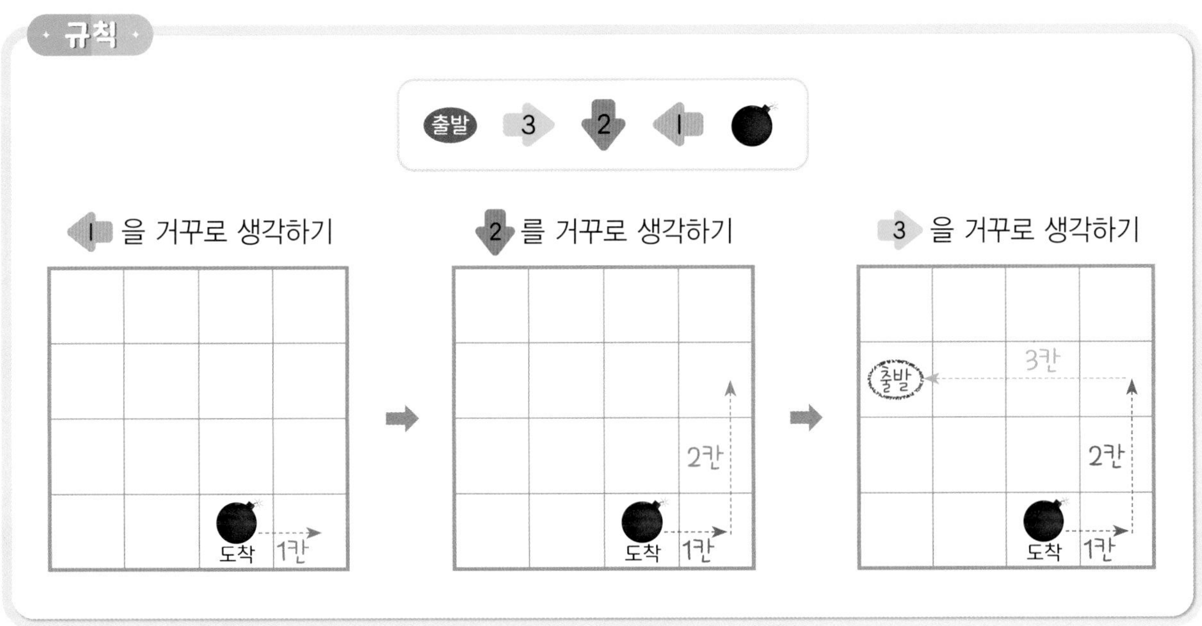

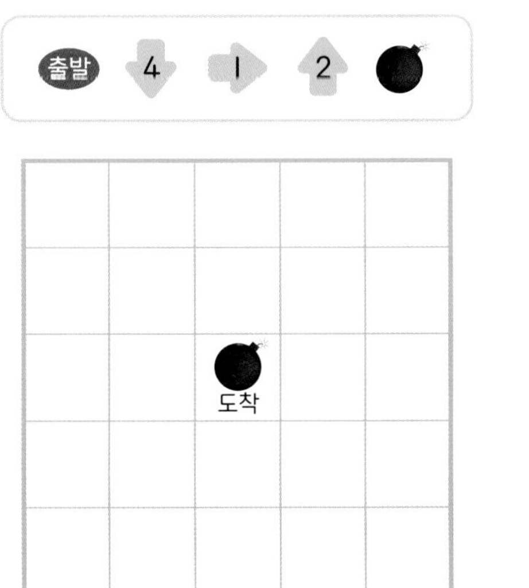

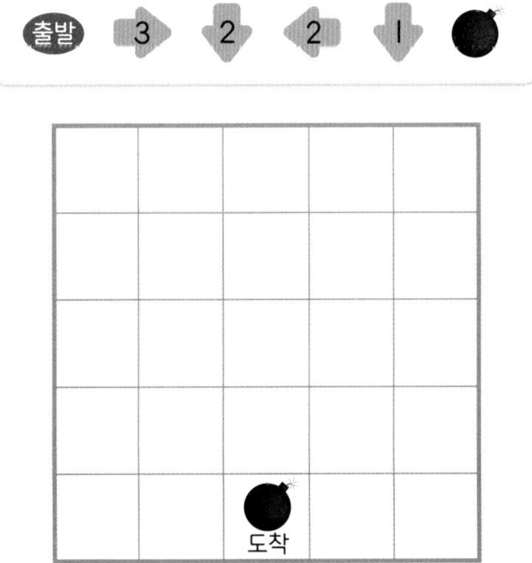

대표문제

폭탄 제거 퍼즐의 | 규칙 |에 따라 폭탄을 제거하기 위해 가장 먼저 눌러야 하는 화살표 버튼을 찾아 ○표 하시오.

| 규칙 |

① 버튼 위 그림은 주어진 수만큼 화살표 방향으로 이동하여 도착한 버튼을 눌러야 한다는 표시입니다.

예 (← 1) : 왼쪽으로 1칸 (↓ 2) : 아래로 2칸

② 그림에 있는 숫자 버튼과 (폭탄 제거) 버튼을 순서에 맞게 모두 누르면 폭탄이 제거됩니다.

(×)

모든 버튼을 누르지 않았습니다.

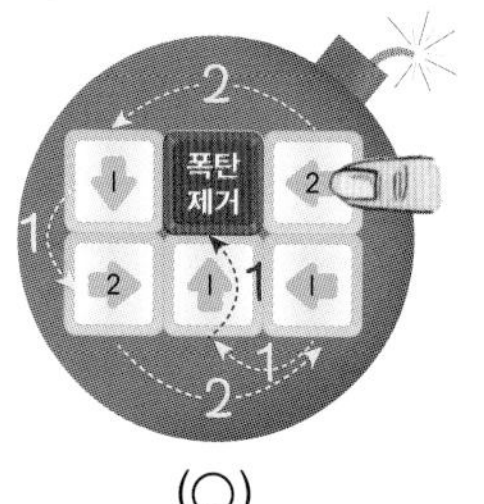

(○)

STEP 1 (폭탄 제거) 버튼 바로 전에 눌러야 하는 버튼은 (↓ 2) 입니다. 이 버튼 바로 전에 눌러야 하는 버튼을 찾아 △표 하시오.

STEP 2 (폭탄 제거) 버튼부터 눌러야 하는 순서를 거꾸로 하여 가장 먼저 눌러야 하는 화살표 버튼을 찾아 ○표 하시오.

정답과 풀이 26쪽

01 규칙 에 따라 금고의 문을 열기 위해 가장 먼저 눌러야 하는 화살표 버튼을 찾아 ○표 하시오.

규칙

① 버튼 위 그림은 주어진 수만큼 화살표 방향으로 이동하여 도착한 버튼을 눌러야 한다는 표시입니다.

예 ← 1 : 왼쪽으로 1칸   ↓ 2 : 아래로 2칸

② 그림에 있는 숫자 버튼과 OPEN 버튼을 순서에 맞게 모두 누르면 금고의 문이 열립니다.

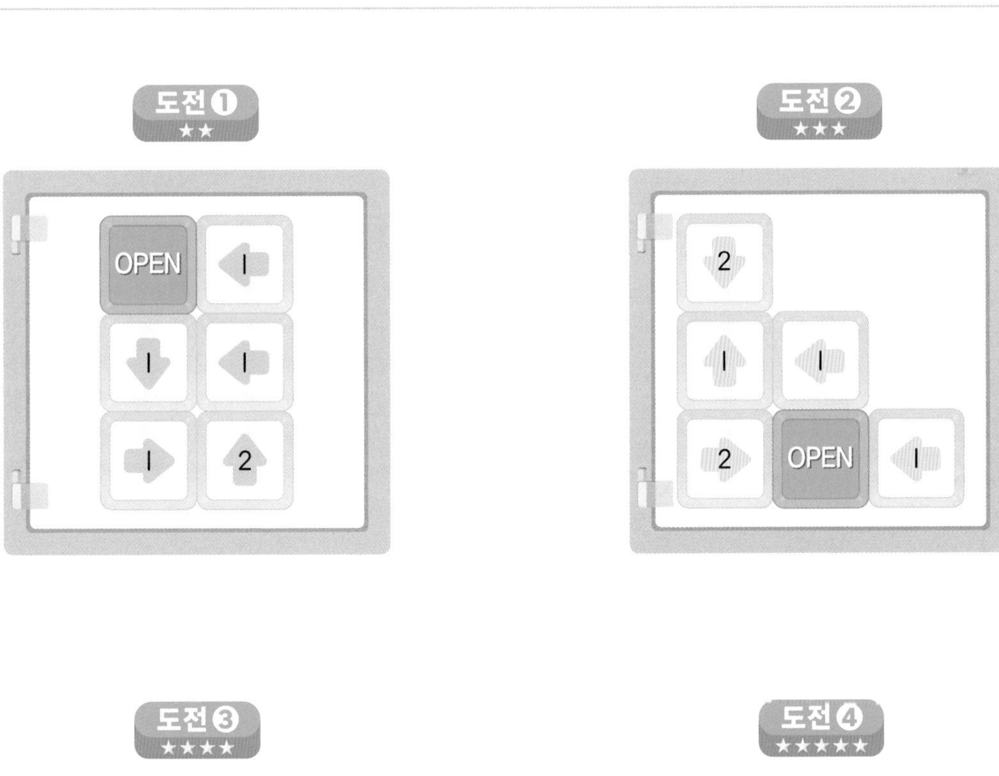

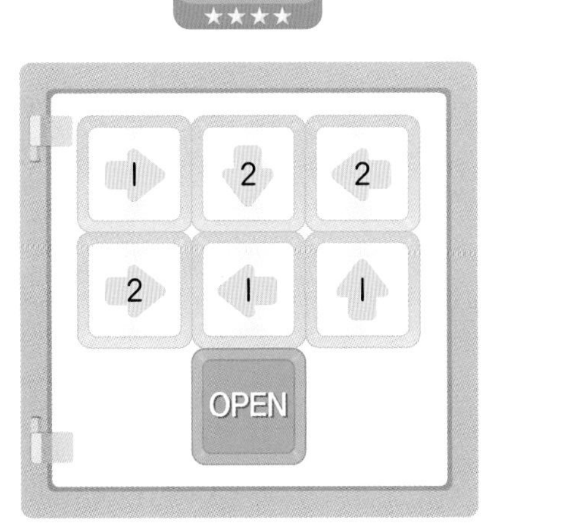

5 가쿠로 퍼즐

가쿠로 퍼즐의 규칙

가쿠로 퍼즐의 규칙에 따라 ▢ 안에 알맞은 수를 써넣으시오.

규칙1 삼각형 (◸) 안의 수는 삼각형의 오른쪽 또는 아래쪽으로 쓰인 수들의 합입니다.

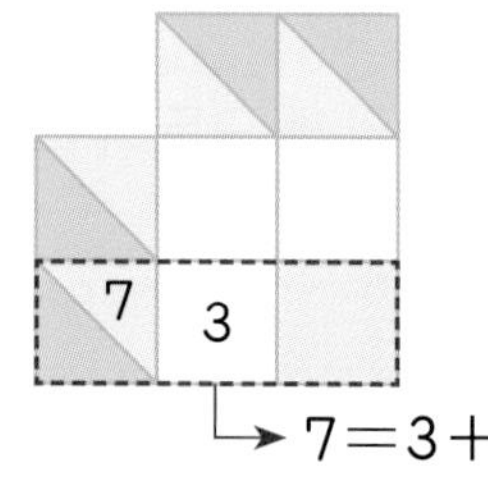

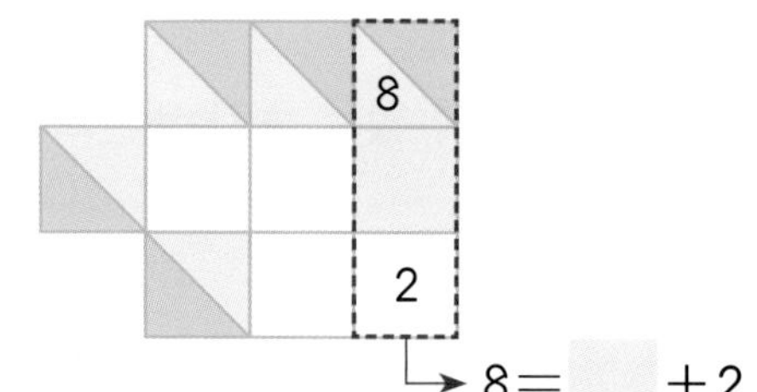

규칙2 사각형(▢) 모양의 빈칸에는 1부터 9까지의 수를 쓸 수 있습니다.

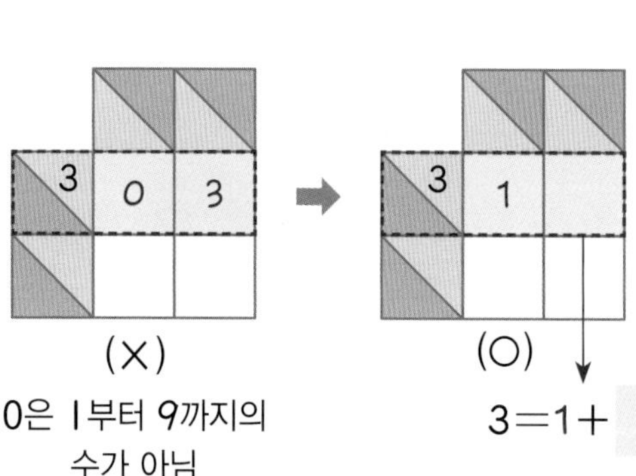

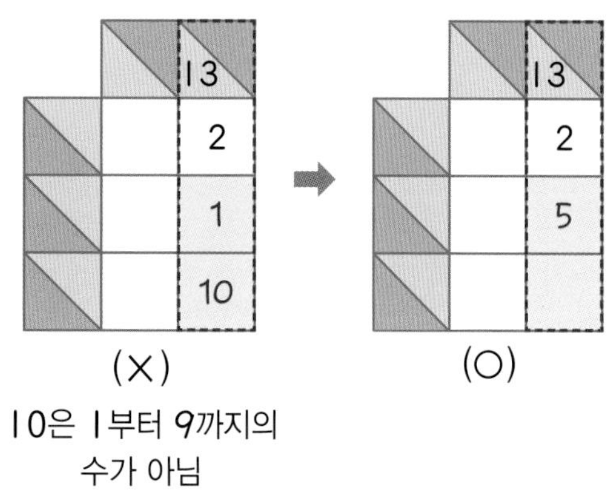

규칙3 삼각형 (◸)과 연결된 한 줄에는 같은 수를 쓸 수 없습니다.

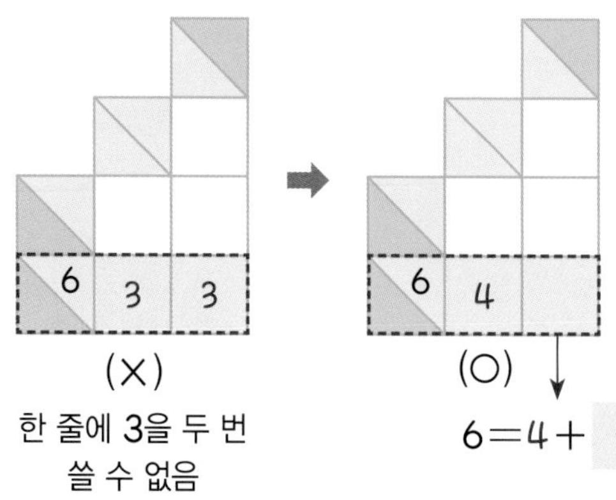

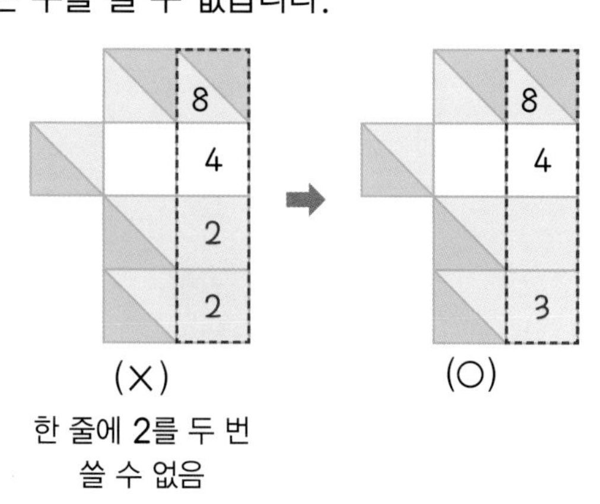

가쿠로 퍼즐의 전략

가쿠로 퍼즐의 전략에 따라 빈칸에 알맞은 수를 써넣으시오.

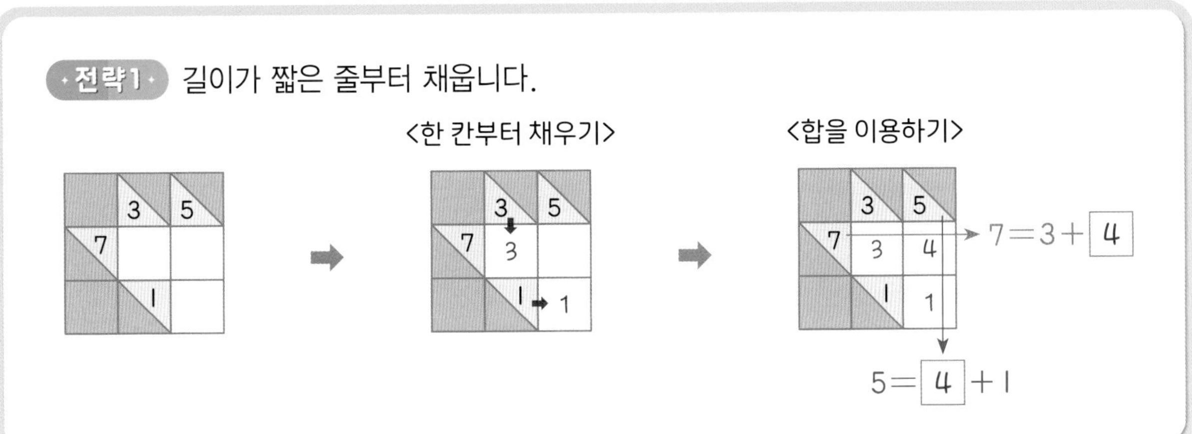

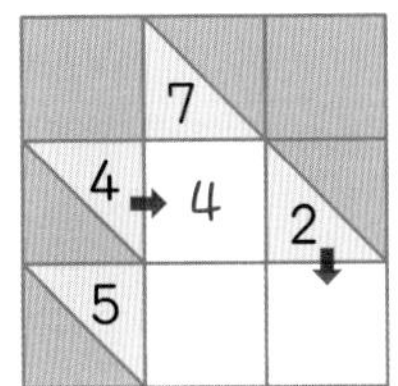

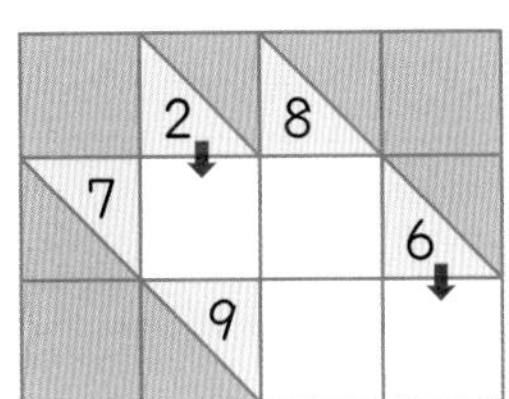

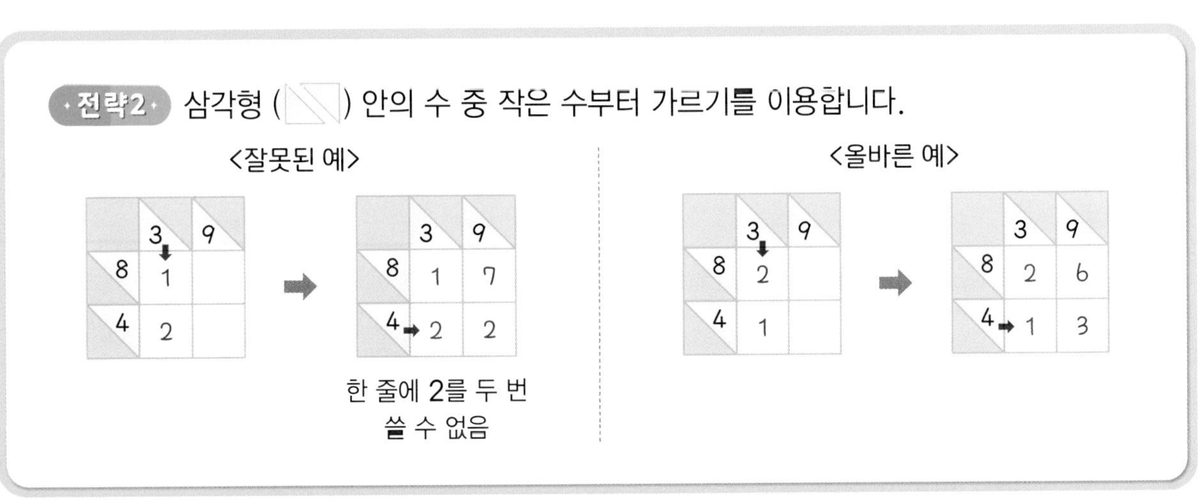

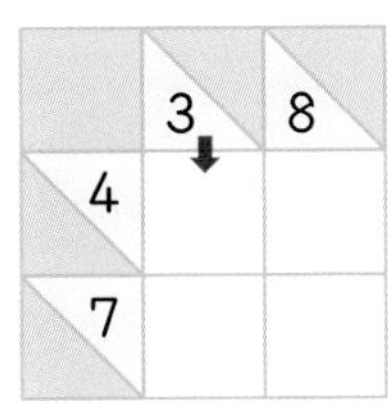

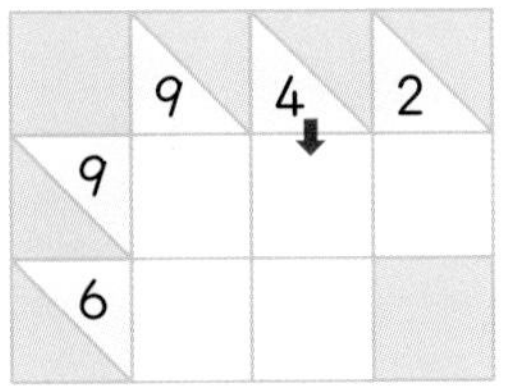

대표문제

가쿠로 퍼즐의 | 규칙 |에 따라 빈칸에 알맞은 수를 써넣으시오.

| 규칙 |

① 색칠한 삼각형 안의 수는 삼각형의 오른쪽 또는 아래쪽으로 쓰인 수들의 합입니다.
② 빈칸에는 1부터 9까지의 수를 쓸 수 있습니다.
③ 삼각형과 연결된 한 줄에는 같은 수를 쓸 수 없습니다.

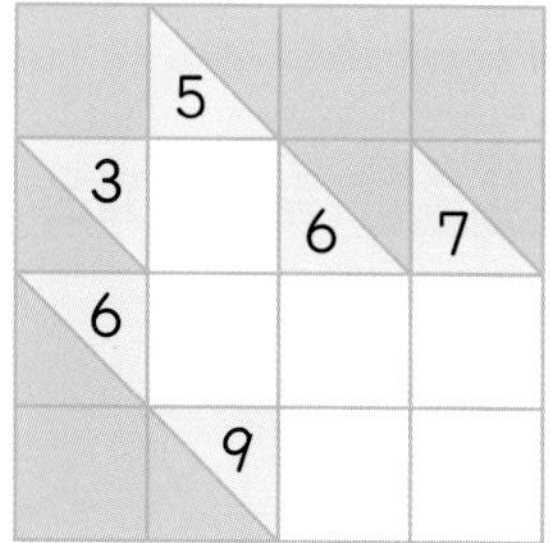

STEP 1 3 의 오른쪽은 한 칸입니다. ①에 알맞은 수를 써넣으시오.

STEP 2 5 를 이용하여 ②에 알맞은 수를 써넣으시오.

STEP 3 6 을 수 가르기 전략을 이용하여 ③에 알맞은 수를 써넣으시오.

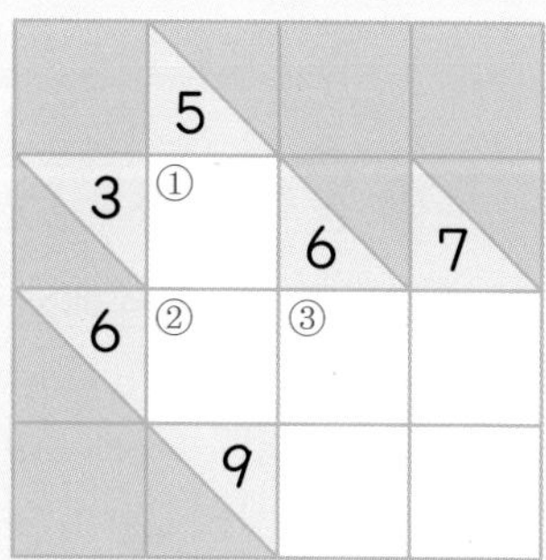

STEP 4 | 규칙 |에 따라 나머지 칸에 알맞은 수를 써넣어 퍼즐을 완성해 보시오.

정답과 풀이 28쪽

01 가쿠로 퍼즐의 규칙 에 따라 빈칸에 알맞은 수를 써넣으시오.

규칙

① 색칠한 삼각형 안의 수는 삼각형의 오른쪽 또는 아래쪽으로 쓰인 수들의 합입니다.
② 빈칸에는 1부터 9까지의 수를 쓸 수 있습니다.
③ 삼각형과 연결된 한 줄에는 같은 수를 쓸 수 없습니다.

도전 ❶ ★★

	7	2	4
9			
3			

도전 ❷ ★★★

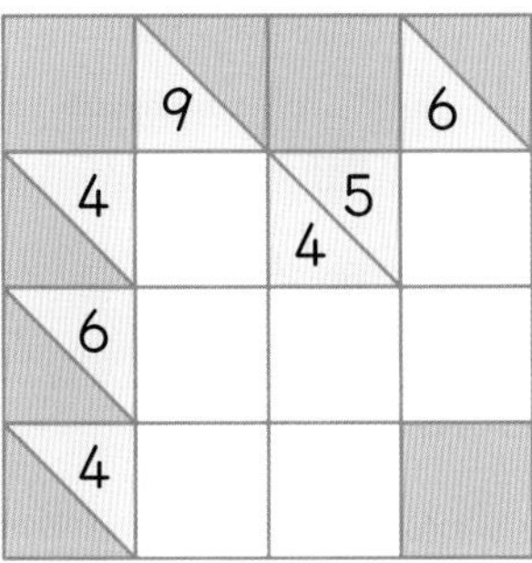

도전 ❸ ★★★★

	8	4	
5			2
6			
3			

도전 ❹ ★★★★★

	7		4	6
1		4 3		
10				
7				

6 체인지 퍼즐

체인지 퍼즐의 규칙에 따라 버튼을 눌렀을 때 ◌에 ○ 또는 ●을 알맞게 그려 넣으시오.

위와 왼쪽의 숫자 버튼을 누르면 그 줄에 있는 모양의 색깔이 모두 반대로 바뀝니다.

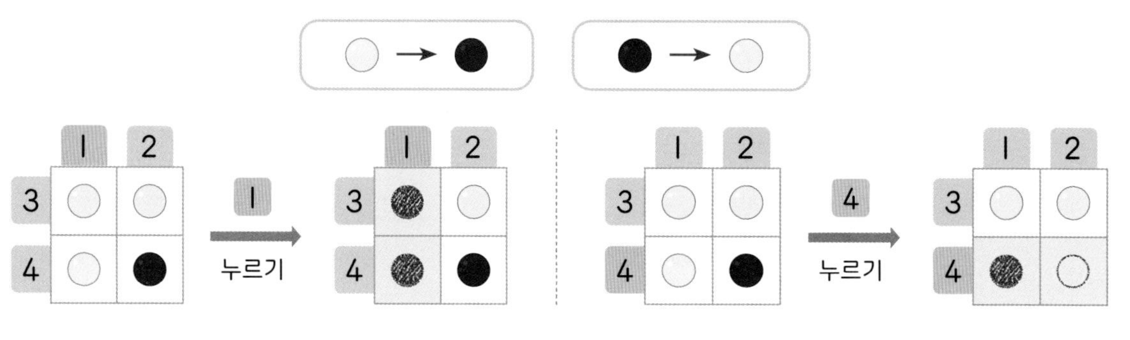

1 2
3
4
1
누르기
3
누르기

정답과 풀이 29쪽

체인지 퍼즐의 규칙에 따라 모두 ● 모양으로 바꾸기 위해 눌러야 하는 버튼을 순서대로 안에 써넣으시오.

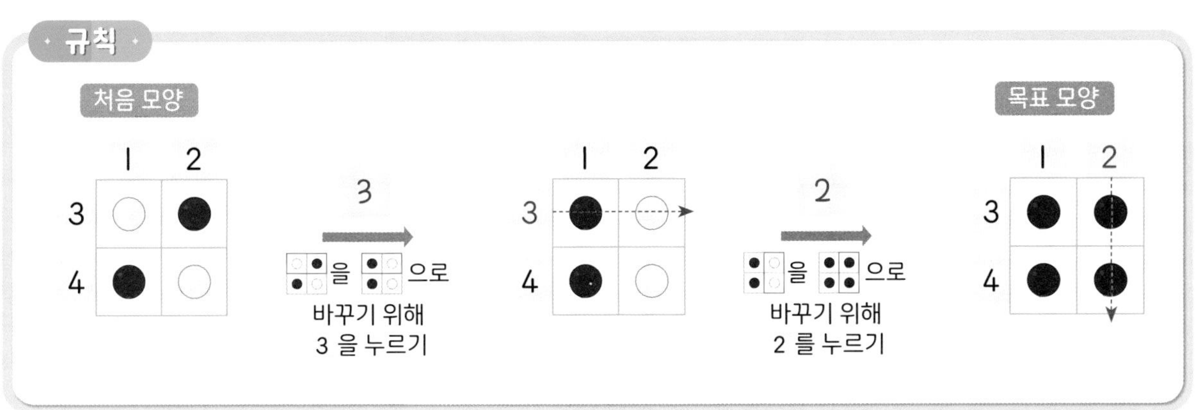

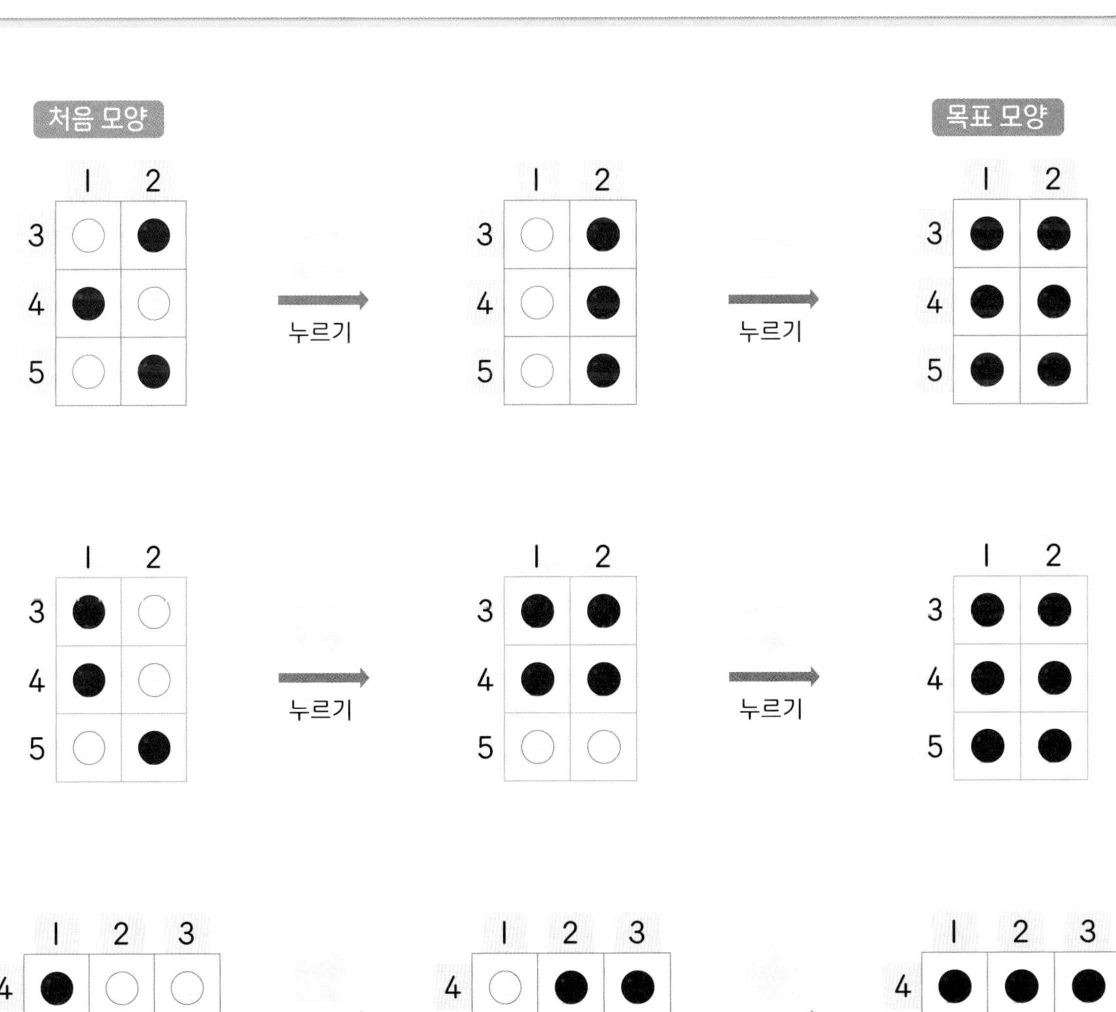

대표문제

체인지 퍼즐의 규칙 에 따라 모두 ● 모양으로 바꾸기 위해 눌러야 하는 버튼을 순서대로 안에 써넣으시오.

규칙

위와 왼쪽의 숫자 버튼을 누르면 그 줄에 있는 모양의 색깔이 모두 반대로 바뀝니다.

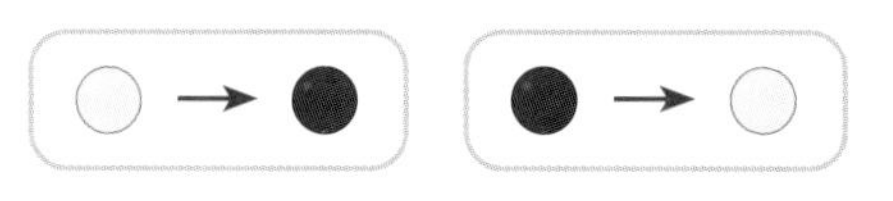

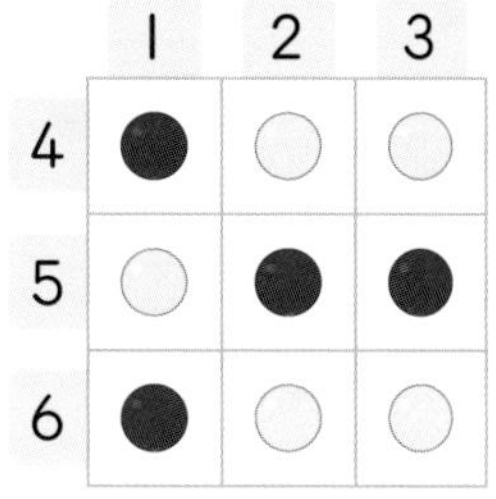

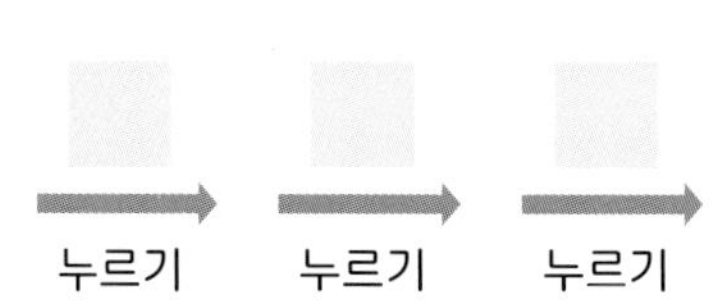

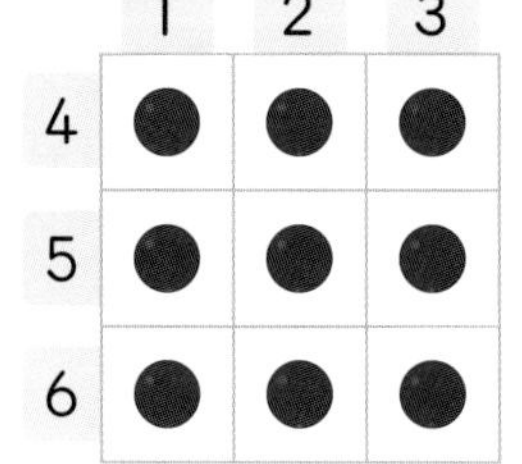

STEP 1 ● 모양으로 모두 바꾸어야 하므로 먼저 ○가 2개인 줄을 찾아 버튼을 눌러야 합니다. 눌러야 할 버튼을 찾아 안에 써넣고 모양을 그려 넣으시오.

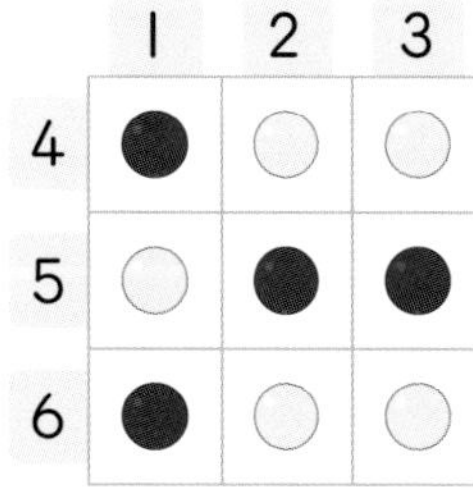

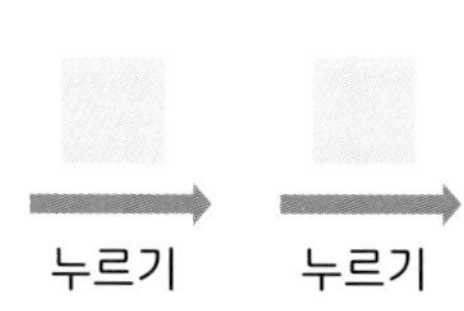

	1	2	3
4			
5			
6			

STEP 2 STEP 1의 완성한 그림에서 ○가 3개인 줄의 버튼을 찾아 안에 써넣으시오.

	1	2	3
4			
5			
6			

	1	2	3
4	●	●	●
5	●	●	●
6	●	●	●

01 체인지 퍼즐의 규칙에 따라 처음 모양을 목표 모양으로 바꾸기 위해 눌러야 하는 버튼을 순서대로 안에 써넣으시오.

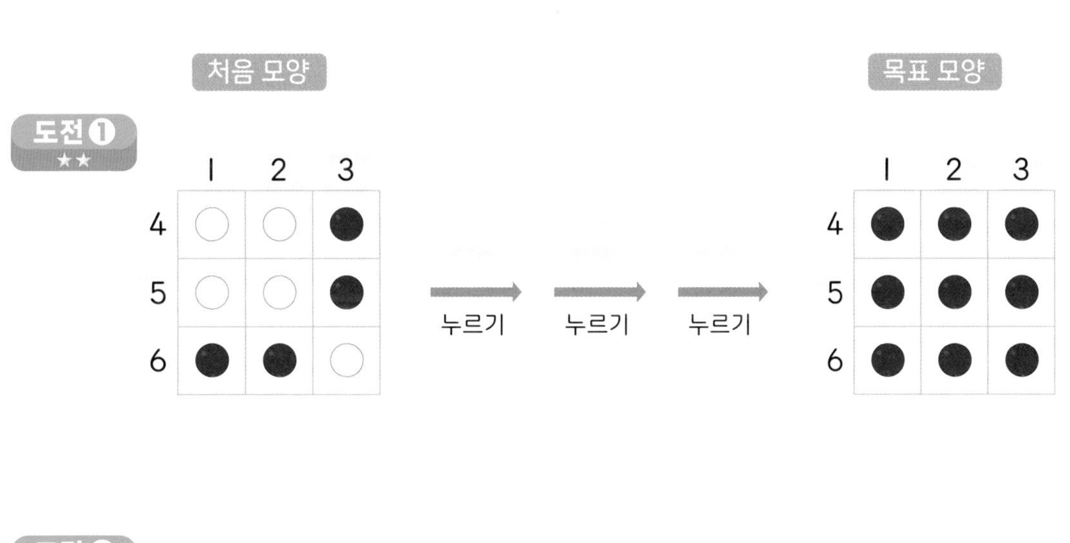

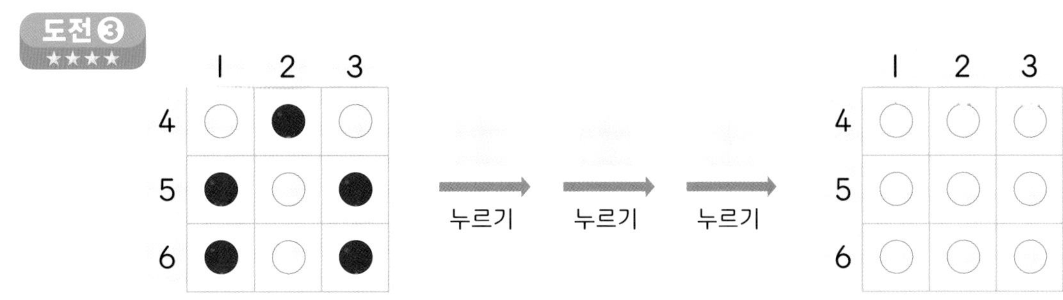

Creative 팩토

01 |규칙|에 따라 마지막으로 🔑 버튼을 누르기 위해 가장 먼저 눌러야 하는 화살표 버튼을 찾아 ○표 하시오.

|규칙|

① 버튼 위 그림은 주어진 수만큼 화살표 방향으로 이동하여 도착한 버튼을 눌러야 한다는 표시입니다.

② 그림에 있는 숫자 버튼과 🔑 버튼을 순서에 맞게 모두 눌러야 합니다.

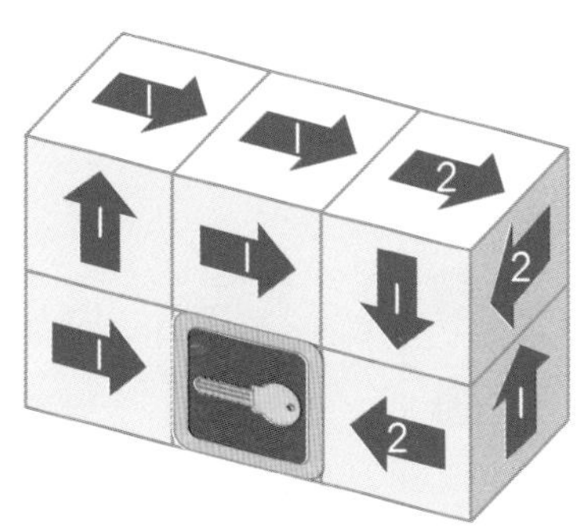

02 가쿠로 퍼즐의 |규칙|에 따라 빈칸에 알맞은 수를 써넣으시오.

|규칙|

① 색칠한 삼각형 안의 수는 삼각형의 오른쪽 또는 아래쪽으로 쓰인 수들의 합입니다.

② 빈칸에는 1부터 9까지의 수를 쓸 수 있습니다.

③ 삼각형과 연결된 한 줄에는 같은 수를 쓸 수 없습니다.

	↓3	↓7	↓4	
→6				↓2
	→9 ↓3			
→4				

03 | 규칙 |에 따라 출발 버튼부터 도착 버튼까지 이동하려고 합니다. 빈 버튼에 알맞은 화살표의 방향과 수를 그려 넣으시오.

| 규칙 |

① 버튼 위 그림은 주어진 수만큼 화살표 방향으로 이동하여 도착한 버튼을 눌러야 한다는 표시입니다.

② 그림에 있는 숫자 버튼과 도착 버튼을 순서에 맞게 모두 눌러야 합니다.

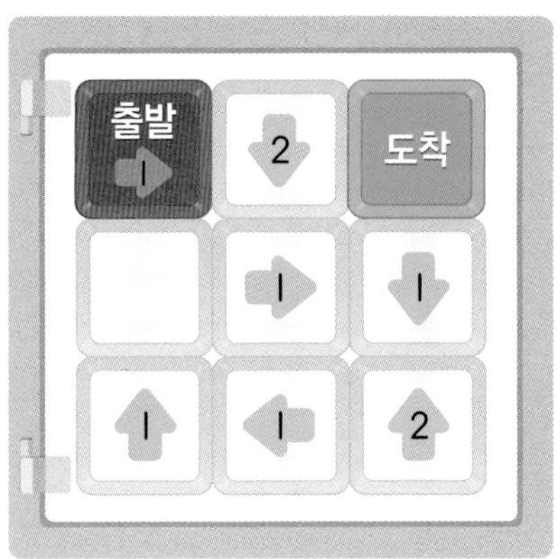

04 체인지 퍼즐의 | 규칙 |에 따라 처음 모양을 목표 모양으로 바꾸기 위해 눌러야 하는 버튼을 순서대로 안에 써넣으시오.

| 규칙 |

위와 왼쪽의 숫자 버튼을 누르면 그 줄에 있는 모양의 색깔이 모두 반대로 바뀝니다.

Perfect 경시대회

01 |규칙|에 따라 빈칸에 주어진 숫자 조각을 놓으려고 합니다. 빈칸에 알맞은 수를 써넣으시오.

| 규칙 |
① 가로줄의 각 칸에 1부터 4까지의 수가 한 번씩만 들어갑니다.
② 세로줄의 각 칸에 1부터 4까지의 수가 한 번씩만 들어갑니다.

3	2

4	2

3	1

1	2

2	3	4	
4	1		
			4
1			3

02 |규칙|에 따라 빈칸에 알맞은 수를 써넣으시오.

| 규칙 |
① 빈칸에는 0 또는 1을 쓸 수 있습니다.
② 가로줄과 세로줄에 놓인 세 수의 합은 모두 2입니다.

0		1
	1	0

> 정답과 풀이 32쪽

03 브릿지 퍼즐의 규칙 에 따라 선을 알맞게 그어 보시오.

규칙

① ◯에 적힌 수는 이웃한 ◯와 연결된 선(—)의 개수입니다.
② 이웃한 ◯끼리만 선으로 연결할 수 있습니다.
③ 선과 선은 서로 만나지 않습니다.

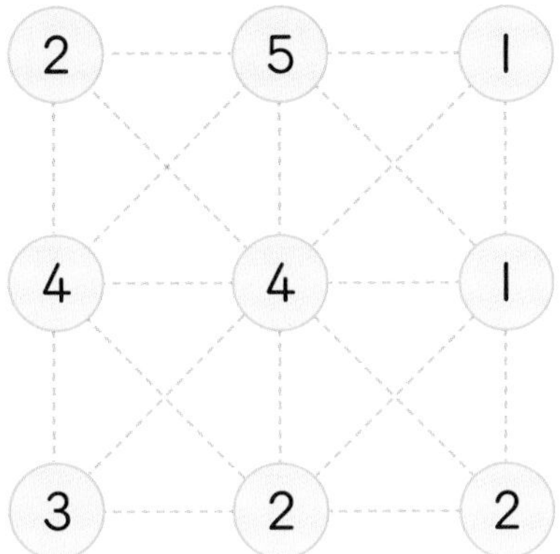

04 규칙 에 따라 빈칸에 ▲을 그려 넣고, ▲을 그릴 수 없는 칸에는 알맞은 수를 쓰시오.

규칙

각 칸에 표시된 수는 그 칸을 둘러싼 칸에 ▲이 몇 개 있는지를 나타냅니다.

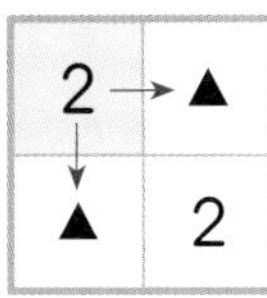

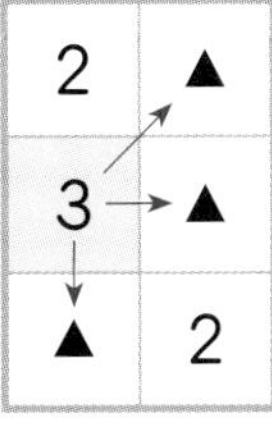

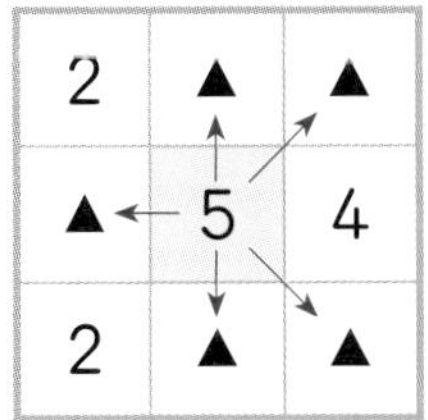

▲	▲	3	▲	2
3	4		4	▲
▲	3			▲
2	▲	1	1	1

01 |규칙|에 따라 개미가 사탕이 있는 곳까지 가는 길을 그려 보시오.

규칙

① 사각형 모양의 위와 왼쪽에 있는 수는 개미가 각 줄에서 지나가야 하는 방의 개수를 나타냅니다.

② 한 번 지나간 방은 다시 지나갈 수 없습니다.

예

	2	3	1
3			
2			
1			

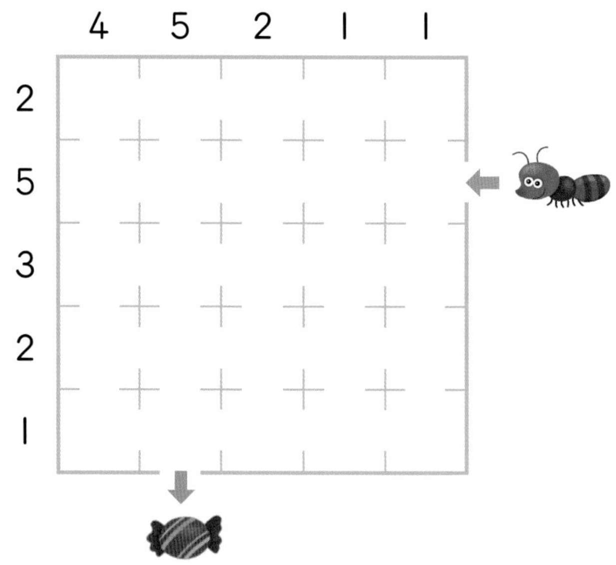

정답과 풀이 33쪽

02 |규칙|에 따라 빈칸에 알맞은 수를 써넣으시오.

규칙

① 가로줄과 세로줄의 각 칸에 1부터 4까지의 수가 한 번씩만 들어갑니다.
② 두 칸 사이에 부등호가 있는 경우 부등호에 맞게 수를 넣어야 합니다.

1	<	2		3		4
3	>				>	
				∨		∧
		4				
∧						
				2		1

4		1			<	
	<	3				4
∨		∧		∧		
				3	>	
						∨
	>					

Ⅲ

측정

학습 Planner

계획한 대로 공부한 날은 😀에, 공부하지 못한 날은 ☹️에 ◯표 하세요.

공부할 내용	공부할 날짜	확 인
1 단위길이	월 일	😀 ☹️
2 달력	월 일	😀 ☹️
3 무게 비교	월 일	😀 ☹️
Creative 팩토	월 일	😀 ☹️
4 잴 수 있는 길이	월 일	😀 ☹️
5 잴 수 있는 무게	월 일	😀 ☹️
6 거울에 비친 시계	월 일	😀 ☹️
Creative 팩토	월 일	😀 ☹️
Perfect 경시대회	월 일	😀 ☹️
Challenge 영재교육원	월 일	😀 ☹️

1 단위길이

단위길이로 길이 재기

'한 뼘', '두 뼘'의 뼘의 길이와 같이 길이를 재는 데 기준이 되는 길이를 **단위길이**라고 합니다. 주어진 물건을 단위길이로 하여 밧줄의 길이를 재어 보시오.

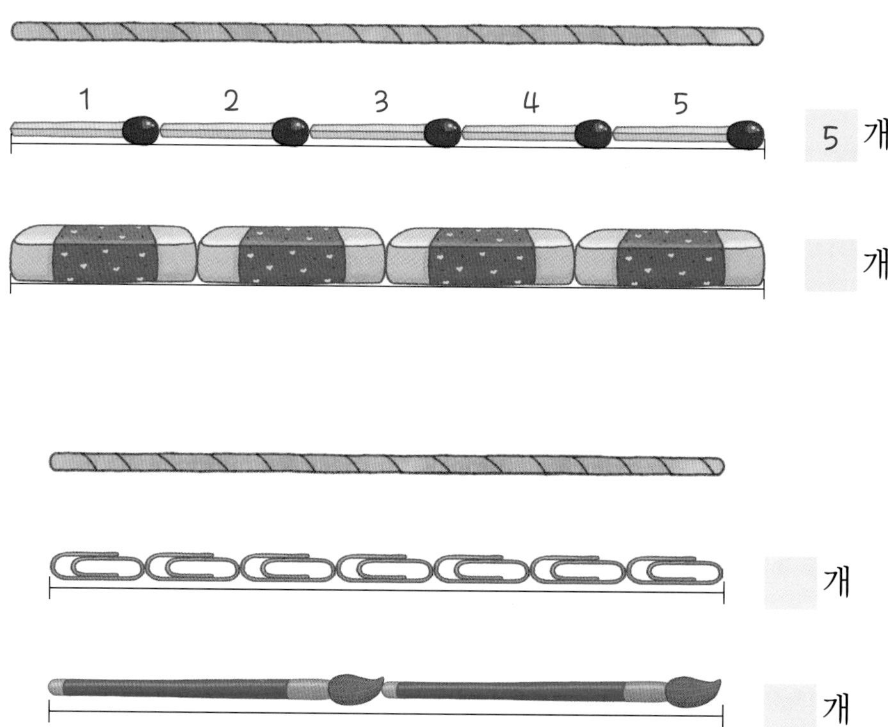

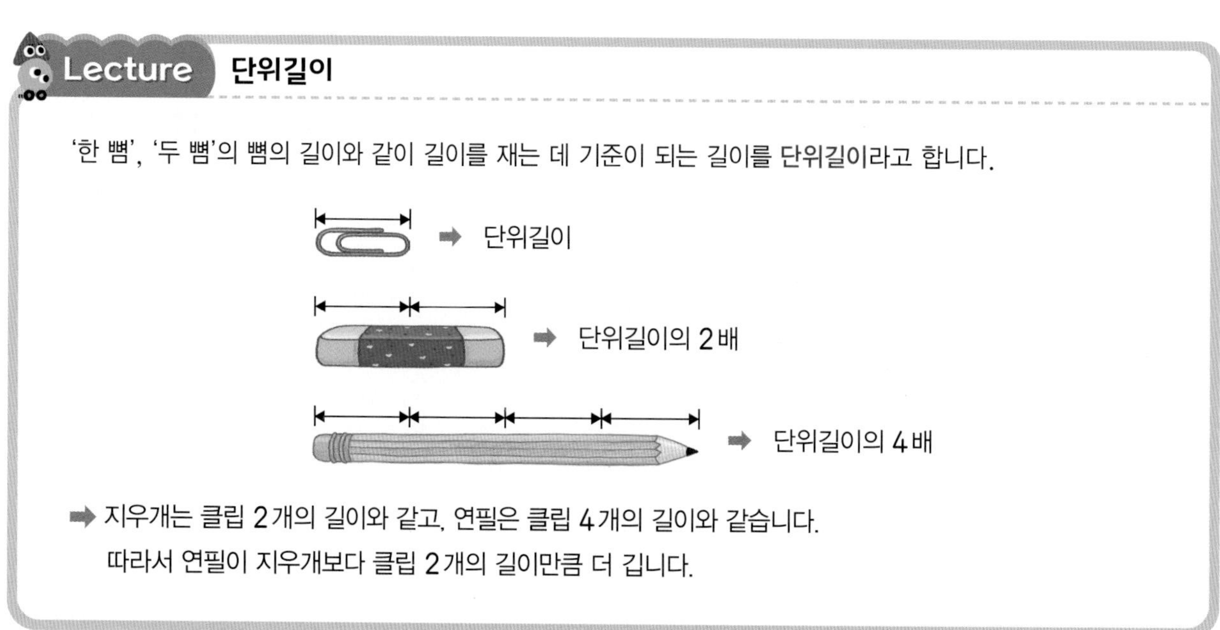

Lecture
단위길이
'한 뼘', '두 뼘'의 뼘의 길이와 같이 길이를 재는 데 기준이 되는 길이를 단위길이라고 합니다.
➡ 단위길이
➡ 단위길이의 2배
➡ 단위길이의 4배
➡ 지우개는 클립 2개의 길이와 같고, 연필은 클립 4개의 길이와 같습니다.
따라서 연필이 지우개보다 클립 2개의 길이만큼 더 깁니다.

정답과 풀이 34쪽

단위길이로 길이 비교하기

의 길이를 단위길이로 하여 주어진 물건의 길이를 비교해 보시오.

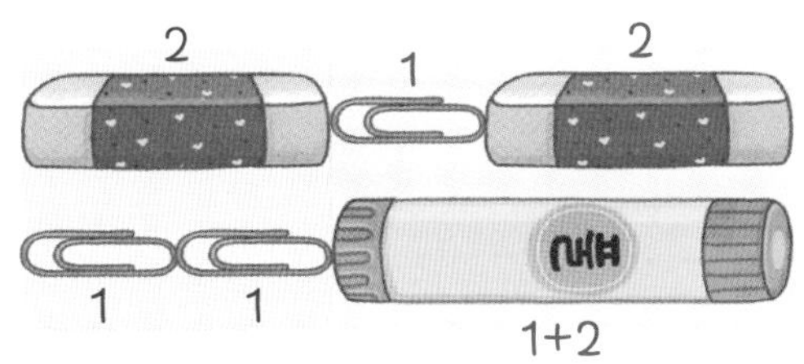

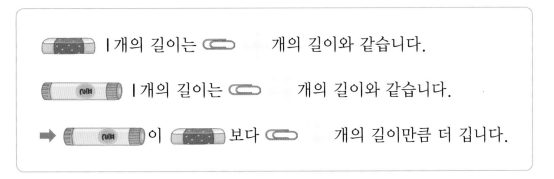

1개의 길이는 개의 길이와 같습니다.

1개의 길이는 개의 길이와 같습니다.

➡ 이 보다 개의 길이만큼 더 깁니다.

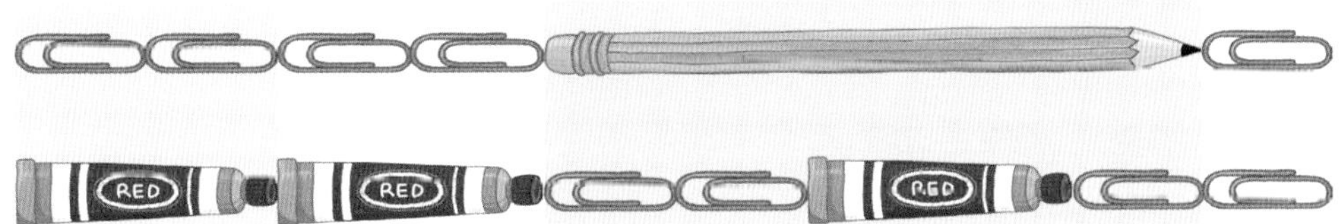

1개의 길이는 개의 길이와 같습니다.

1자루의 길이는 개의 길이와 같습니다.

➡ 이 보다 개의 길이만큼 더 깁니다.

대표문제

바게트 빵 1개는 소시지 빵 1개보다 막대 사탕 몇 개의 길이만큼 더 긴지 구해 보시오.

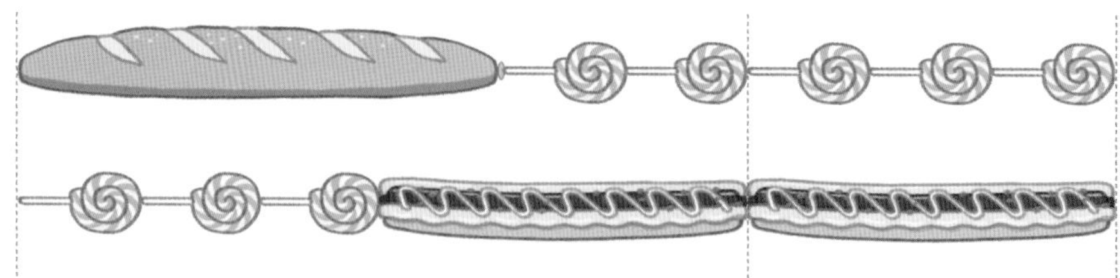

STEP 1 막대 사탕 1개의 길이를 단위길이로 할 때, 소시지 빵 1개의 길이는 막대 사탕 몇 개의 길이와 같습니까?

STEP 2 빈 곳에 소시지 빵 2개와 같은 길이만큼 막대 사탕을 그려 넣으시오. 이때, 바게트 빵 1개의 길이는 막대 사탕 몇 개의 길이와 같습니까?

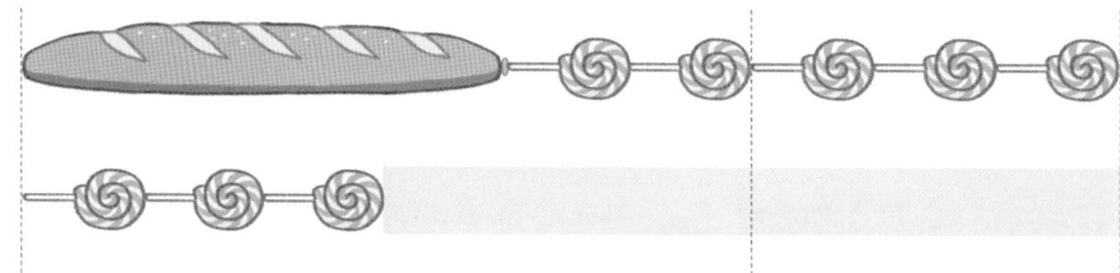

STEP 3 바게트 빵 1개는 소시지 빵 1개보다 막대 사탕 몇 개의 길이만큼 더 긴지 구해 보시오.

01 은 보다 몇 개만큼 더 긴지 구해 보시오.

02 ㉯의 길이는 ㉮의 길이보다 물감 1개의 길이만큼 더 깁니다. ㉰의 길이는 물감 몇 개의 길이와 같은지 구해 보시오.

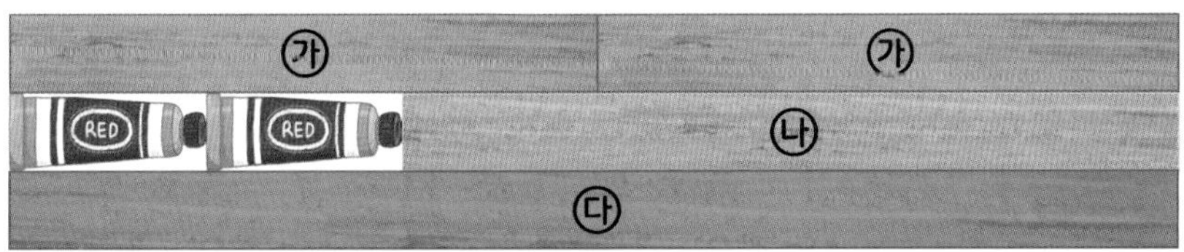

2 달력

각 달의 날수

손을 이용하여 각 달의 날수를 표현한 것입니다. 그림에 알맞게 표를 완성해 보시오.

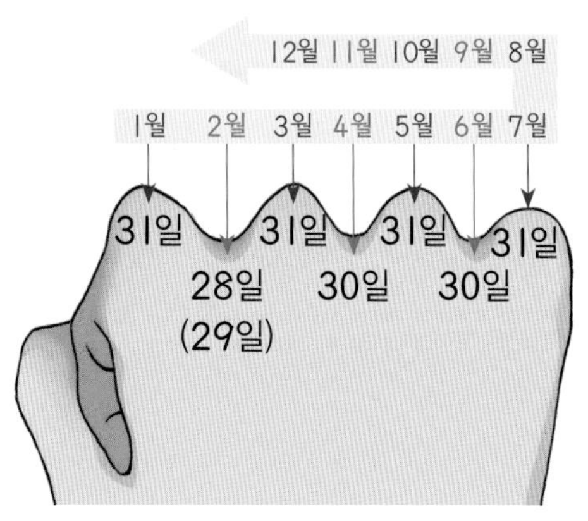

월	1월	2월	3월	4월	5월	6월
날수(일)	31	28 (29)	31	30		

월	7월	8월	9월	10월	11월	12월
날수(일)						

(4년마다 2월에 하루를 추가하는 윤년일 경우 2월은 29일까지 있습니다.)

달력 문제

달력을 보고 ☐ 안에 알맞게 써넣으시오.

3월

일	월	화	수	목	금	토
		1	2	3	4	5
6	7	8	9	10	11	12
13	14	15	16	17	18	19
20	21	22	23	24	25	26
27	28	29	30	31		

(1) 달력에서 오른쪽으로 한 칸씩 갈 때마다 ☐ 일이 늘어나고,
아래로 한 칸씩 내려갈 때마다 ☐ 일이 늘어납니다.

(2) 요일의 순서는 일 → ☐ → ☐ → ☐ → ☐ → ☐ → ☐ 요일입니다.

(3) 3월의 월요일인 날짜는 7일, ☐ 일, ☐ 일, ☐ 일입니다.

(4) 3월의 첫째 번 수요일은 2일이고, 셋째 번 수요일은 ☐ 일입니다.

정답과 풀이 36쪽

찢어진 달력

찢어진 달력을 보고 물음에 답해 보시오.

5월

일	월	화	수	목	금	토
		1	2	3	4	5
6	7	8	9	10	11	12
13	14	15	16	17	18	19
20	21	22	23	24	25	26
27	28	29	30	31		

- 5월 15일은 요일입니다.
- 5월의 둘째 번 목요일은 일입니다.
- 5월 24일부터 7일 후는 요일입니다.

10월

일	월	화	수	목	금	토
				1	2	3
4	5	6	7	8	9	10
						17

- 10월의 일요일은 일, 일, 일, 일입니다.
- 10월 12일부터 2주일 후는 요일입니다.
- 10월에는 목요일이 번 있습니다.

6월

일	월	화	수	목	금	토
					1	2
3				7	8	9

- 6월의 셋째 번 토요일은 일입니다.
- 6월의 넷째 번 금요일은 일입니다.
- 6월 30일은 요일입니다.

대표문제

어느 해 3월 달력이 찢어져 다음과 같이 일부분만 있습니다. 같은 해 4월 10일은 무슨 요일인지 구해 보시오.

3월

일	월	화	수	목	금	토
			1	2	3	4
5	6	7	8	9	10	11

STEP 1 3월은 며칠까지 있습니까?

STEP 2 3월 1일은 수요일입니다. 3월의 마지막 날은 무슨 요일입니까?

STEP 3 다음 순서에 따라 4월 10일은 무슨 요일인지 구해 보시오.

① □안에 4월 1일의 요일 찾기
② □안에 4월 1일에서 4월 10일은 며칠 후인지 찾기
③ □안에 4월 1일에서 7일 후 요일 쓰기
④ □와 □에 알맞게 써넣어 4월 10일의 요일 찾기

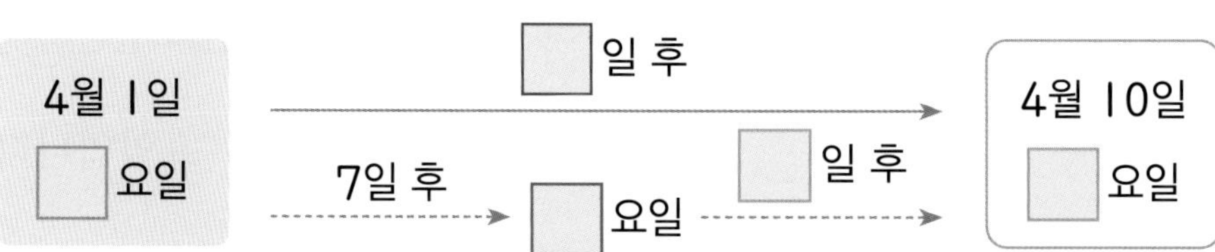

정답과 풀이 37쪽

01 어느 해 11월 달력이 찢어져 다음과 같이 일부분만 있습니다. 같은 해 12월 13일은 무슨 요일인지 구해 보시오.

	화	수	목	금	토
					1
3	4	5	6	7	8

02 어느 해 광복절은 8월 15일 수요일입니다. 같은 해 추석인 9월 18일은 무슨 요일인지 구해 보시오.

3 무게 비교

더 무거운 것에 ○표 하세요. (단, 같은 물건의 무게는 같습니다.)

보기

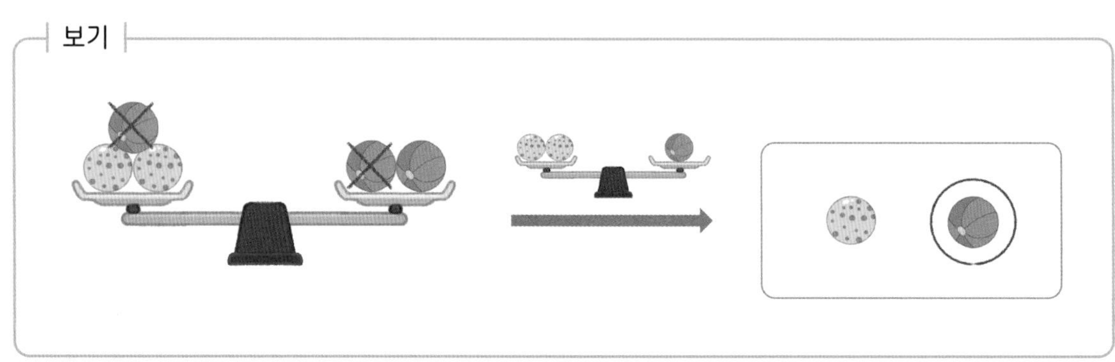

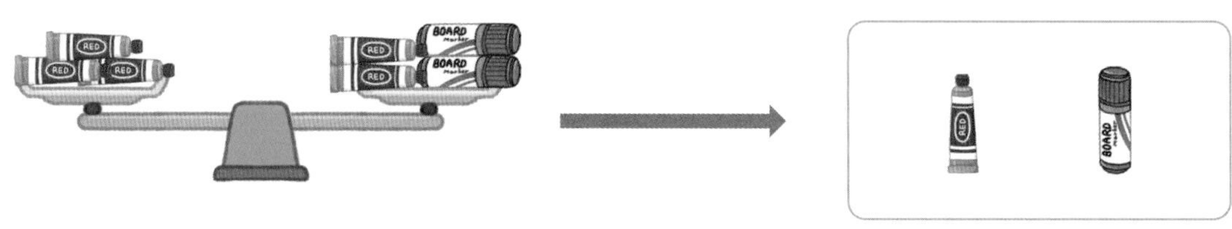

정답과 풀이 38쪽

양팔 저울이 수평이 되도록 빈 접시에 놓을 밤의 개수를 구해 보시오. (단, 같은 종류의 과일의 무게는 같습니다.)

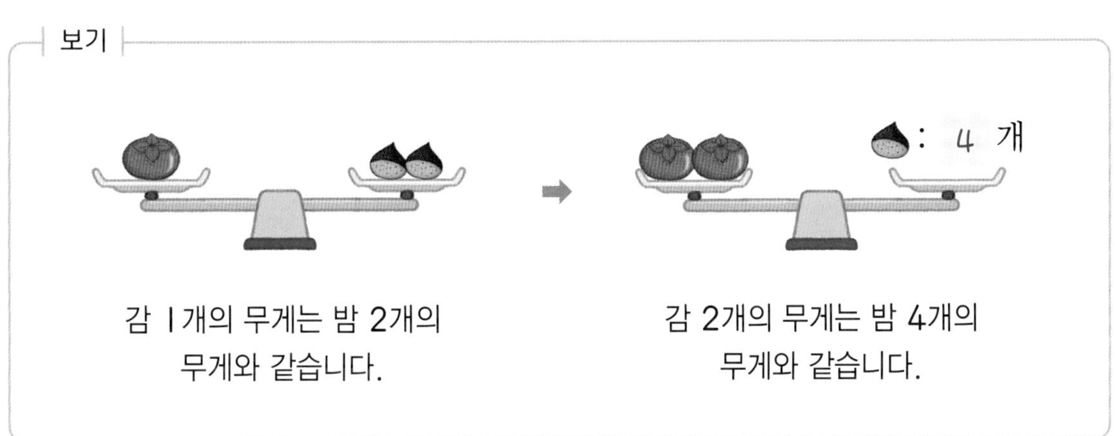

보기
: 4 개
감 1개의 무게는 밤 2개의
무게와 같습니다.
감 2개의 무게는 밤 4개의
무게와 같습니다.

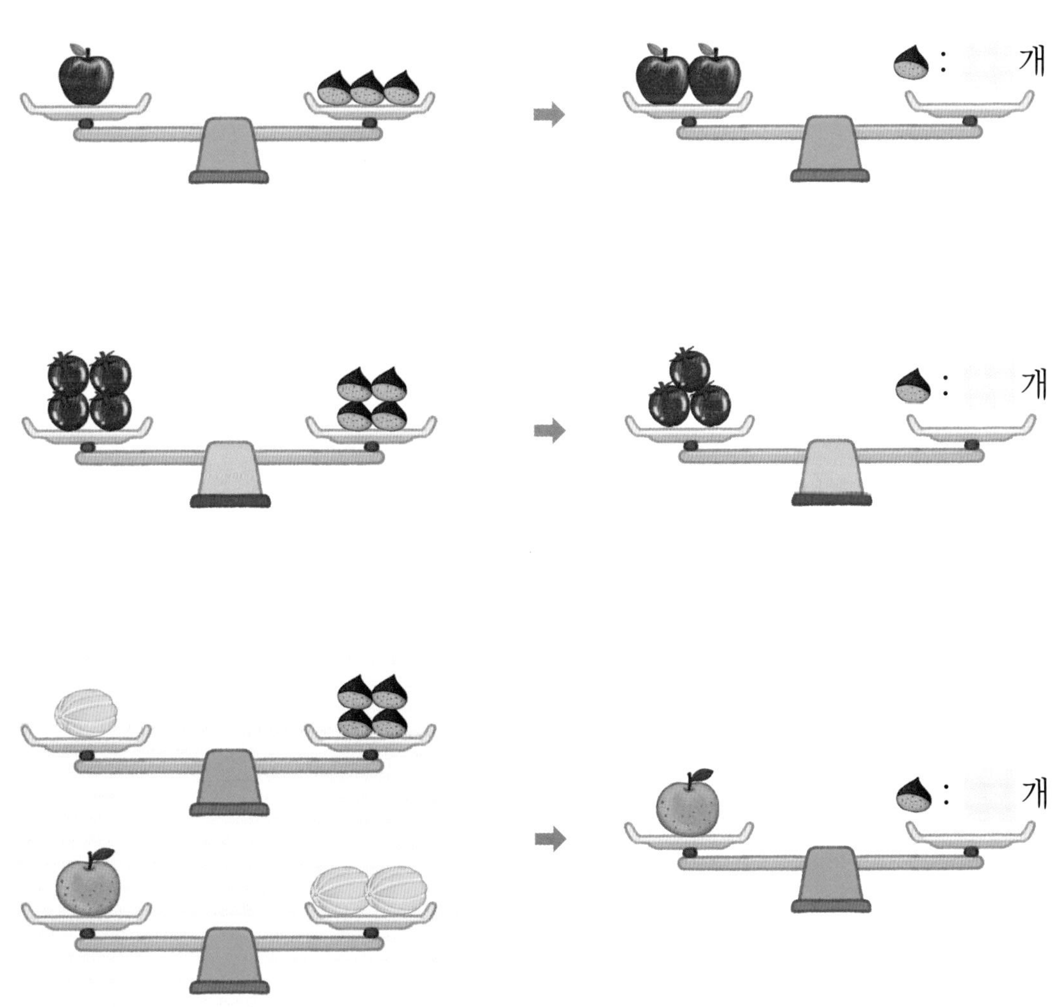

대표문제

똑같은 무게의 추와 양팔 저울을 사용하여 복숭아 1개와 귤 1개의 무게를 비교하였습니다.

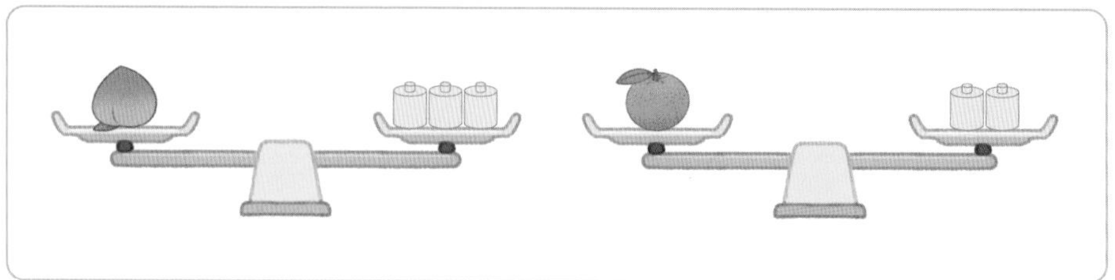

양팔 저울이 수평이 되려면 어느 쪽에 몇 개의 추를 더 올려놓아야 하는지 구해 보시오.
(단, 같은 종류의 과일의 무게는 같습니다.)

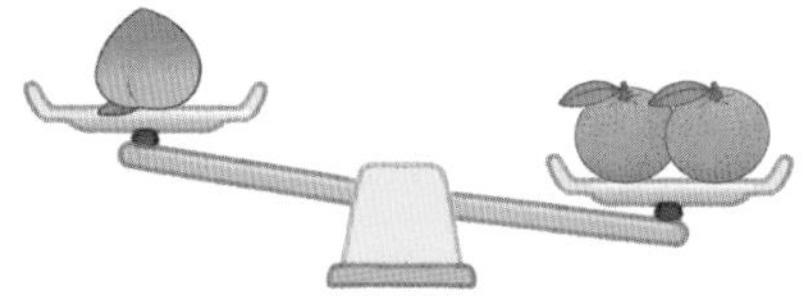

STEP 1 복숭아 1개와 귤 1개의 무게는 각각 추 몇 개의 무게와 같습니까?

STEP 2 귤 2개의 무게는 추 몇 개의 무게와 같습니까?

STEP 3 저울 위의 복숭아와 귤을 같은 무게의 추로 바꾸어 그려 보시오.

STEP 4 STEP 3 을 보고 양팔 저울이 수평이 되려면 어느 쪽에 몇 개의 추를 더 올려놓아야 하는지 구해 보시오.

정답과 풀이 39쪽

01 빈 곳에 ㉮ 구슬 몇 개를 올려놓아야 수평이 되는지 구해 보시오. (단, 같은 기호의 구슬의 무게는 같습니다.)

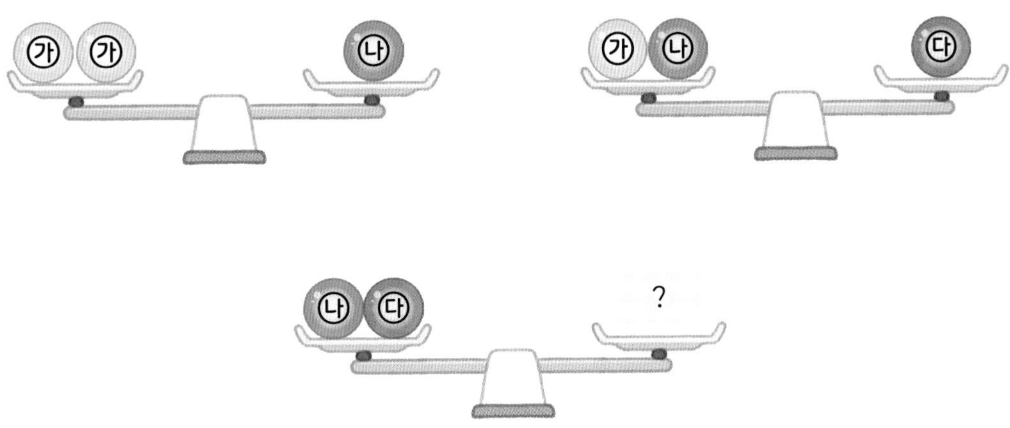

02 ㉮, ㉯, ㉰, ㉱ 중 가장 무거운 것을 찾아 기호를 써 보시오. (단, 같은 기호의 물건의 무게는 같습니다.)

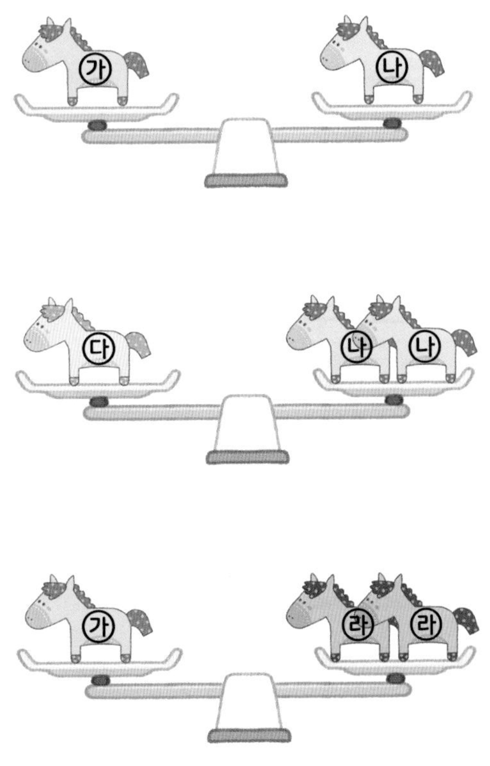

01 클립의 길이를 단위길이로 할 때 막대 ㉰의 길이는 막대 ㉮의 길이의 몇 배인지 구해 보시오.

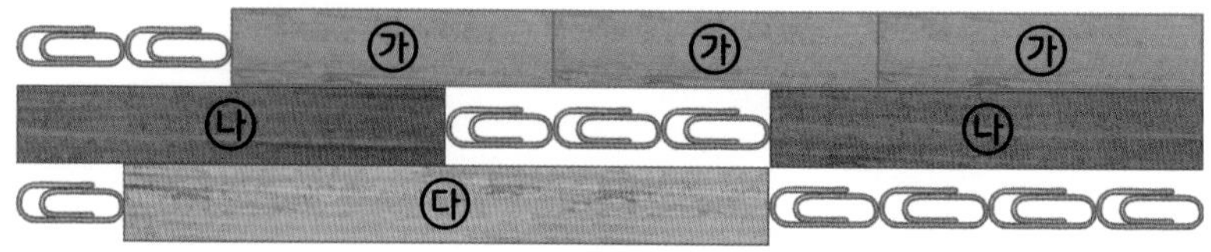

02 다음은 구슬 3개를 양팔 저울에 올려놓아 무게를 비교한 것입니다. 가장 가벼운 구슬을 찾아 기호를 써 보시오. (단, 같은 기호의 구슬의 무게는 같습니다.)

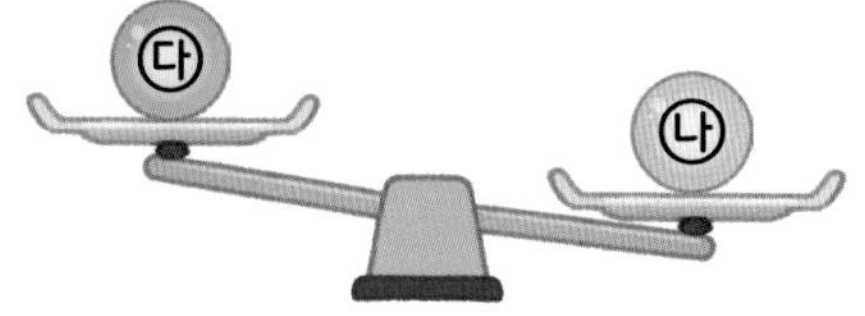

> 정답과 풀이 40쪽

03 어느 해 7월 달력이 찢어져 다음과 같이 일부분만 있습니다. 7월의 수요일과 8월의 첫째 번 수요일의 날짜를 모두 더하면 얼마인지 구해 보시오.

04 그림을 보고 가장 가벼운 블록부터 순서대로 기호를 써 보시오. (단, 같은 기호의 블록의 무게는 같습니다.)

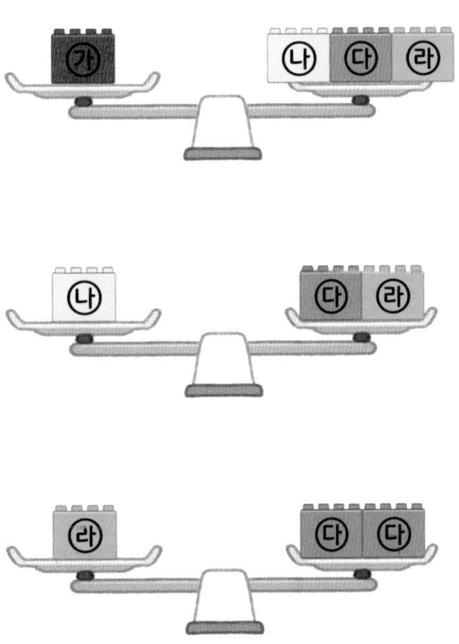

4 잴 수 있는 길이

눈금 없는 삼각자로 길이 재기

주어진 삼각자 2개를 사용하여 물건의 길이를 재어 보시오.

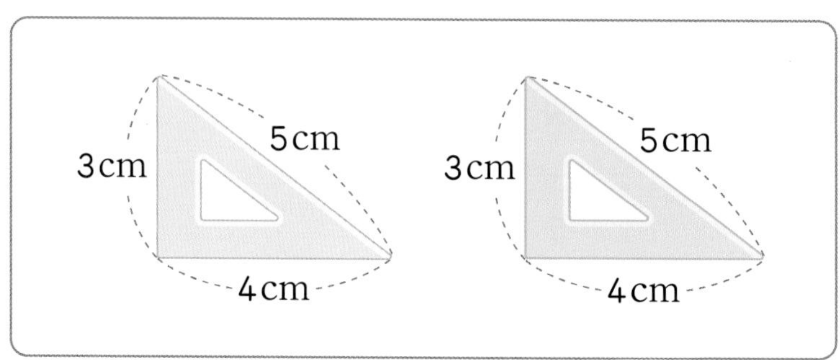

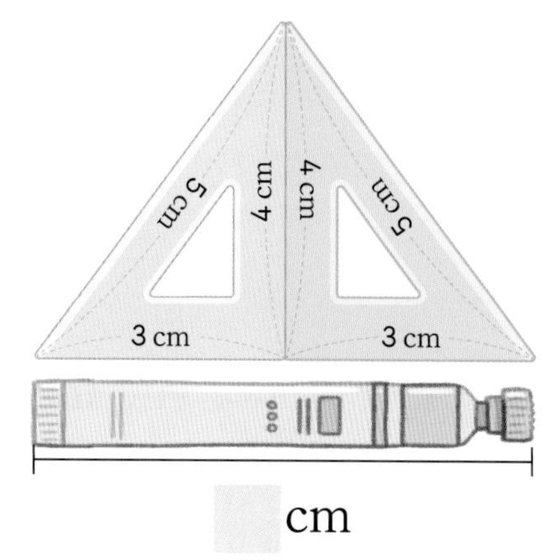

☐ cm

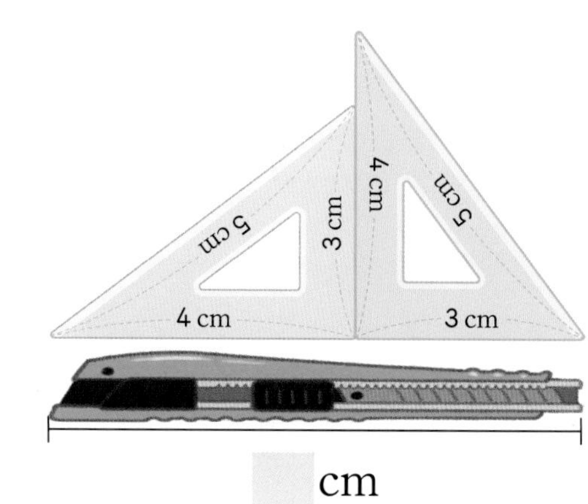

☐ cm

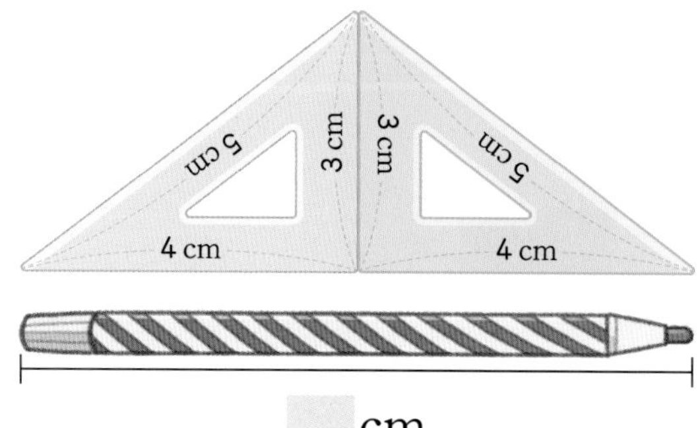

☐ cm

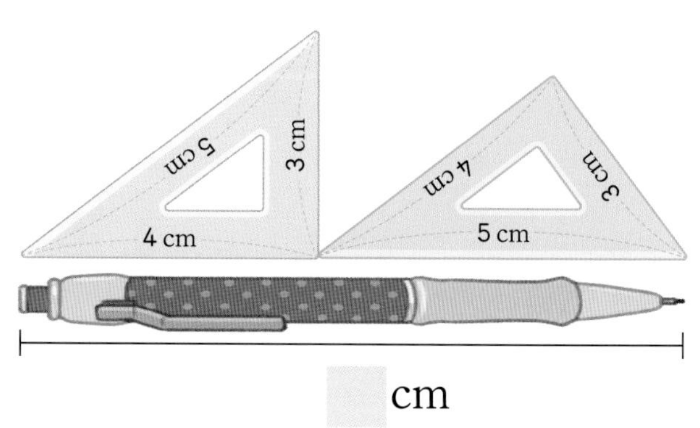

☐ cm

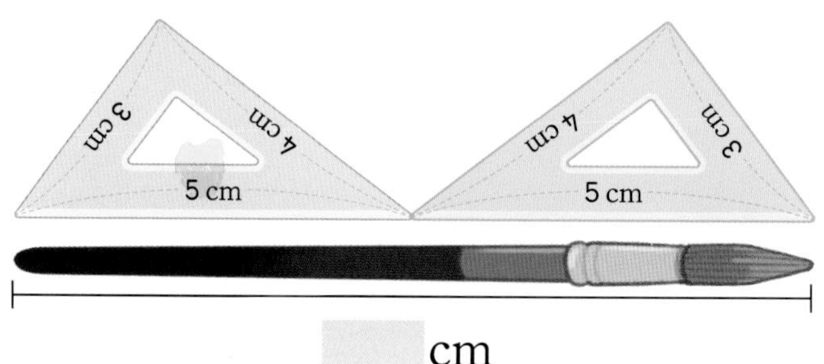

☐ cm

정답과 풀이 41쪽

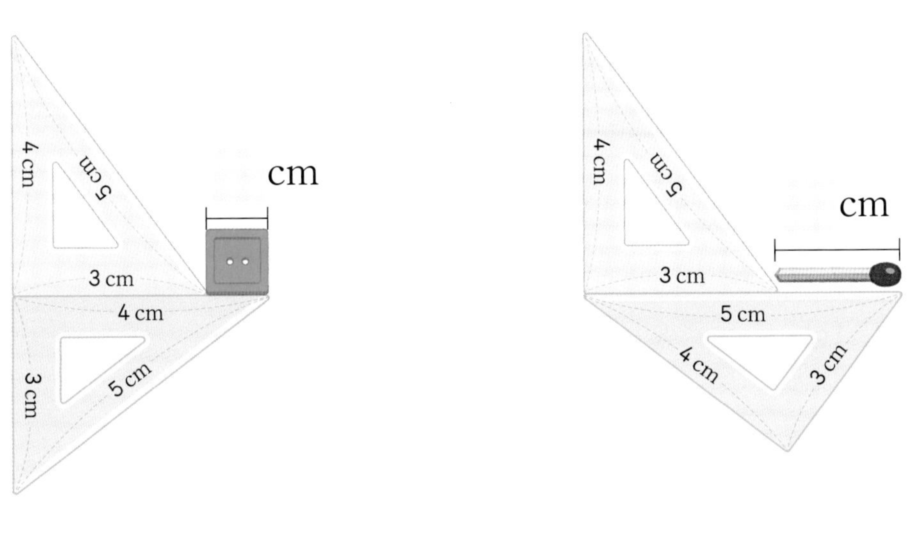

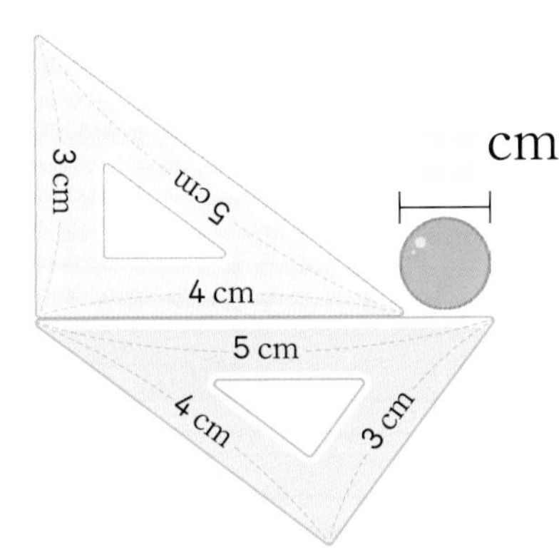

Lecture 잴 수 있는 길이

길이의 합과 차를 이용하여 여러 가지 길이를 잴 수 있습니다.

대표문제

길이가 각각 1cm, 3cm, 5cm인 종이테이프가 1장씩 있습니다. 이 종이테이프를 사용하여 잴 수 있는 길이를 모두 구해 보시오. 온라인 활동지

1cm　　3cm　　5cm

STEP 1 종이테이프 1장으로 잴 수 있는 길이를 모두 구해 보시오.

STEP 2 종이테이프 2장 또는 3장을 옆으로 나란히 이어 붙여서 잴 수 있는 길이를 모두 구해 보시오.

보기

길이가 1cm와 5cm인 종이테이프를 옆으로 나란히 이어 붙이면 6cm를 잴 수 있습니다.

1+5=6(cm)

1cm　5cm

STEP 3 종이테이프 2장 또는 3장을 위아래로 나란히 놓아서 잴 수 있는 길이를 모두 구해 보시오.

보기

길이가 1cm와 3cm인 종이테이프를 위아래로 나란히 놓으면 2cm를 잴 수 있습니다.

3cm

1cm　3−1=2(cm)

STEP 4 길이가 각각 1cm, 3cm, 5cm인 종이테이프를 사용하여 잴 수 있는 길이를 모두 구해 보시오.

정답과 풀이 42쪽

01 주어진 나무판자 2개를 사용하여 잴 수 없는 길이를 찾아 ○표 하시오.

온라인 활동지

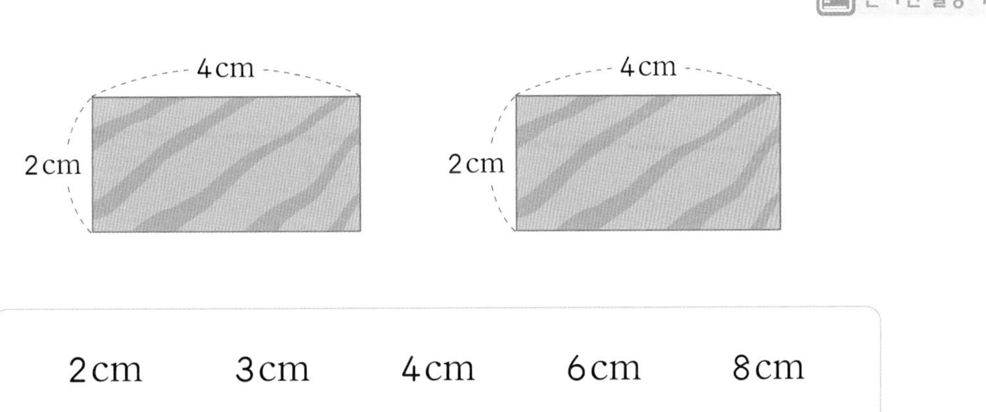

2cm	3cm	4cm	6cm	8cm

02 다음과 같이 2개의 막대가 연결되어 있습니다. 연결된 부분은 접었다가 펼 수 있을 때, 잴 수 있는 길이를 모두 구해 보시오.

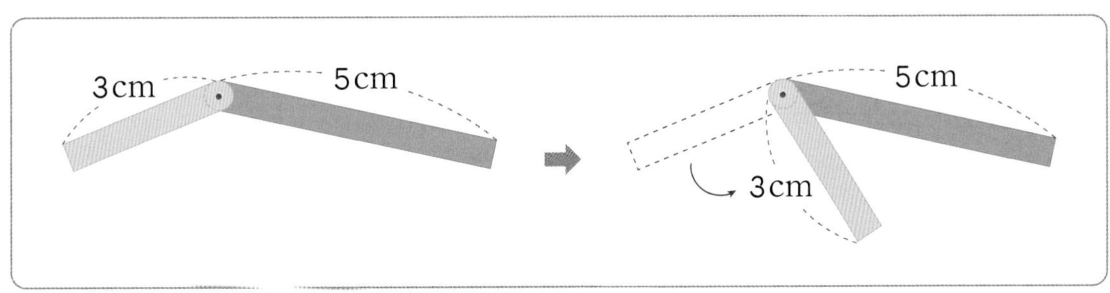

5 잴 수 있는 무게

추를 저울의 한쪽에만 올려놓을 때 잴 수 있는 무게

1g, 2g, 4g짜리 추가 각각 1개씩 있습니다. 양팔 저울이 수평이 되도록 **왼쪽 접시**에 알맞은 추를 올려놓아 보시오.

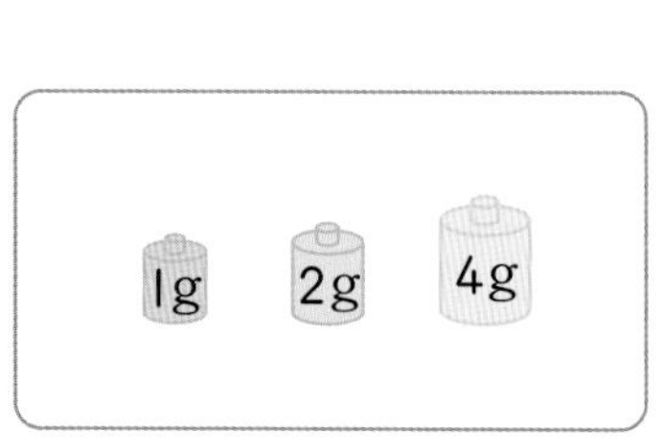

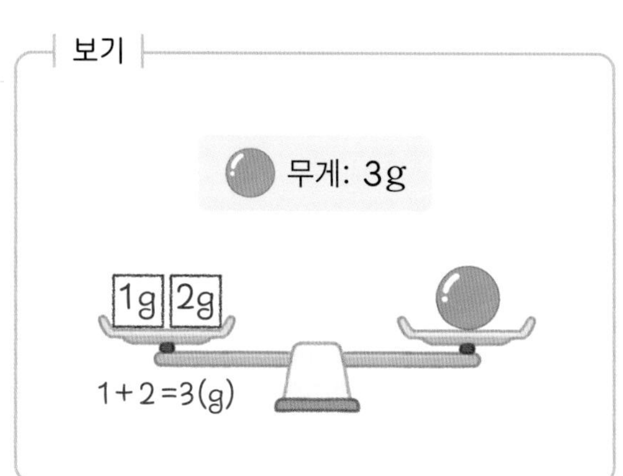

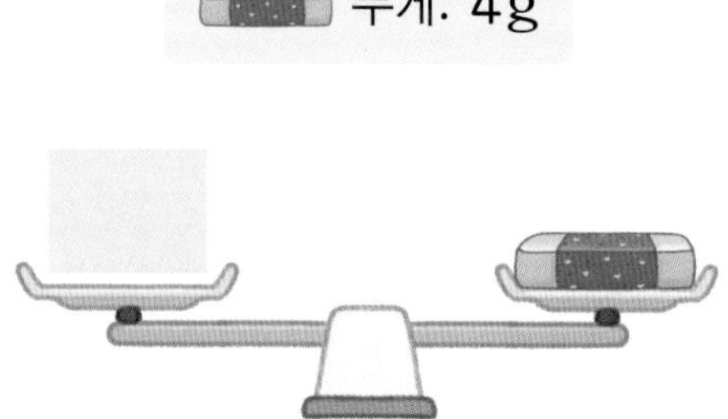

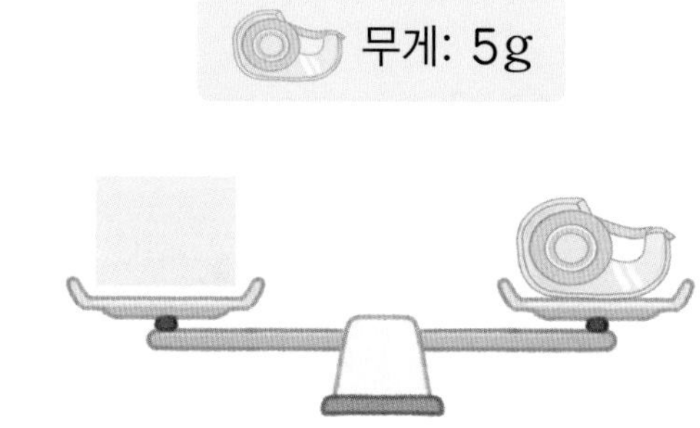

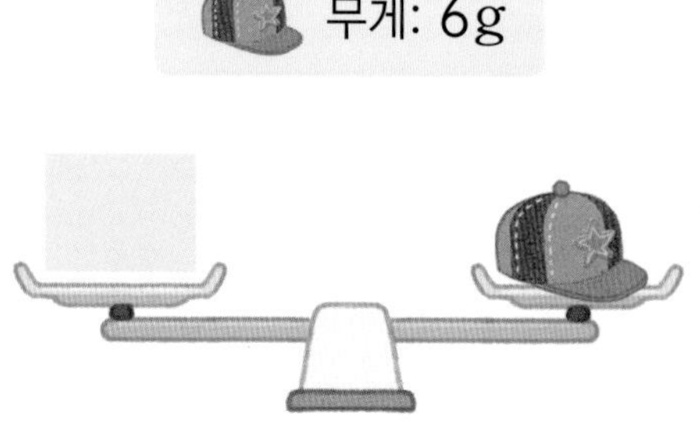

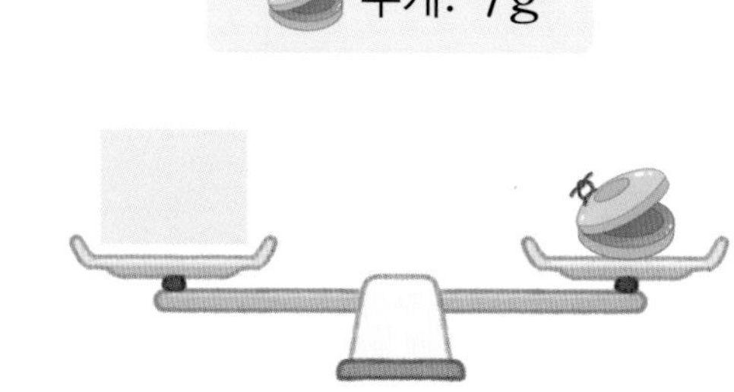

정답과 풀이 43쪽

추를 저울의 양쪽에 올려놓을 때 잴 수 있는 무게

1g, 3g, 9g짜리 추가 각각 1개씩 있습니다. 양팔 저울이 수평이 되도록 **양쪽 접시**에 알맞은 추를 올려놓아 보시오.

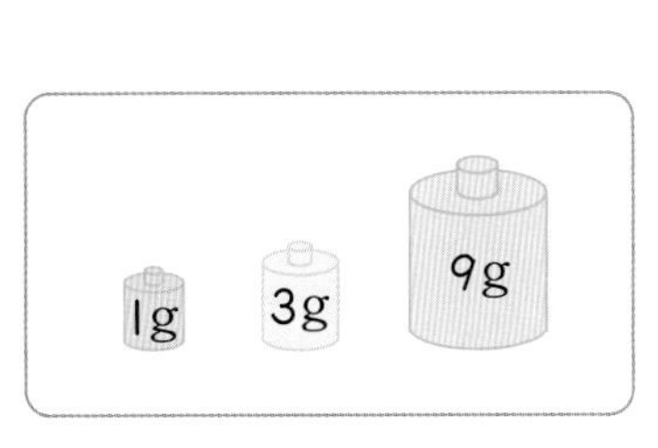

보기

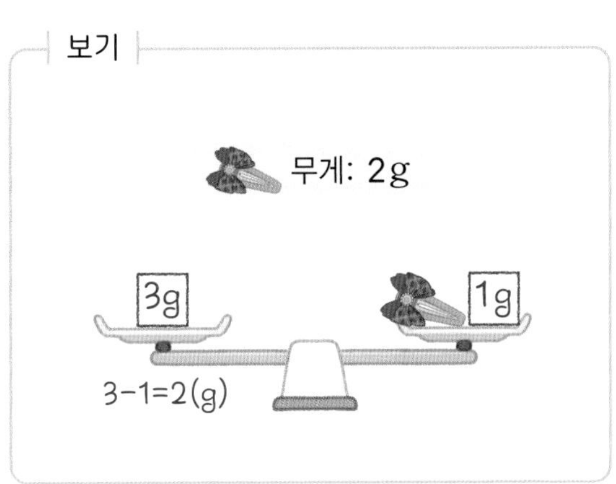

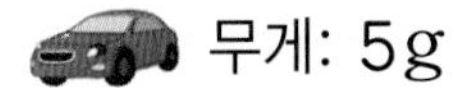

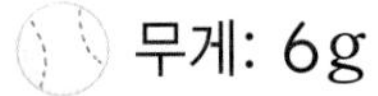

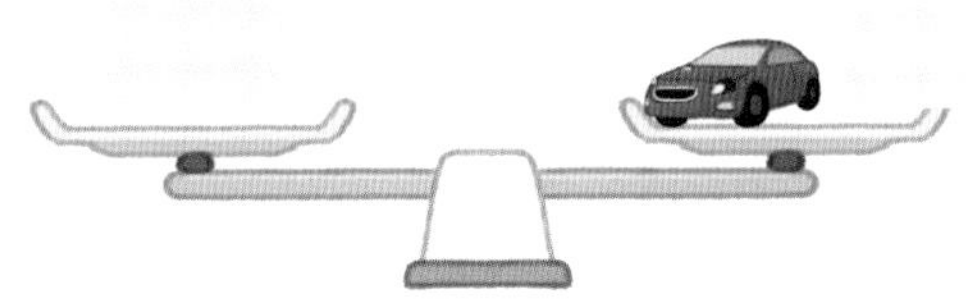

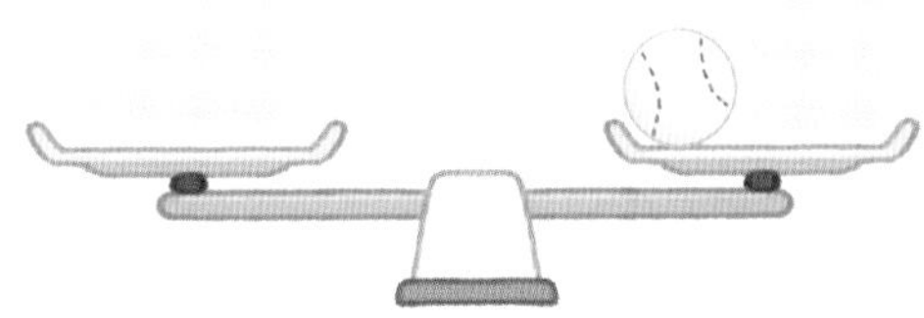

⬭ 무게: 7g

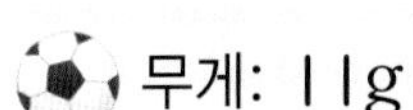

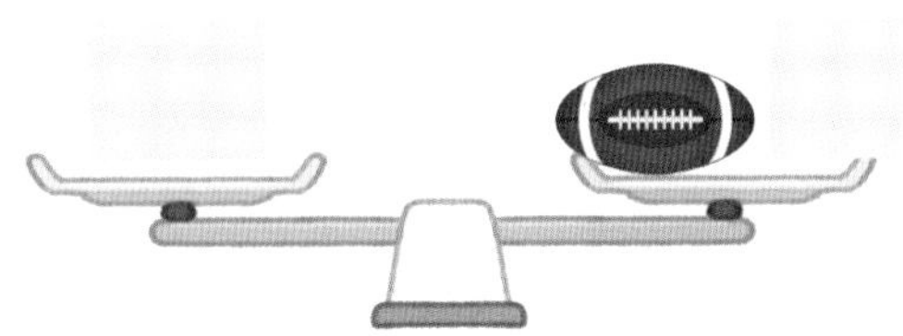

대표문제

2g, 3g, 5g짜리 추가 1개씩 있습니다. 양팔 저울의 한쪽 접시에만 추를 올려놓고, 다른 쪽 접시에는 구슬을 올려놓았습니다. 잴 수 있는 구슬의 무게를 모두 구해 보시오.

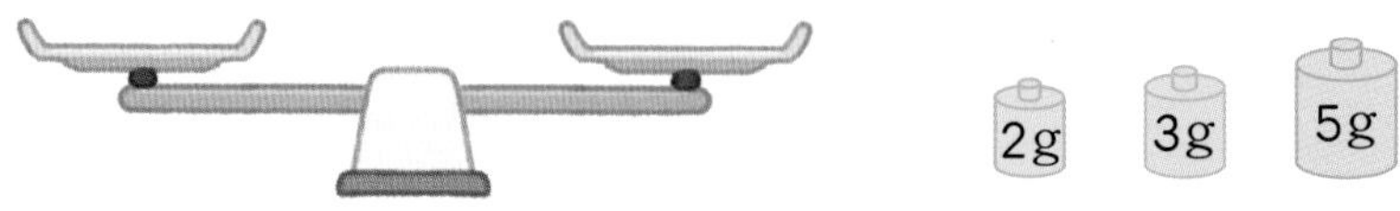

STEP 1 양팔 저울의 한쪽 접시에만 추를 올려놓아 잴 수 있는 최대 무게는 얼마입니까?

STEP 2 다음의 표를 완성하고, 1g에서 10g까지의 무게 중 잴 수 있는 무게를 찾아보시오.

저울의 양쪽 접시	식	저울의 양쪽 접시	식
1	×	6	
2g / 2	2g	7	
3		8	
4		9	
5		2g 3g 5g / 10	2+3+5=10(g)

STEP 3 잴 수 있는 구슬의 무게를 모두 구해 보시오.

01 1g, 4g, 6g짜리 추가 1개씩 있습니다. 추를 양팔 저울의 한쪽 접시에만 올려놓을 때, 잴 수 있는 무게는 모두 몇 가지인지 구해 보시오.

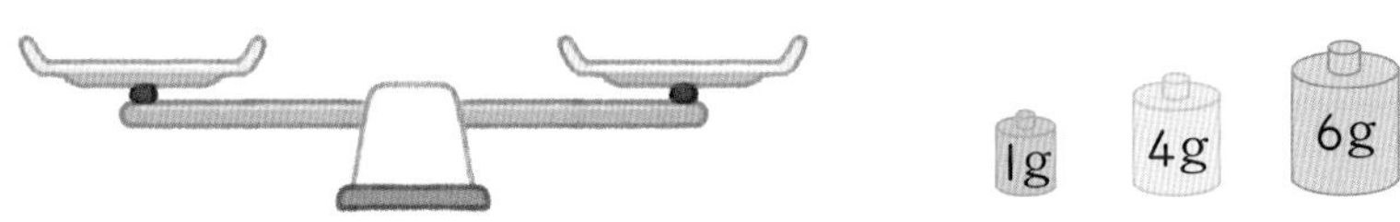

02 2g, 3g, 8g짜리 추가 1개씩 있습니다. 추를 양팔 저울의 양쪽 접시에 올려놓을 수 있을 때, 잴 수 있는 무게는 모두 몇 가지인지 구해 보시오.

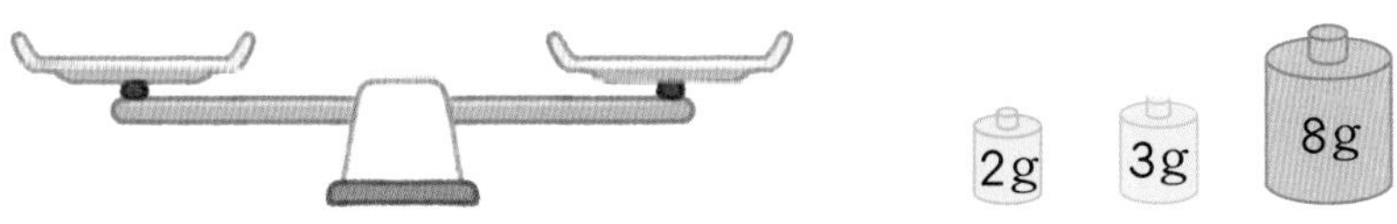

6 거울에 비친 시계

거울에 비친 시계 그리기

주어진 시각을 읽고, 거울에 비친 시계에 나타내어 보시오.

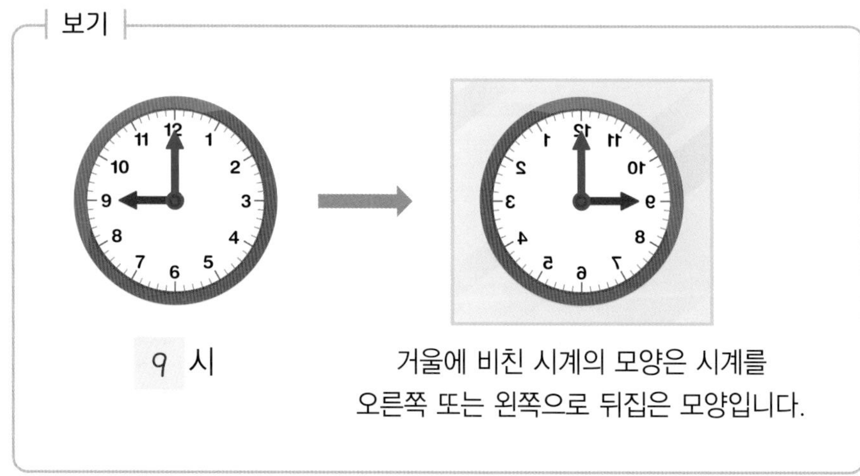

보기
9 시
거울에 비친 시계의 모양은 시계를
오른쪽 또는 왼쪽으로 뒤집은 모양입니다.

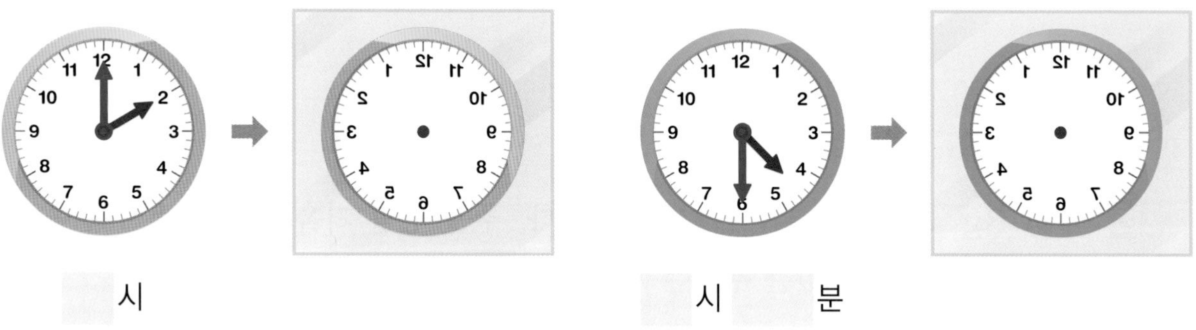

시　　　　시　분

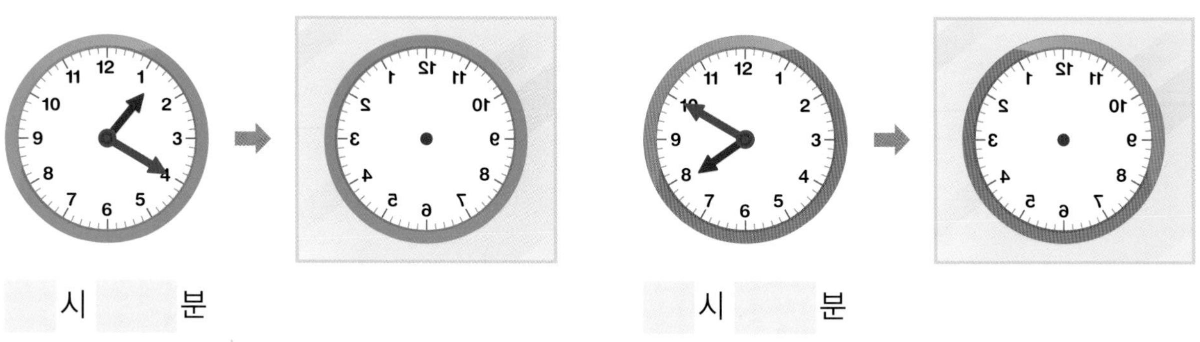

시　분　　　　시　분

정답과 풀이 45쪽

거울에 비친 시계의 시각을 읽어 보시오.

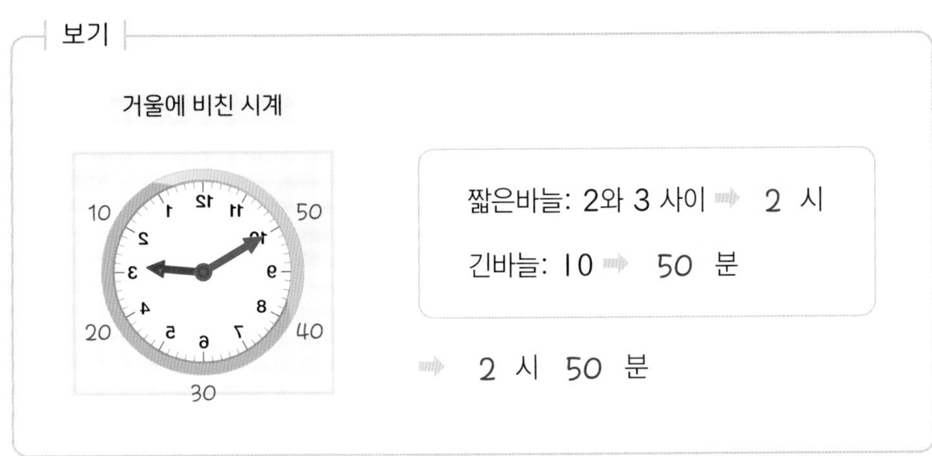

보기
거울에 비친 시계
10
50
20
40
30
짧은바늘: 2와 3 사이 ➡ 2 시
긴바늘: 10 ➡ 50 분
➡ 2 시 50 분

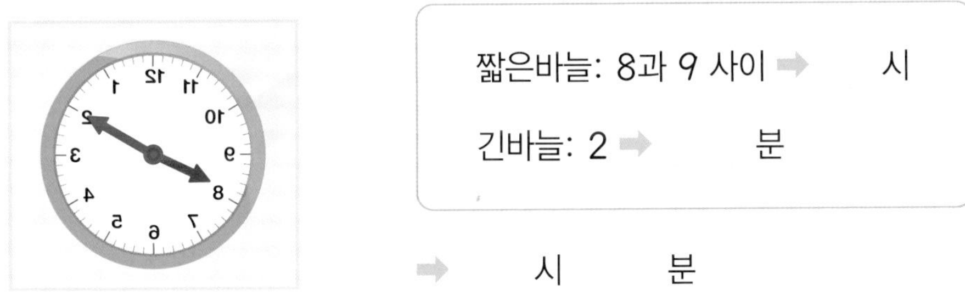

거울에 비친 시계
짧은바늘: 8과 9 사이 ➡ 시
긴바늘: 2 ➡ 분
➡ 시 분

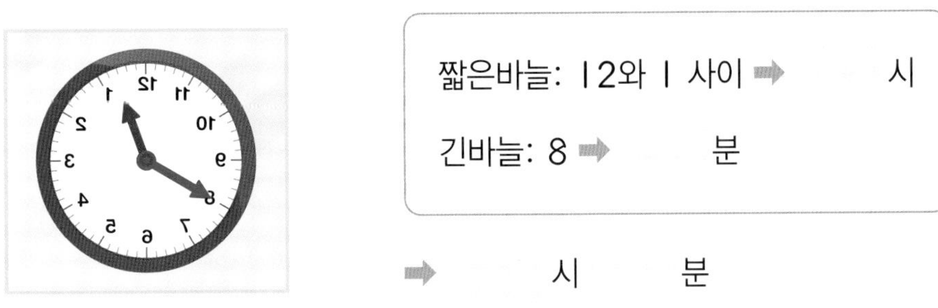

거울에 비친 시계
짧은바늘: 12와 1 사이 ➡ 시
긴바늘: 8 ➡ 분
➡ 시 분

거울에 비친 시계

대표문제

영민이는 오후 2시부터 청소를 시작하였습니다. 영민이가 청소를 끝내고 거울에 비친 시계를 보니 다음과 같았다면, 영민이는 청소를 몇 분 동안 했는지 구해 보시오.

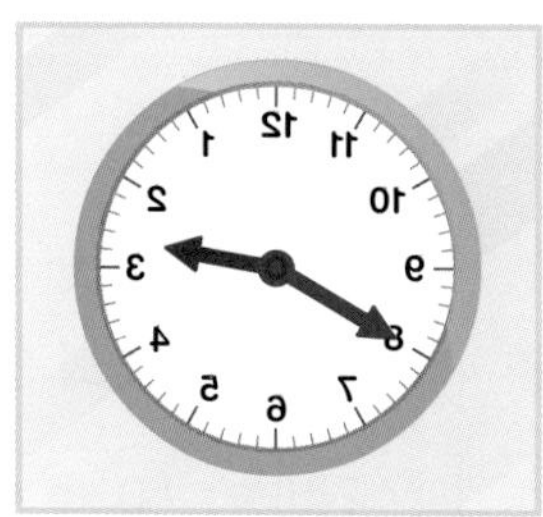

STEP 1 거울에 비친 시계를 보고 원래 시계를 그려 보시오.

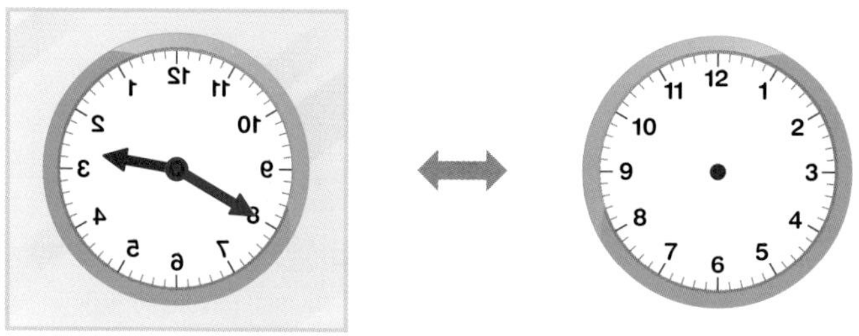

STEP 2 STEP 1 에서 그린 시계를 보고, 영민이가 청소를 끝낸 시각은 오후 몇 시 몇 분인지 구해 보시오.

STEP 3 영민이는 청소를 몇 분 동안 했는지 구해 보시오.

정답과 풀이 46쪽

01 다음은 지효가 낮잠을 잘 때와 일어났을 때 거울에 비친 시계입니다. 지효는 낮잠을 몇 시간 동안 잤는지 구해 보시오.

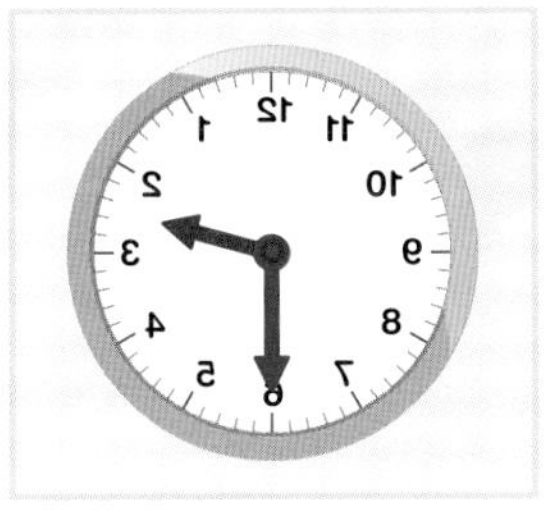
잠든 시각

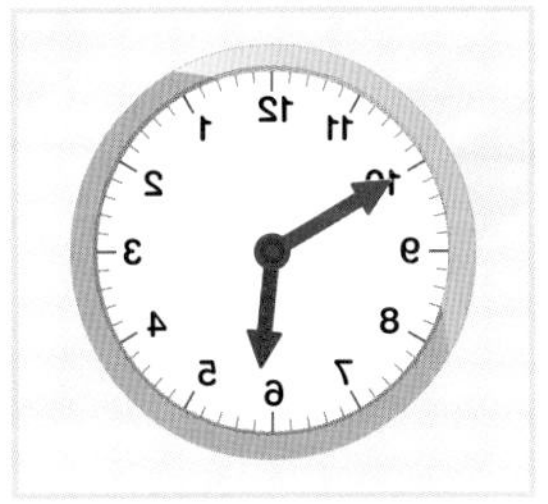
일어난 시각

02 지현이는 5시 10분 전에 시작하는 영화를 보려고 합니다. 영화 상영 시간이 2시간 25분일 때, 영화가 끝난 시각에 맞게 거울에 비친 시계를 그려 보시오.

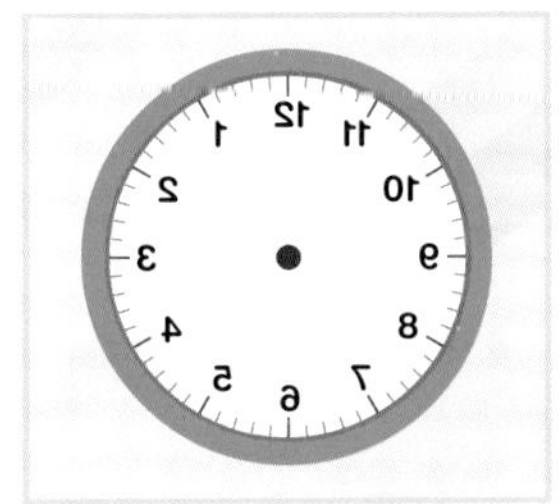

01 다음과 같은 2개의 눈금 없는 삼각자를 사용하여 잴 수 없는 길이를 찾아보시오.

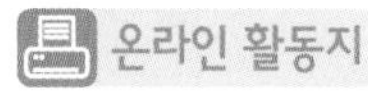

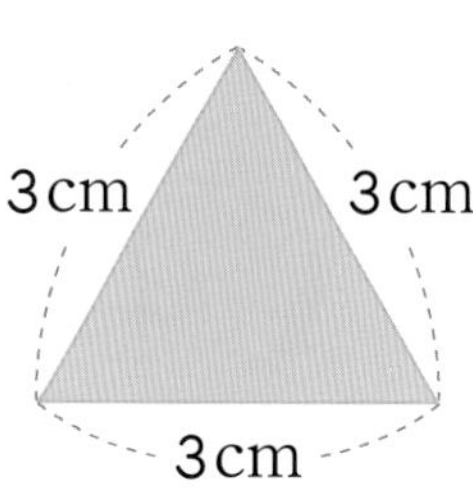

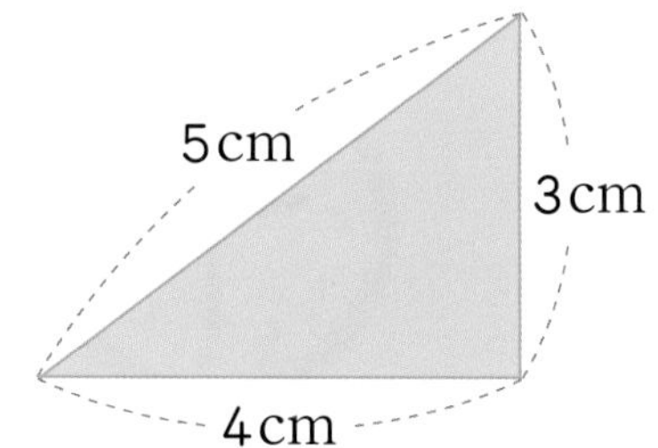

① 1cm　　② 2cm　　③ 6cm　　④ 8cm　　⑤ 10cm

02 뮤지컬 공연이 끝났을 때 거울에 비친 시계는 다음과 같았습니다. 뮤지컬 공연을 1시간 50분 동안 했다면 뮤지컬 공연이 시작되었을 때의 시각을 거울에 비친 시계에 그려 보시오.

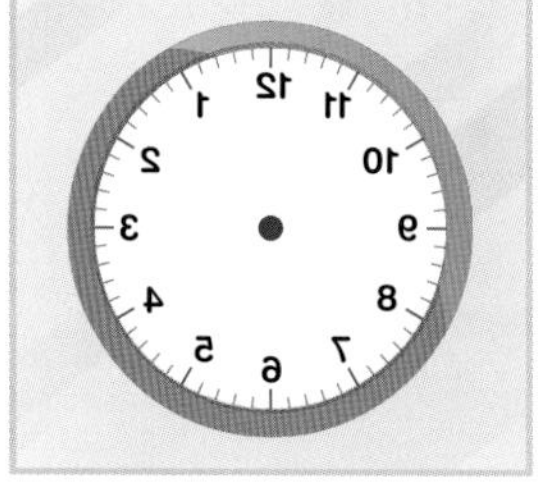

뮤지컬이 시작된 시각

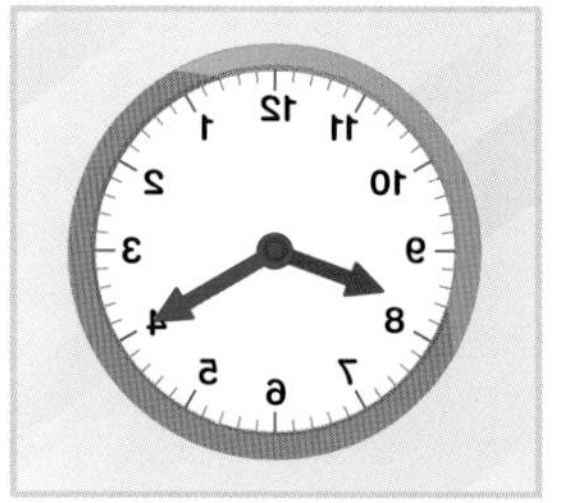

뮤지컬이 끝난 시각

03 2g, 4g, 5g짜리 추가 1개씩 있습니다. 추를 양팔 저울의 한쪽 접시에만 올려 놓을 때, 잴 수 있는 무게는 모두 몇 가지인지 구해 보시오.

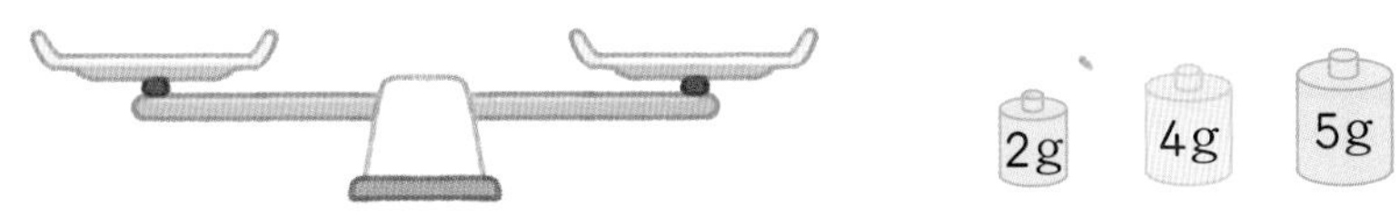

04 시계의 짧은바늘은 숫자 12와 1사이를 가리키고 긴바늘은 8을 가리키고 있습니다. 이 시각에서 긴바늘을 시계 반대 방향으로 한 바퀴 돌렸을 때의 시각을 거울에 비친 시계에 그려 보시오.

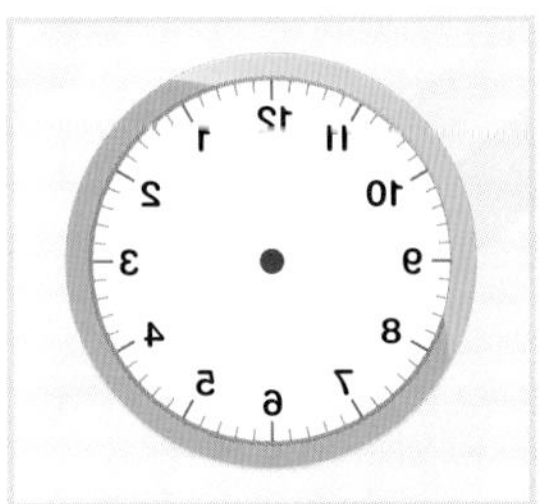

01 연필의 길이는 크레파스의 길이보다 클립 몇 개의 길이만큼 더 긴지 구해 보시오.

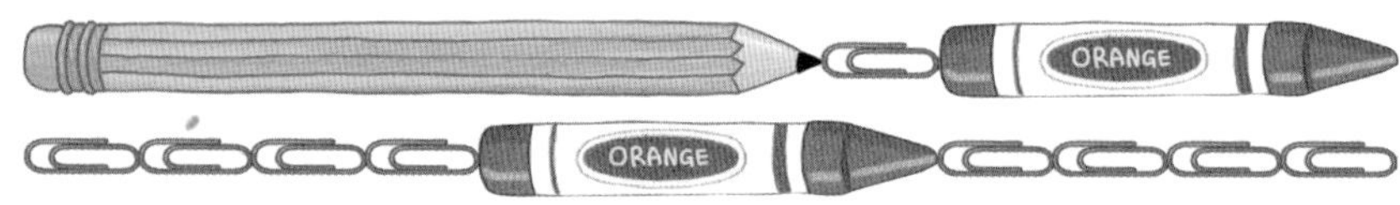

02 주어진 종이를 한 번씩만 사용하여 잴 수 있는 길이는 모두 몇 가지인지 구해 보시오. 온라인 활동지

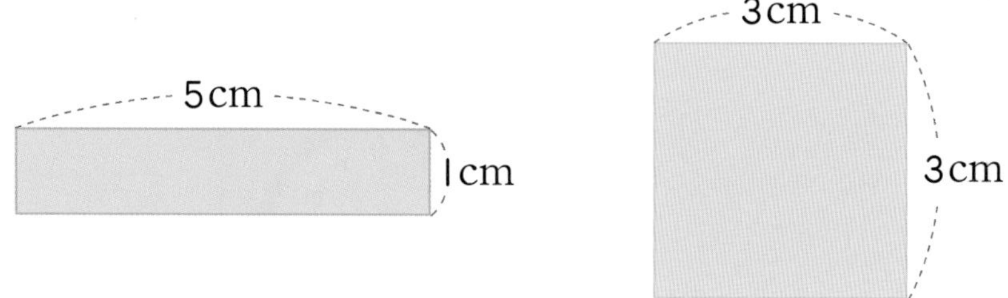

03 1g인 추 2개, 3g인 추 2개, 5g인 추 2개가 있습니다. 추를 양팔 저울의 한쪽 접시에만 올려놓을 때, 1g에서 20g까지의 무게 중 잴 수 없는 무게를 모두 구해 보시오.

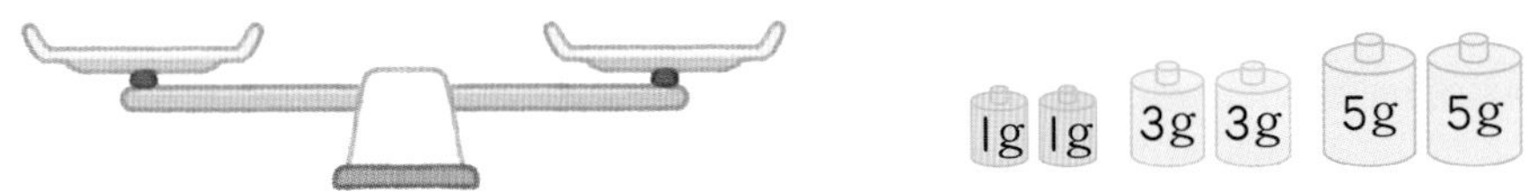

04 어떤 시계 공장에서 실수로 짧은바늘과 긴바늘이 똑같은 시계를 만들었습니다. 이 시계를 거울에 비친 모양이 다음과 같을 때, 시계가 가리키는 시각은 몇 시 몇 분인지 써 보시오.

Challenge 영재교육원

01 다음과 같이 2cm, 3cm, 4cm, 10cm 길이의 막대가 연결되어 있습니다.

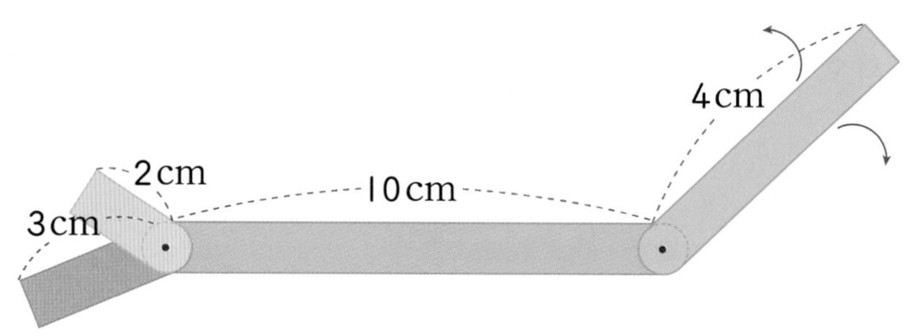

막대의 연결 부위는 보기 와 같이 자유롭게 움직이며 길이를 잴 수 있습니다.

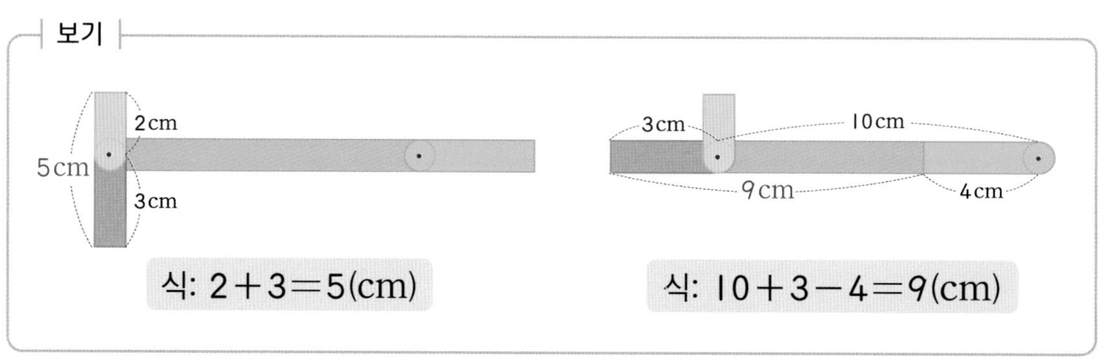

이것을 이용하여 길이를 잴 때, 1cm부터 17cm까지의 길이 중 잴 수 없는 길이를 구해 보시오.

길이(cm)	식
1	
2	
3	
4	
5	
6	
7	
8	
9	

길이(cm)	식
10	
11	
12	
13	
14	
15	
16	
17	

정답과 풀이 49쪽

02 공기보다 가벼운 헬륨 가스를 풍선에 넣으면 풍선은 위로 올라가려고 합니다. 양팔 저울에 헬륨 풍선을 묶으면 그림과 같이 기울어집니다.

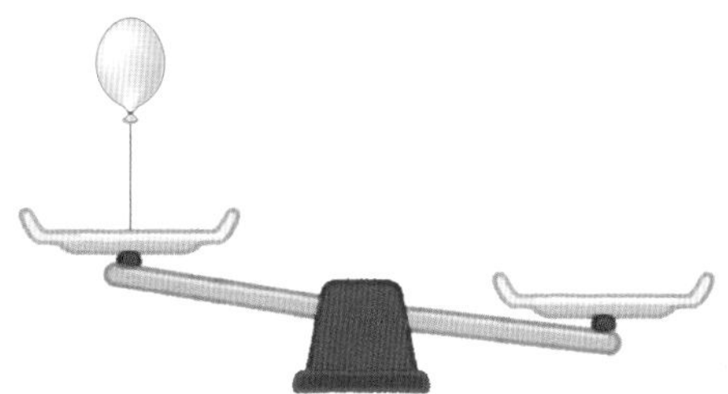

다음은 똑같은 헬륨 풍선 여러 개와 양팔 저울을 사용하여 구슬의 무게를 비교한 것입니다. 물음에 답해 보시오.

(1) 구슬 ㉮와 무게가 같은 구슬의 기호를 써 보시오.

(2) 가장 무거운 구슬의 기호를 써 보시오.

MEMO

영재학급, 영재교육원,
경시대회 준비를 위한

창의사고력 초등수학

팩토

형성 평가

총괄 평가

형성평가

시험일시	년 월 일
이 름	

권장 시험 시간 30분

- ✓ 총 문항 수(10문항)를 확인해 주세요.
- ✓ 권장 시험 시간(30분) 안에 문제를 풀어 주세요.
- ✓ 문제를 정확히 읽고 답을 바르게 쓰세요.
- ✓ 잘 풀리지 않는 문제가 있으면 쉬운 문제부터 해결한 후 다시 도전해 보세요.

채점 결과를 매스티안 홈페이지(https://www.mathtian.com)에 방문하여 양식에 맞게 입력해 보세요.
「형성평가 결과지」를 직접 받아보실 수 있습니다.

01 1부터 25까지의 수가 쓰여 있는 구슬을 순서대로 나란히 늘어놓았습니다. 숫자 2가 쓰여 있는 구슬은 모두 몇 개인지 구해 보시오.

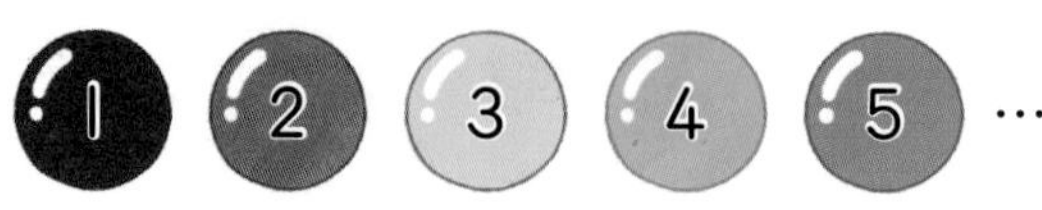

02 주어진 4장의 숫자 카드 중 2장을 사용하여 만들 수 있는 두 자리 수 중에서 65보다 큰 수는 모두 몇 개인지 구해 보시오.

3	4	6	8

03 다음은 네 사람이 한 달 동안 읽은 책의 쪽수를 나타낸 표입니다. 예서, 민준, 은우, 도윤이의 순서로 책을 많이 읽었습니다. □ 안에 알맞은 숫자를 써넣으시오.

이름	예서	민준	은우	도윤
읽은 책의 쪽수(쪽)	□□5	986	831	83□

04 주어진 3장의 숫자 카드를 모두 사용하여 만들 수 있는 세 자리 수 중에서 셋째 번으로 큰 수를 구해 보시오.

3　0　8

05 숫자가 1개씩 가려진 세 자리 수 '▲83'과 '2▲5'의 크기가 다음과 같을 때, ▲ 안에 공통으로 들어갈 수 있는 숫자를 구해 보시오.

▲83 < 529
236 < 2▲5

06 다음 |조건|에 맞는 두 자리 수를 구해 보시오.

조건

- 십의 자리 숫자와 일의 자리 숫자는 같습니다.
- 40보다 작은 수입니다.
- 짝수입니다.

07 다음과 같이 쪽수가 적혀 있는 책을 펼쳤을 때, 쪽수에 적혀 있는 숫자 3은 모두 몇 번 나오는지 구해 보시오.

…

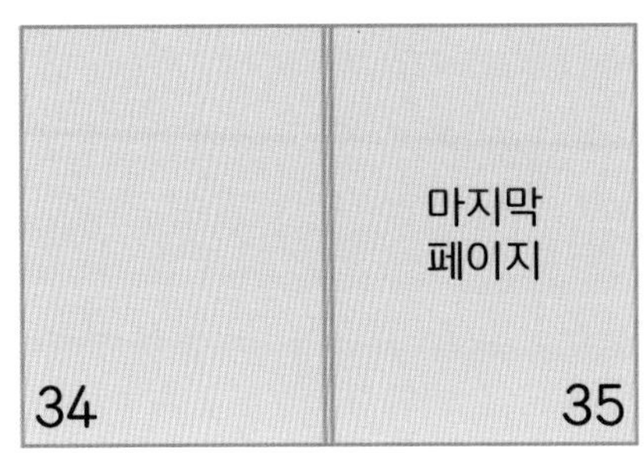

08 0부터 9까지의 숫자 카드 중 3장을 골라 이 중 2장을 사용하여 두 자리 수를 만들려고 합니다. 만들 수 있는 수 중 둘째 번으로 작은 수가 12일 때, 고른 3장의 숫자 카드는 각각 무엇인지 구해 보시오.

09 다음을 보고 각 자리 수가 서로 다른 세 자리 수 ★●◆을 구해 보시오.

- ★×◆=8
- ★ > ●
- ● > ◆
- ★ < 7

10 □ 안에 들어갈 수 있는 숫자는 모두 몇 개인지 구해 보시오.

8□−7 < 78

수고하셨습니다!

정답과 풀이 50쪽

형성평가

시험일시	년 월 일
이 름	

권장 시험 시간 30분

- ✓ 총 문항 수(10문항)를 확인해 주세요.
- ✓ 권장 시험 시간(30분) 안에 문제를 풀어 주세요.
- ✓ 문제를 정확히 읽고 답을 바르게 쓰세요.
- ✓ 잘 풀리지 않는 문제가 있으면 쉬운 문제부터 해결한 후 다시 도전해 보세요.

채점 결과를 매스티안 홈페이지(https://www.mathtian.com)에 방문하여 양식에 맞게 입력해 보세요.
「형성평가 결과지」를 직접 받아보실 수 있습니다.

형성평가 퍼즐 영역

01 **노노그램의 |규칙|에 따라 빈칸을 알맞게 색칠해 보시오.**

| 규칙 |

① 위에 있는 수는 세로줄에 연속하여 색칠된 칸의 수를 나타냅니다.

② 왼쪽에 있는 수는 가로줄에 연속하여 색칠된 칸의 수를 나타냅니다.

	1	3	4	3
1				
3				
3				
4				

02 **브릿지 퍼즐의 |규칙|에 따라 선을 알맞게 그어 보시오.**

| 규칙 |

○에 적힌 수는 이웃한 ○와 연결된 선(──)의 개수입니다.

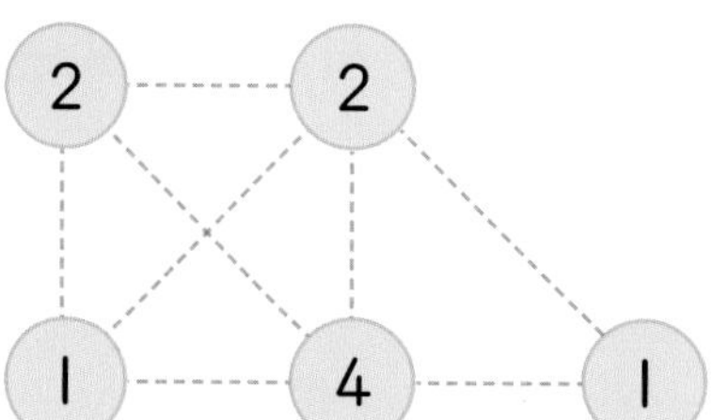

03 스도쿠의 규칙 에 따라 빈칸에 알맞은 수를 써넣으시오.

규칙

① 가로줄의 각 칸에 주어진 수가 한 번씩만 들어갑니다.
② 세로줄의 각 칸에 주어진 수가 한 번씩만 들어갑니다.
③ 굵은 선으로 나누어진 부분의 각 칸에 주어진 수가 한 번씩만 들어갑니다.

1, 2, 3, 4

1	3		
2			1
4			3
	1	4	

04 폭탄 제거 퍼즐의 규칙 에 따라 폭탄을 제거하기 위해 가장 먼저 눌러야 하는 화살표 버튼을 찾아 ○표 하시오.

규칙

① 버튼 위 그림은 주어진 수만큼 화살표 방향으로 이동하여 도착한 버튼을 눌러야 한다는 표시입니다.

예 ← 1 : 왼쪽으로 1칸 ↓ 2 : 아래로 2칸

② 그림에 있는 숫자 버튼과 폭탄 제거 버튼을 순서에 맞게 모두 누르면 폭탄이 제거됩니다.

05 가쿠로 퍼즐의 |규칙|에 따라 빈칸에 알맞은 수를 써넣으시오.

| 규칙 |

① 색칠한 삼각형 안의 수는 삼각형의 오른쪽 또는 아래쪽으로 쓰인 수들의 합입니다.
② 빈칸에는 1부터 9까지의 수를 쓸 수 있습니다.
③ 삼각형과 연결된 한 줄에는 같은 수를 쓸 수 없습니다.

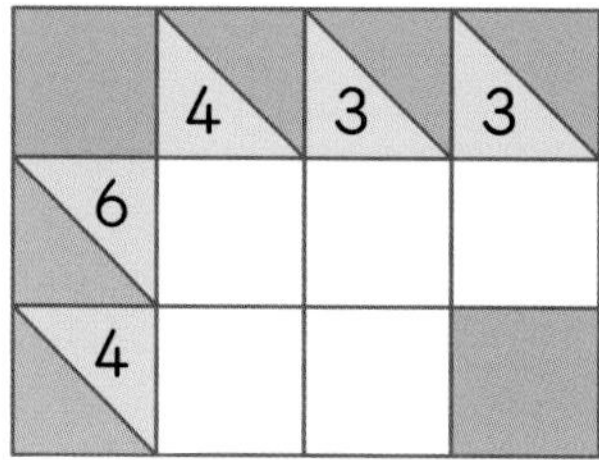

06 체인지 퍼즐의 |규칙|에 따라 처음 모양을 목표 모양으로 바꾸기 위해 눌러야 하는 버튼을 순서대로 안에 써넣으시오.

| 규칙 |

위와 왼쪽의 숫자 버튼을 누르면 그 줄에 있는 모양의 색깔이 모두 반대로 바뀝니다.

○ → ● ● → ○

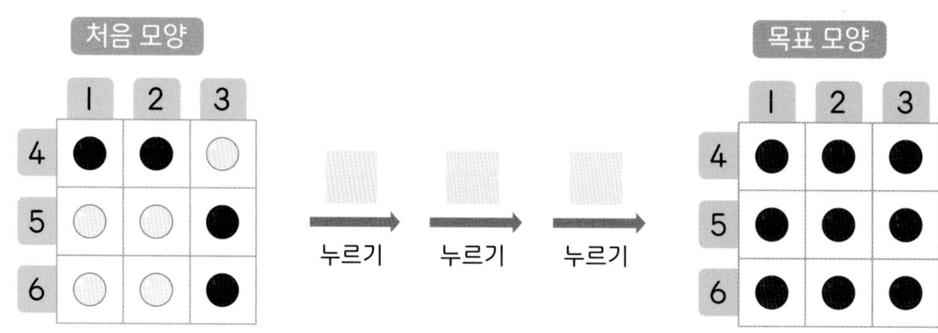

07 |규칙|에 따라 선을 알맞게 그어 보시오.

| 규칙 |

① ◯에 적힌 수는 이웃한 ◯와 연결된 선(—)의 개수입니다.

② ◯들은 1개의 선 또는 2개의 선으로 연결될 수 있습니다.

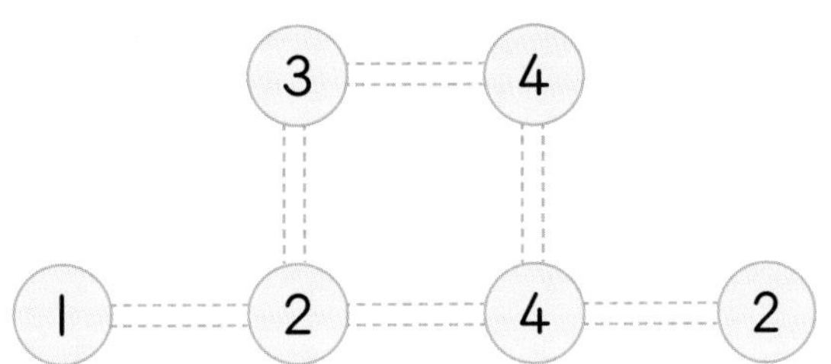

08 스도쿠의 |규칙|에 따라 빈칸에 알맞은 수를 써넣으시오.

| 규칙 |

① 가로줄의 각 칸에 주어진 수가 한 번씩만 들어갑니다.

② 세로줄의 각 칸에 주어진 수가 한 번씩만 들어갑니다.

③ 굵은 선으로 나누어진 부분의 각 칸에 주어진 수가 한 번씩만 들어갑니다.

1, 2, 3, 4

2			4
1	3		
	4	2	
4	2		

09 가쿠로 퍼즐의 | 규칙 |에 따라 빈칸에 알맞은 수를 써넣으시오.

| 규칙 |

① 색칠한 삼각형 안의 수는 삼각형의 오른쪽 또는 아래쪽으로 쓰인 수들의 합입니다.

② 빈칸에는 1부터 9까지의 수를 쓸 수 있습니다.

③ 삼각형과 연결된 한 줄에는 같은 수를 쓸 수 없습니다.

	4	8	3
6			
4			
	5		

10 | 규칙 |에 따라 출발 버튼부터 도착 버튼까지 이동하려고 합니다. 빈 버튼에 알맞은 화살표의 방향과 수를 그려 넣으시오.

| 규칙 |

① 버튼 위 그림은 주어진 수만큼 화살표 방향으로 이동하여 도착한 버튼을 눌러야 한다는 표시입니다.

② 그림에 있는 숫자 버튼과 도착 버튼을 순서에 맞게 모두 눌러야 합니다.

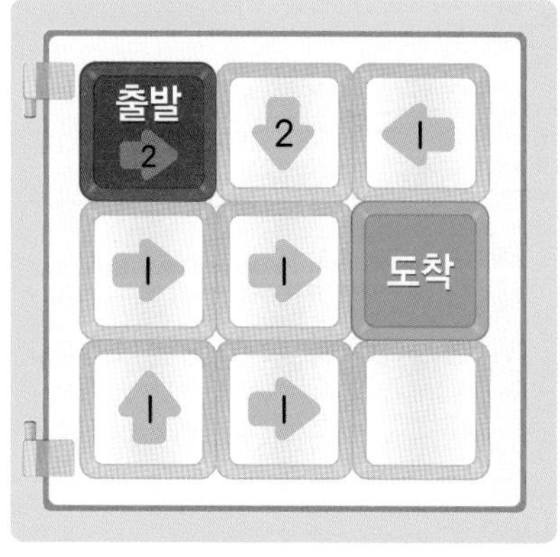

정답과 풀이 53쪽

형성평가

시험일시	년 월 일
이 름	

권장 시험 시간	30분

- ✓ 총 문항 수(10문항)를 확인해 주세요.
- ✓ 권장 시험 시간(30분) 안에 문제를 풀어 주세요.
- ✓ 문제를 정확히 읽고 답을 바르게 쓰세요.
- ✓ 잘 풀리지 않는 문제가 있으면 쉬운 문제부터 해결한 후 다시 도전해 보세요.

채점 결과를 매스티안 홈페이지(https://www.mathtian.com)에 방문하여 양식에 맞게 입력해 보세요.
「형성평가 결과지」를 직접 받아보실 수 있습니다.

01 [도넛]은 [도넛]보다 [쿠키] 몇 개만큼 더 긴지 구해 보시오.

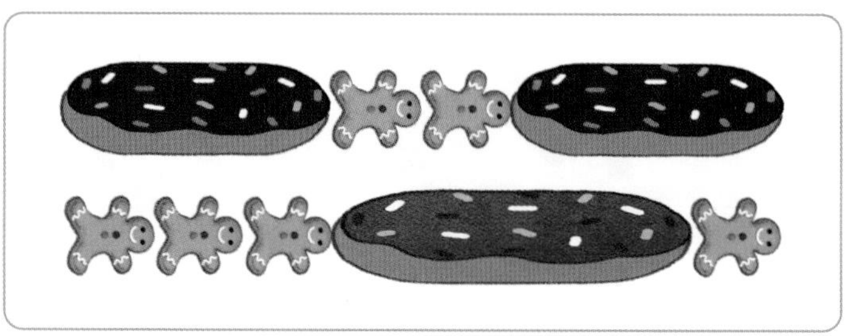

02 어느 해 4월 달력이 찢어져 다음과 같이 일부분만 있습니다. 같은 해 어린이날은 무슨 요일인지 구해 보시오. (단, 어린이날은 5월 5일입니다.)

금	토
1	2
8	9

03 똑같은 무게의 추와 양팔 저울을 사용하여 딸기 1개와 체리 1개의 무게를 비교하였습니다.

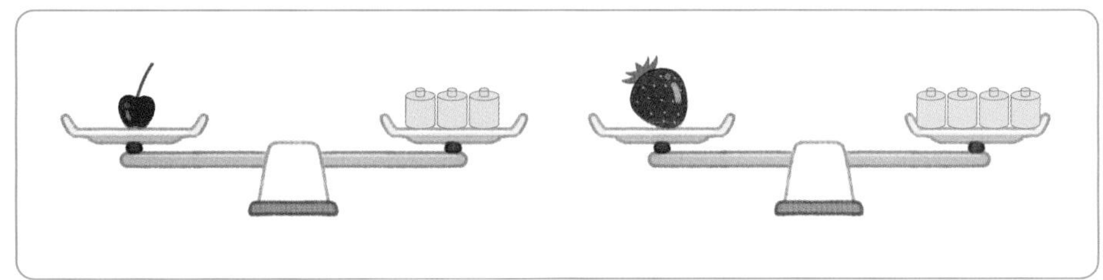

양팔 저울이 수평이 되게 하려면 어느 쪽에 몇 개의 추를 더 올려놓아야 하는지 구해 보시오. (단, 같은 종류의 과일의 무게는 같습니다.)

04 길이가 각각 2cm, 3cm, 7cm인 종이테이프가 1장씩 있습니다. 이 종이테이프를 사용하여 5cm를 재는 방법을 모두 구해 보시오.

2cm	3cm	7cm

05 3g, 4g, 7g짜리 추가 1개씩 있습니다. 양팔 저울의 한쪽 접시에만 추를 올려놓고, 다른 쪽 접시에는 구슬을 올려놓았습니다. 이 양팔 저울로 잴 수 있는 구슬의 무게를 모두 구해 보시오.

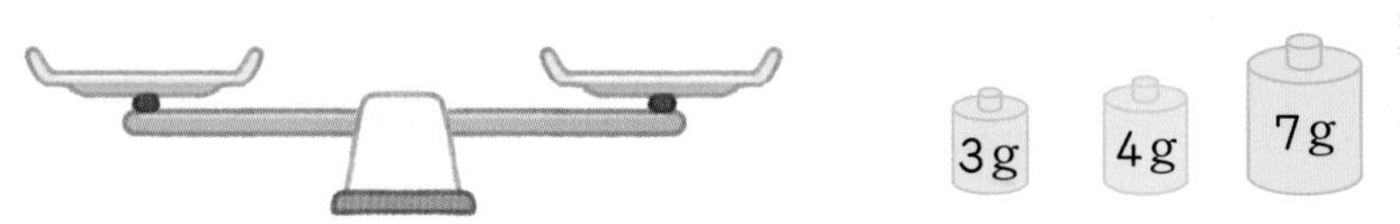

06 막대 ㉯의 길이는 막대 ㉮의 길이보다 성냥개비 2개의 길이만큼 더 깁니다. 막대 ㉯의 길이는 성냥개비 몇 개의 길이와 같은지 구해 보시오.

07 어느 해 12월 22일은 수요일입니다. 다음 해 1월 26일은 무슨 요일인지 구해 보시오.

08 3g, 4g, 5g짜리 추가 1개씩 있습니다. 추를 양팔 저울의 양쪽 접시에 올려놓을 수 있을 때, 잴 수 없는 무게를 찾아 번호를 써 보시오.

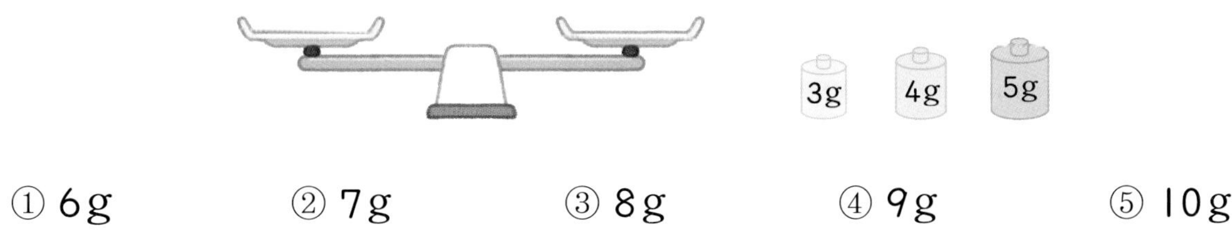

① 6g ② 7g ③ 8g ④ 9g ⑤ 10g

09 다음은 류하가 숙제를 시작했을 때와 마쳤을 때 거울에 비친 시계입니다. 류하는 숙제를 몇 시간 동안 했는지 구해 보시오.

시작한 시각

마친 시각

10 다음과 같은 2개의 눈금 없는 삼각자를 사용하여 잴 수 <u>없는</u> 길이를 찾아 번호를 써 보시오.

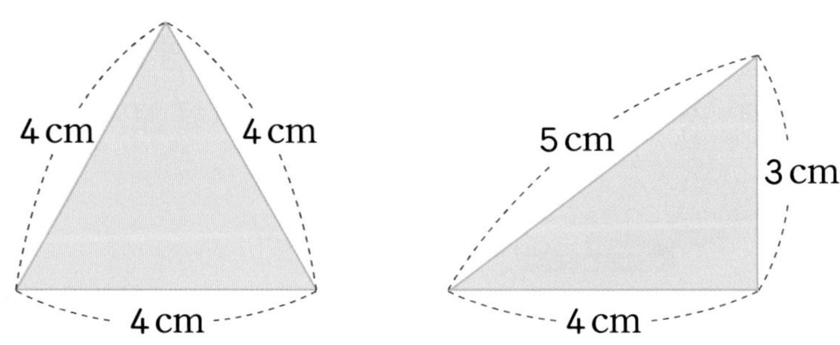

① 1cm　　② 2cm　　③ 7cm　　④ 8cm　　⑤ 9cm

수고하셨습니다!

정답과 풀이 56쪽

총괄평가

권장 시험 시간	30분

시험일시	년 월 일
이 름	

- 총 문항 수(10문항)를 확인해 주세요.
- 권장 시험 시간(30분) 안에 문제를 풀어 주세요.
- 문제를 정확히 읽고 답을 바르게 쓰세요.
- 잘 풀리지 않는 문제가 있으면 쉬운 문제부터 해결한 후 다시 도전해 보세요.

채점 결과를 매스티안 홈페이지(https://www.mathtian.com)에 방문하여 양식에 맞게 입력해 보세요. 「총괄평가 결과지」를 직접 받아보실 수 있습니다.

01 30개의 상자에 1부터 30까지의 수를 써 순서대로 나란히 늘어놓았습니다. 숫자 2가 쓰인 상자는 모두 몇 개인지 구해 보시오.

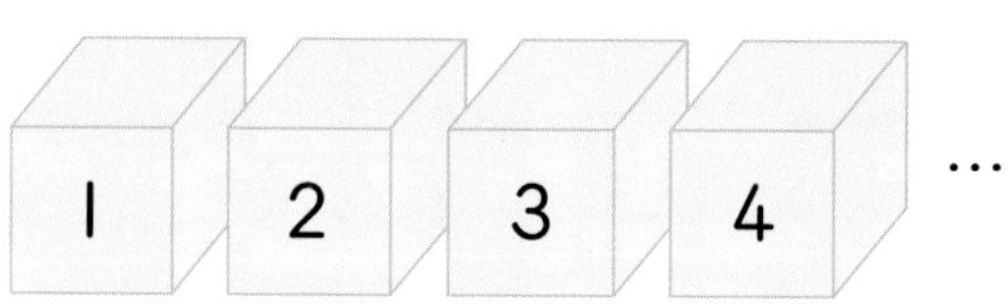

02 0부터 9까지의 숫자 중에서 ☐ 안에 들어갈 수 있는 한 자리 수를 모두 더하면 얼마인지 구해 보시오.

$630 < \square 14$

03 주어진 4장의 숫자 카드 중 2장을 사용하여 만들 수 있는 두 자리 수 중에서 넷째 번으로 큰 수를 구해 보시오.

9 0 5 7

04 다음 |조건|을 만족하는 수를 구해 보시오.

조건

- 세 자리 수입니다.
- 백의 자리 수는 일의 자리 수보다 6 작습니다.
- 일의 자리 수는 십의 자리 수의 2배입니다.

05 노노그램의 규칙에 따라 빈칸을 알맞게 색칠해 보시오.

규칙

① 위에 있는 수는 세로줄에 연속하여 색칠된 칸의 수를 나타냅니다.

② 왼쪽에 있는 수는 가로줄에 연속하여 색칠된 칸의 수를 나타냅니다.

	1	4	3	1
4				
2				
2				
1				

06 브릿지 퍼즐의 규칙에 따라 선을 알맞게 그어 보시오.

규칙

●에 적힌 수는 이웃한 ●와 연결된 선(──)의 개수입니다.

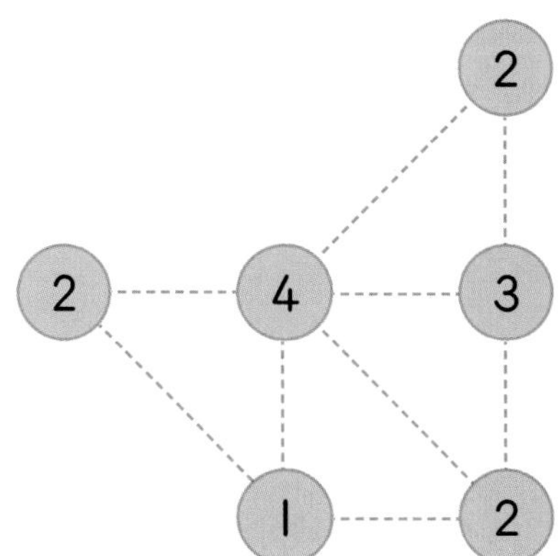

07 규칙 에 따라 출발 버튼부터 도착 버튼까지 이동하려고 합니다. 빈 버튼에 알맞은 화살표의 방향과 수를 그려 넣으시오.

규칙

① 버튼 위 그림은 주어진 수만큼 화살표 방향으로 이동하여 도착한 버튼을 눌러야 한다는 표시입니다.

② 그림에 있는 숫자 버튼과 도착 버튼을 순서에 맞게 모두 눌러야 합니다.

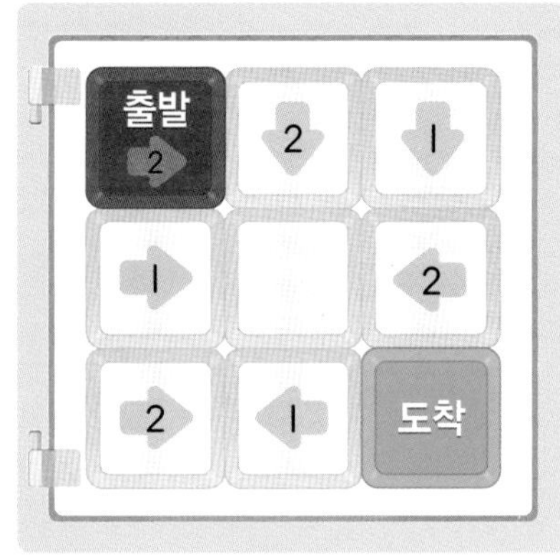

08 어느 해 9월 달력이 찢어져 다음과 같이 일부분만 있습니다. 같은 해 11월 24일은 무슨 요일인지 구해 보시오.

화	수	목	금	토
2	3	4	5	6

09 다음은 구슬 3개를 양팔 저울에 올려놓아 무게를 비교한 것입니다. 가장 무거운 구슬부터 순서대로 기호를 써 보시오.(단, 기호가 같은 구슬의 무게는 같습니다.)

10 축구 경기가 끝났을 때 거울에 비친 시계는 다음과 같았습니다. 축구 경기를 1시간 40분 동안 했다면 축구 경기가 시작되었을 때 거울에 비친 시계를 그려 보시오.

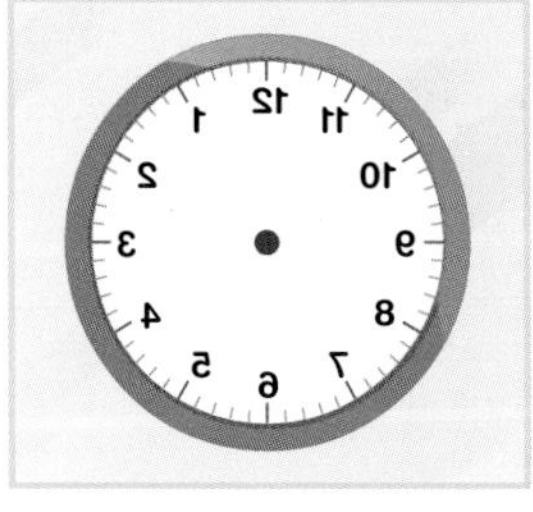
축구 경기가 시작된 시각

축구 경기가 끝난 시각

정답과 풀이 59쪽

팩토는 자유롭게 자신감있게 창의적으로
생각하는 주·니·어·수·학·자입니다.

Free Active Creative Thinking O. Junior mathtian

영재학급, 영재교육원,
경시대회 준비를 위한

창의사고력 초등수학

팩토

명확한 답
친절한 풀이

영재학급, 영재교육원,
경시대회 준비를 위한

창의사고력
초등수학

팩토

명확한 답
친절한 풀이

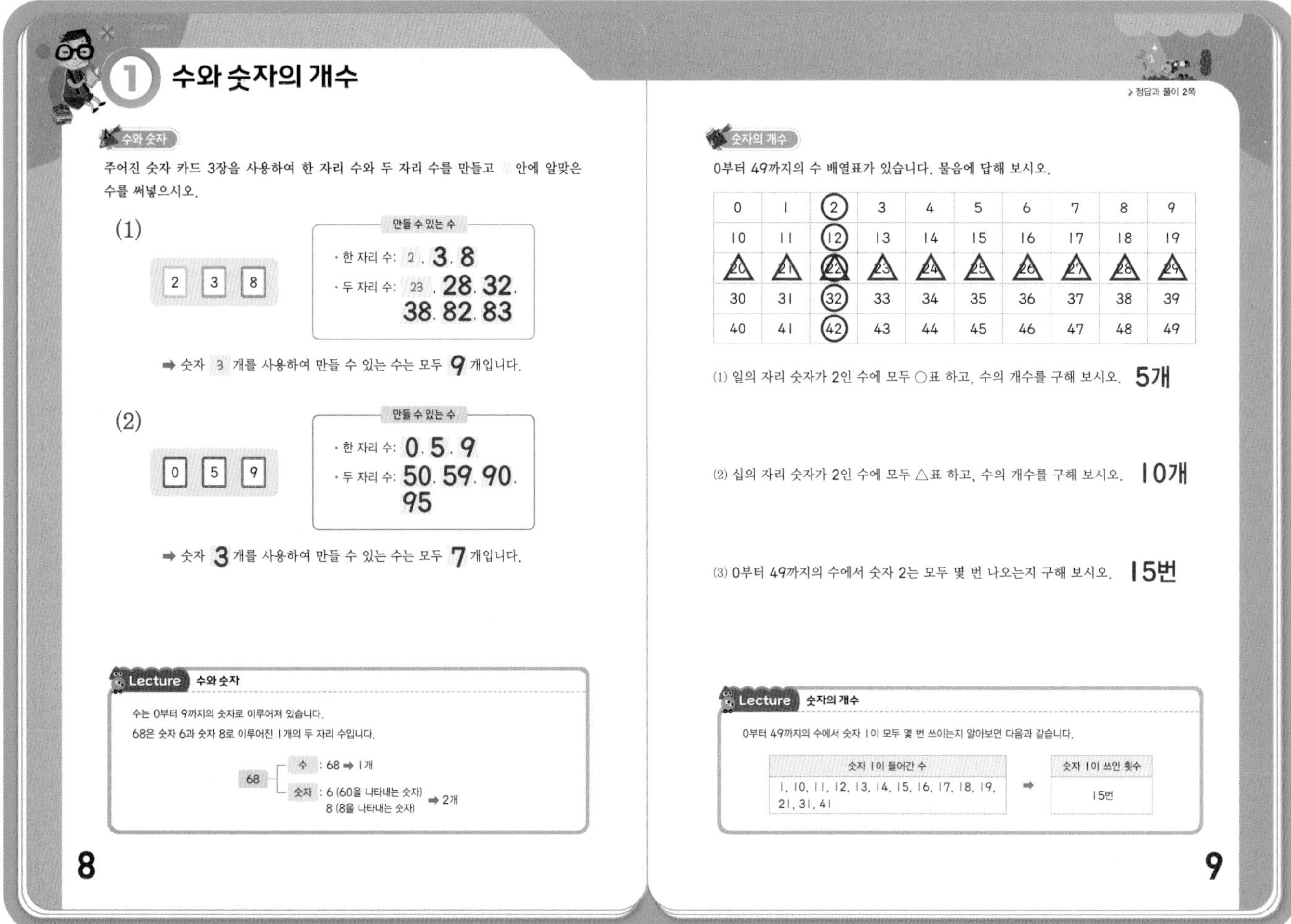

1 수와 숫자의 개수
수와 숫자
주어진 숫자 카드 3장을 사용하여 한 자리 수와 두 자리 수를 만들고 안에 알맞은 수를 써넣으시오.
(1)
2 3 8
만들 수 있는 수
• 한 자리 수: 2, 3, 8
• 두 자리 수: 23, 28, 32, 38, 82, 83
➡ 숫자 3 개를 사용하여 만들 수 있는 수는 모두 9 개입니다.
(2)
0 5 9
만들 수 있는 수
• 한 자리 수: 0, 5, 9
• 두 자리 수: 50, 59, 90, 95
➡ 숫자 3 개를 사용하여 만들 수 있는 수는 모두 7 개입니다.
Lecture 수와 숫자
수는 0부터 9까지의 숫자로 이루어져 있습니다.
68은 숫자 6과 숫자 8로 이루어진 1개의 두 자리 수입니다.
8
정답과 풀이 2쪽
숫자의 개수
0부터 49까지의 수 배열표가 있습니다. 물음에 답해 보시오.
(1) 일의 자리 숫자가 2인 수에 모두 ○표 하고, 수의 개수를 구해 보시오. 5개
(2) 십의 자리 숫자가 2인 수에 모두 △표 하고, 수의 개수를 구해 보시오. 10개
(3) 0부터 49까지의 수에서 숫자 2는 모두 몇 번 나오는지 구해 보시오. 15번
Lecture 숫자의 개수
0부터 49까지의 수에서 숫자 1이 모두 몇 번 쓰이는지 알아보면 다음과 같습니다.
숫자 1이 들어간 수
1, 10, 11, 12, 13, 14, 15, 16, 17, 18, 19, 21, 31, 41
숫자 1이 쓰인 횟수
15번
9

수와 숫자

(1) 십의 자리의 숫자가 2, 3, 8이 되도록 하여 만들 수 있는 두 자리 수는 다음과 같습니다.

2 → 23, 28　　3 → 32, 38　　8 → 82, 83

(2) 십의 자리의 숫자로 0이 올 수 없습니다. 십의 자리의 숫자가 5, 9가 되도록 하여 만들 수 있는 두 자리 수는 다음과 같습니다.

5 → 50, 59　　9 → 90, 95

숫자의 개수

(3) 숫자 2는 일의 자리에 5번, 십의 자리에 10번 나오므로 모두 $5+10=15$(번) 나옵니다.

TIP 22는 숫자 2가 2번 쓰였습니다.

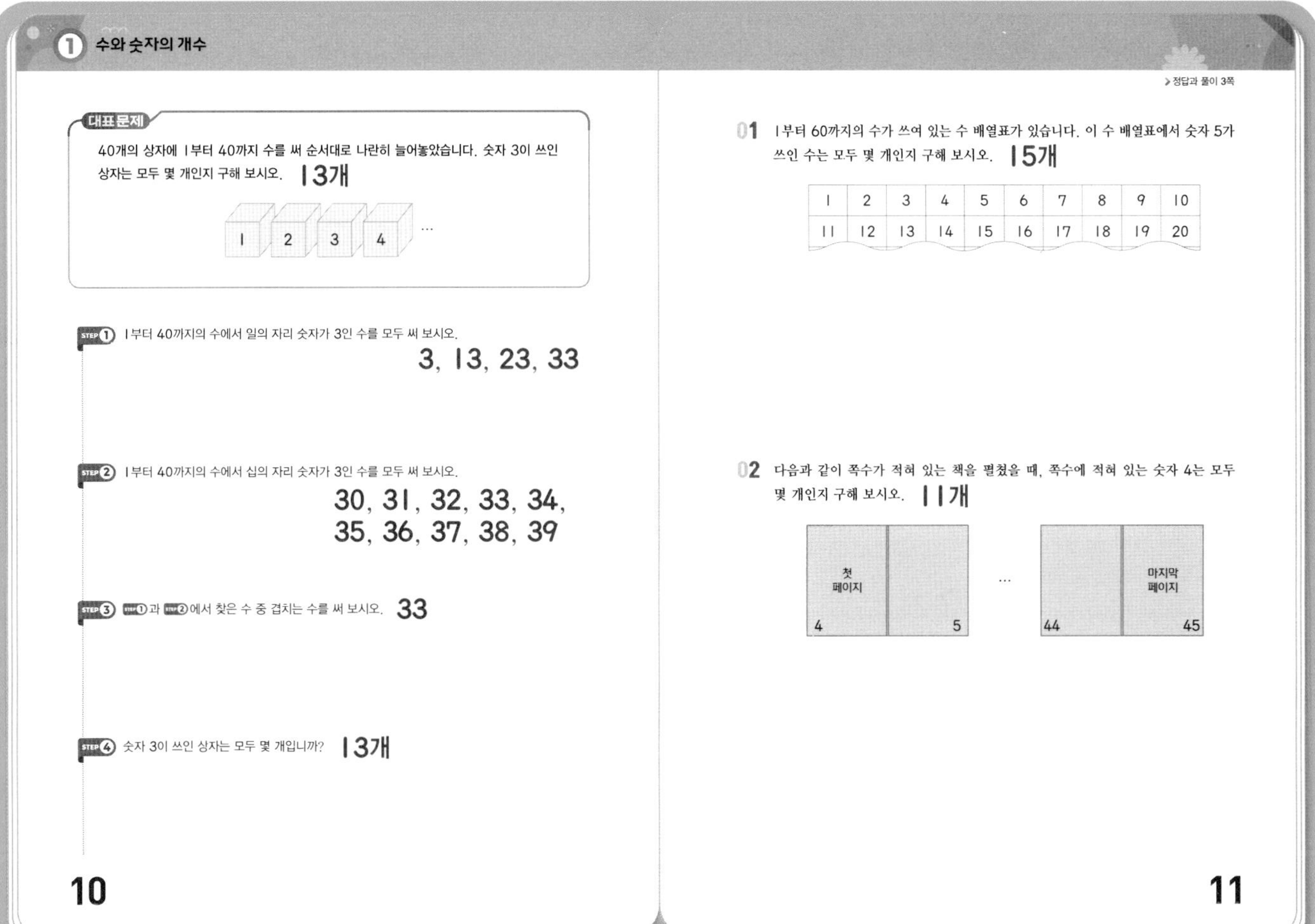

1 수와 숫자의 개수

대표문제

40개의 상자에 1부터 40까지 수를 써 순서대로 나란히 늘어놓았습니다. 숫자 3이 쓰인 상자는 모두 몇 개인지 구해 보시오. 13개

STEP ① 1부터 40까지의 수에서 일의 자리 숫자가 3인 수를 모두 써 보시오.
3, 13, 23, 33

STEP ② 1부터 40까지의 수에서 십의 자리 숫자가 3인 수를 모두 써 보시오.
30, 31, 32, 33, 34, 35, 36, 37, 38, 39

STEP ③ STEP ①과 STEP ②에서 찾은 수 중 겹치는 수를 써 보시오. 33

STEP ④ 숫자 3이 쓰인 상자는 모두 몇 개입니까? 13개

10

정답과 풀이 3쪽

01 1부터 60까지의 수가 쓰여 있는 수 배열표가 있습니다. 이 수 배열표에서 숫자 5가 쓰인 수는 모두 몇 개인지 구해 보시오. 15개

1	2	3	4	5	6	7	8	9	10
11	12	13	14	15	16	17	18	19	20

02 다음과 같이 쪽수가 적혀 있는 책을 펼쳤을 때, 쪽수에 적혀 있는 숫자 4는 모두 몇 개인지 구해 보시오. 11개

11

대표문제

STEP ③ 일의 자리와 십의 자리가 모두 숫자 3인 수는 33입니다.

STEP ④ 1부터 40까지의 수에서 일의 자리 숫자가 3인 수는 4개, 십의 자리 숫자가 3인 수는 10개입니다.
이때 33은 두 번 세었으므로 숫자 3이 나오는 상자는 모두 $4+10-1=13$(개)입니다.

01 숫자 5가 일의 자리에 쓰인 경우와 십의 자리에 쓰인 경우로 구분하여 개수를 세어 봅니다.

- 일의 자리에 숫자 5가 쓰인 경우:
  5, 15, 25, 35, 45, 55 → 6개
- 십의 자리에 숫자 5가 쓰인 경우:
  50, 51, 52, 53, 54, 55, 56, 57, 58, 59 → 10개
- 일의 자리와 십의 자리에 숫자 5가 모두 쓰인 수:
  55 → 1개

따라서 5가 쓰인 수는 모두 $6+10-1=15$(개)입니다.

02 숫자 4가 일의 자리 숫자에 적혀 있는 경우와 십의 자리 숫자에 적혀 있는 경우로 구분하여 개수를 세어 봅니다.

- 일의 자리의 숫자에 4가 적혀 있는 경우:
  4, 14, 24, 34, 44 → 5개
- 십의 자리의 숫자에 4가 적혀 있는 경우:
  40, 41, 42, 43, 44, 45 → 6개

따라서 숫자 4는 모두 $5+6=11$(개)입니다.

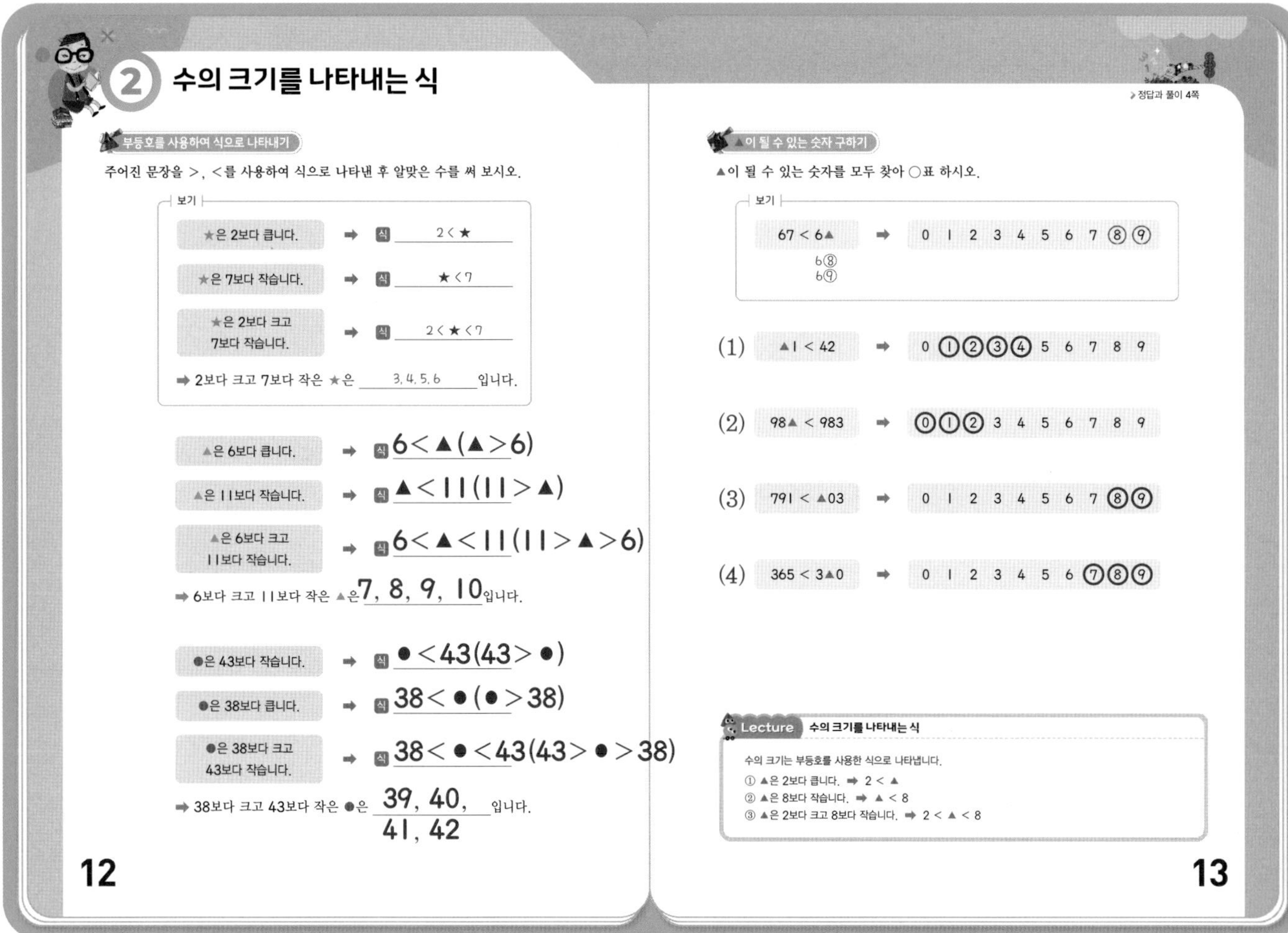

2 수의 크기를 나타내는 식
부등호를 사용하여 식으로 나타내기
주어진 문장을 >, <를 사용하여 식으로 나타낸 후 알맞은 수를 써 보시오.
▲은 6보다 큽니다. → 식 6<▲(▲>6)
▲은 11보다 작습니다. → 식 ▲<11(11>▲)
▲은 6보다 크고 11보다 작습니다. → 식 6<▲<11(11>▲>6)
→ 6보다 크고 11보다 작은 ▲은 7, 8, 9, 10입니다.
●은 43보다 작습니다. → 식 ●<43(43>●)
●은 38보다 큽니다. → 식 38<●(●>38)
●은 38보다 크고 43보다 작습니다. → 식 38<●<43(43>●>38)
→ 38보다 크고 43보다 작은 ●은 39, 40, 41, 42입니다.
12
▲이 될 수 있는 숫자 구하기
▲이 될 수 있는 숫자를 모두 찾아 ○표 하시오.
(1) ▲1 < 42
(2) 98▲ < 983
(3) 791 < ▲03
(4) 365 < 3▲0
Lecture 수의 크기를 나타내는 식
13

부등호를 사용하여 식으로 나타내기

수의 크기를 부등호를 사용하여 나타낸 후 범위를 만족하는 수를 구합니다.

▲이 될 수 있는 숫자 구하기

(1) ▲1<42에서 일의 자리 수를 비교하면 1<2이므로 ▲는 4와 같거나 4보다 작아야 합니다. → ▲=1, 2, 3, 4

(2) 98▲<983에서 백의 자리와 십의 자리 수가 각각 같으므로 일의 자리 수를 비교하면 ▲<3입니다. → ▲=0, 1, 2

(3) 791<▲03에서 십의 자리 수를 비교하면 9>0이므로 ▲는 7보다 커야 합니다. → ▲=8, 9

(4) 365<3▲0에서 백의 자리 수가 같고 일의 자리 수를 비교하면 5>0이므로 ▲는 6보다 커야 합니다. → ▲=7, 8, 9

② 수의 크기를 나타내는 식

정답과 풀이 5쪽

대표문제

● 안에 들어갈 수 있는 수를 모두 구해 보시오. 6, 7, 8, 9

10 < 20 − ● < 15

STEP ① 20 − ● = ★이라고 할 때, ★이 될 수 있는 수를 모두 구해 보시오. 11, 12, 13, 14

10 < ★ < 15

STEP ② 20 − ● = ★에 STEP ①에서 구한 ★의 값을 넣어서 ●가 될 수 있는 수를 구해 보시오.

- ★ = 11 ➡ 20 − ● = 11, 따라서 ● = 9
- ★ = 12 ➡ 20 − ● = 12, 따라서 ● = 8
- ★ = 13 ➡ 20 − ● = 13, 따라서 ● = 7
- ★ = 14 ➡ 20 − ● = 14, 따라서 ● = 6

STEP ③ ● 안에 들어갈 수 있는 수를 모두 구해 보시오. 6, 7, 8, 9

14

01 ★ 안에 들어갈 수 있는 수를 모두 더한 값을 구해 보시오. 45

21 < 17 + ★ < 28

02 십의 자리 숫자를 알 수 없는 세 자리 수 '2●5'와 '1●6'의 크기가 다음과 같을 때, ● 안에 공통으로 들어갈 수 있는 숫자를 구해 보시오. 7

270 < 2●5
1●6 < 186

15

대표문제

STEP ① 10보다 크고 15보다 작은 수는 11, 12, 13, 14입니다.

STEP ② (1) 20 − ● = 11 → ● = 9
(2) 20 − ● = 12 → ● = 8
(3) 20 − ● = 13 → ● = 7
(4) 20 − ● = 14 → ● = 6

STEP ③ ● 안에 들어갈 수 있는 수는 6, 7, 8, 9입니다.

01 17 + ★ = ●이라고 하면 21 < ● < 28이므로
●이 될 수 있는 수는 22, 23, 24, 25, 26, 27입니다.
● = 22 → 17 + ★ = 22, ★ = 5
● = 23 → 17 + ★ = 23, ★ = 6
● = 24 → 17 + ★ = 24, ★ = 7
● = 25 → 17 + ★ = 25, ★ = 8
● = 26 → 17 + ★ = 26, ★ = 9
● = 27 → 17 + ★ = 27, ★ = 10
따라서 ★ 안에 들어갈 수 있는 수의 합은
5 + 6 + 7 + 8 + 9 + 10 = 45입니다.

02 270 < 2●5에서 ● 안에 들어갈 수 있는 숫자는 7, 8, 9입니다.
1●6 < 186에서 ● 안에 들어갈 수 있는 숫자는 0, 1, 2, 3, 4, 5, 6, 7입니다.
따라서 ● 안에 공통으로 들어갈 수 있는 숫자는 7입니다.

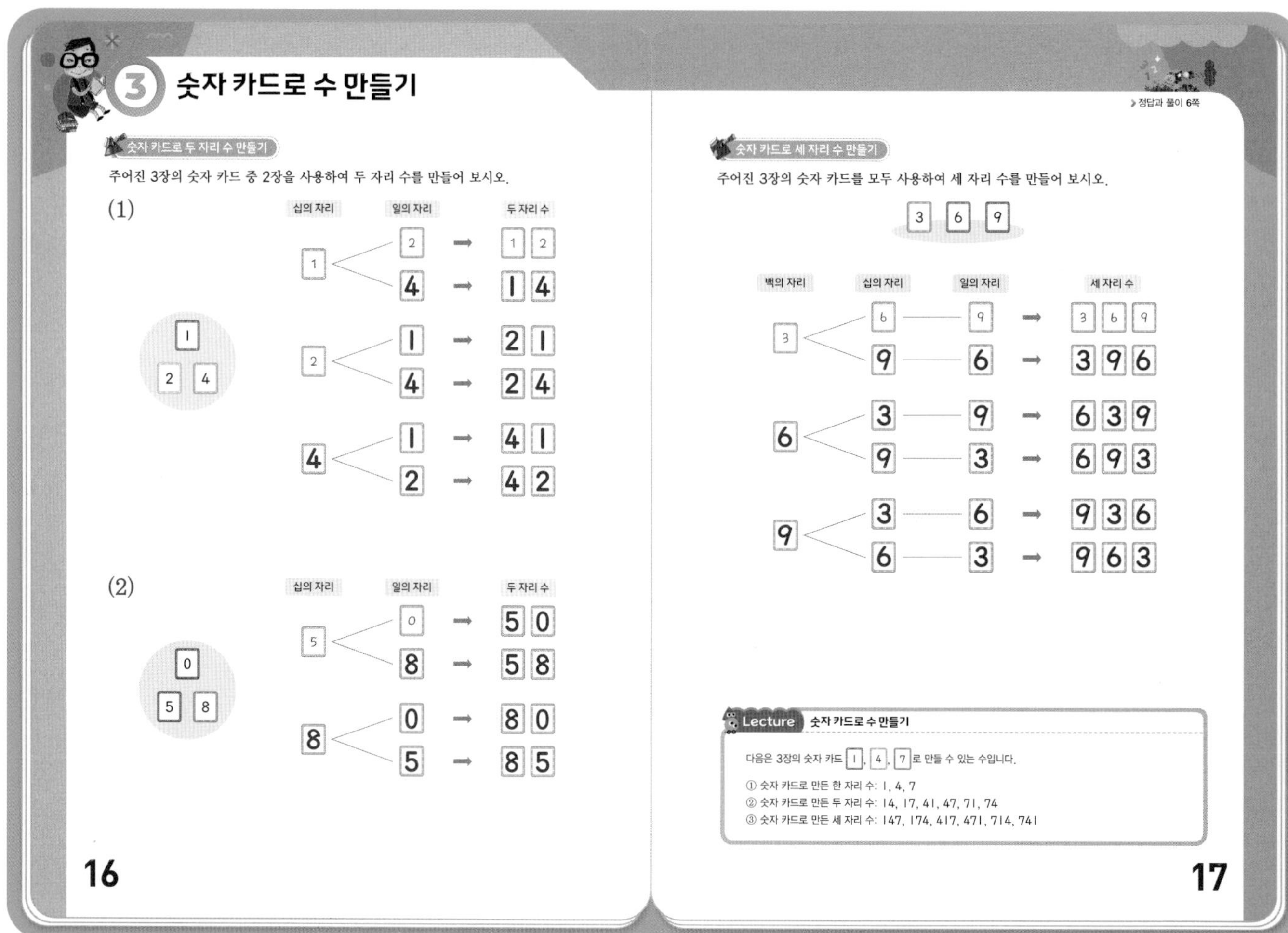

3 숫자 카드로 수 만들기
숫자 카드로 두 자리 수 만들기
주어진 3장의 숫자 카드 중 2장을 사용하여 두 자리 수를 만들어 보시오.
(1)
십의 자리
일의 자리
두 자리 수
(2)
16
정답과 풀이 6쪽
숫자 카드로 세 자리 수 만들기
주어진 3장의 숫자 카드를 모두 사용하여 세 자리 수를 만들어 보시오.
백의 자리
십의 자리
일의 자리
세 자리 수
Lecture 숫자 카드로 수 만들기
① 숫자 카드로 만든 한 자리 수: 1, 4, 7
② 숫자 카드로 만든 두 자리 수: 14, 17, 41, 47, 71, 74
③ 숫자 카드로 만든 세 자리 수: 147, 174, 417, 471, 714, 741
17

숫자 카드로 두 자리 수 만들기

(2) 0, 5, 8 중 2장을 사용하여 두 자리 수를 만드는 경우 십의 자리에 0을 놓을 수 없습니다.

숫자 카드로 세 자리 수 만들기

숫자 카드 3, 6, 9로 만들 수 있는 세 자리 수를 나뭇가지 그림으로 알아봅니다.

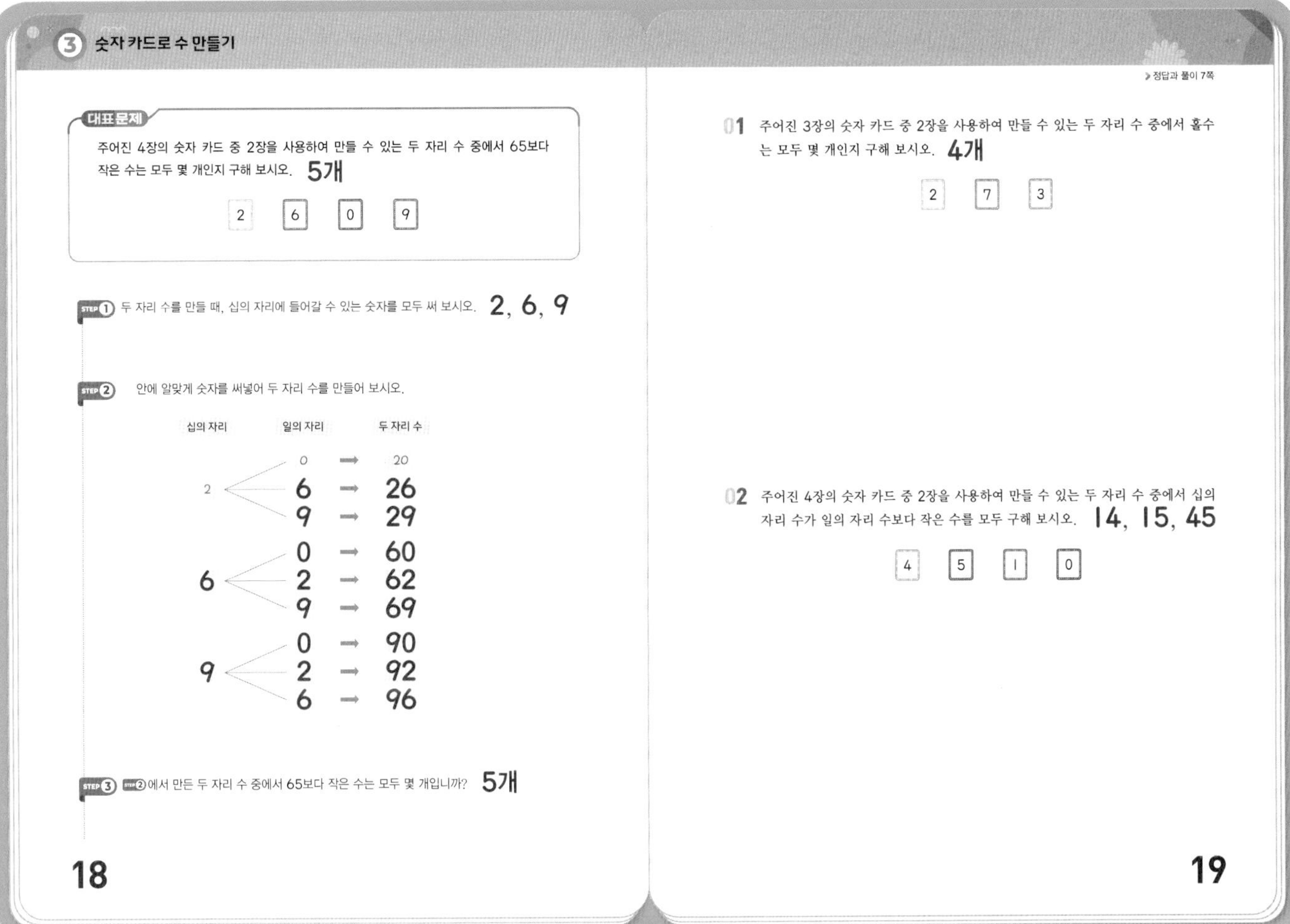

③ 숫자 카드로 수 만들기
정답과 풀이 7쪽
대표문제
주어진 4장의 숫자 카드 중 2장을 사용하여 만들 수 있는 두 자리 수 중에서 65보다 작은 수는 모두 몇 개인지 구해 보시오. 5개
2 6 0 9
STEP ① 두 자리 수를 만들 때, 십의 자리에 들어갈 수 있는 숫자를 모두 써 보시오. 2, 6, 9
STEP ② 안에 알맞게 숫자를 써넣어 두 자리 수를 만들어 보시오.
십의 자리
일의 자리
두 자리 수
STEP ③ STEP ②에서 만든 두 자리 수 중에서 65보다 작은 수는 모두 몇 개입니까? 5개
18
01 주어진 3장의 숫자 카드 중 2장을 사용하여 만들 수 있는 두 자리 수 중에서 홀수는 모두 몇 개인지 구해 보시오. 4개
2 7 3
02 주어진 4장의 숫자 카드 중 2장을 사용하여 만들 수 있는 두 자리 수 중에서 십의 자리 수가 일의 자리 수보다 작은 수를 모두 구해 보시오. 14, 15, 45
4 5 1 0
19

대표문제

STEP ① 십의 자리에 0은 놓을 수가 없습니다.

STEP ② 십의 자리에 쓰인 숫자를 제외한 나머지 숫자를 일의 자리에 넣어 두 자리 수를 만듭니다.

STEP ③ 만든 두 자리 수 중에서 65보다 작은 수는 20, 26, 29, 60, 62로 모두 5개입니다.

01 만들 수 있는 두 자리 수는 23, 27, 32, 37, 72, 73입니다. 이 중 홀수는 23, 27, 37, 73으로 모두 4개입니다.

02 만들 수 있는 두 자리 수는 10, 14, 15, 40, 41, 45, 50, 51, 54입니다.
이 중 십의 자리 수가 일의 자리 수보다 작은 수는 14, 15, 45입니다.

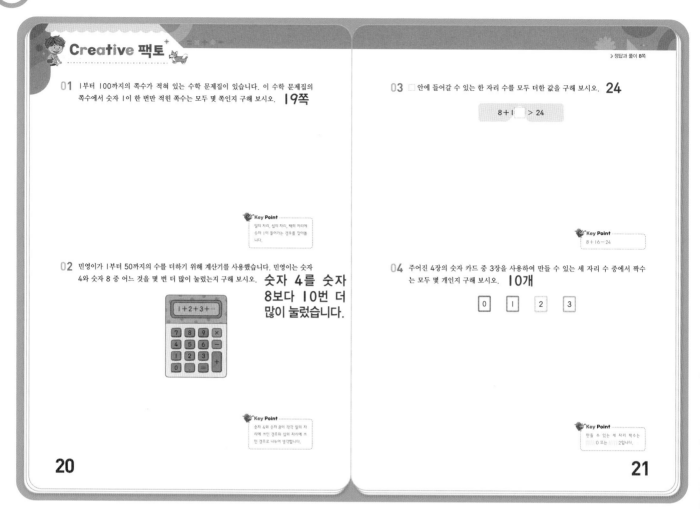

Creative 팩토

정답과 풀이 8쪽

01 1부터 100까지의 쪽수가 적혀 있는 수학 문제집이 있습니다. 이 수학 문제집의 쪽수에서 숫자 1이 한 번만 적힌 쪽수는 모두 몇 쪽인지 구해 보시오. **19쪽**

Key Point
일의 자리, 십의 자리, 백의 자리에 숫자 1이 들어가는 경우를 찾아봅니다.

02 민영이가 1부터 50까지의 수를 더하기 위해 계산기를 사용했습니다. 민영이는 숫자 4와 숫자 8 중 어느 것을 몇 번 더 많이 눌렀는지 구해 보시오. **숫자 4를 숫자 8보다 10번 더 많이 눌렀습니다.**

1+2+3+⋯

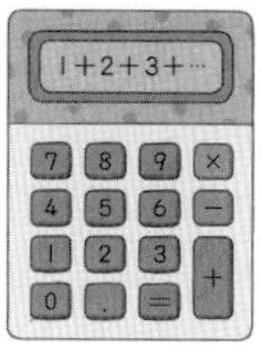

Key Point
숫자 4와 숫자 8이 각각 일의 자리에 쓰인 경우와 십의 자리에 쓰인 경우로 나누어 생각합니다.

20

03 □ 안에 들어갈 수 있는 한 자리 수를 모두 더한 값을 구해 보시오. **24**

8+1□ > 24

Key Point
8+16=24

04 주어진 4장의 숫자 카드 중 3장을 사용하여 만들 수 있는 세 자리 수 중에서 짝수는 모두 몇 개인지 구해 보시오. **10개**

0 1 2 3

Key Point
만들 수 있는 세 자리 짝수는 0 또는 2입니다.

21

01 • 일의 자리에만 숫자 1이 나오는 경우
1, ~~11~~, 21, 31, 41, 51, 61, 71, 81, 91 → 9쪽
• 십의 자리에만 숫자 1이 나오는 경우
10, ~~11~~, 12, 13, 14, 15, 16, 17, 18, 19 → 9쪽
• 백의 자리에만 숫자 1이 나오는 경우
100 → 1쪽
따라서 숫자 1이 한 번만 적힌 쪽수는 모두 19쪽입니다.

02 1부터 50까지의 수에서
① 숫자 4를 누른 횟수
• 일의 자리에 숫자 4가 나오는 경우:
4, 14, 24, 34, 44 → 5번
• 십의 자리에 숫자 4가 나오는 경우:
40, 41, 42, 43, 44, 45, 46, 47, 48, 49 → 10번
따라서 숫자 4는 모두 5+10=15(번) 눌렀습니다.
② 숫자 8을 누른 횟수
• 일의 자리에 숫자 8이 나오는 경우:
8, 18, 28, 38, 48 → 5번
• 십의 자리에 숫자 8이 나오는 경우: 없음
따라서 숫자 8은 5번 모두 눌렀습니다.
③ 숫자 4를 8보다 15−5=10(번) 더 많이 눌렀습니다.

03 8+16=24이므로, 1□>16에서 □>6임을 알 수 있습니다.
따라서 □ 안에 들어갈 수 있는 한 자리 수는 7, 8, 9입니다.
이 수들의 합은 7+8+9=24입니다.

04 백의 자리에는 0이 들어갈 수 없습니다.
짝수를 만들어야 하므로 일의 자리에는 0, 2가 들어가야 합니다.
① 일의 자리 숫자가 0인 경우
→ 1, 2, 3을 백의 자리, 십의 자리에 넣기

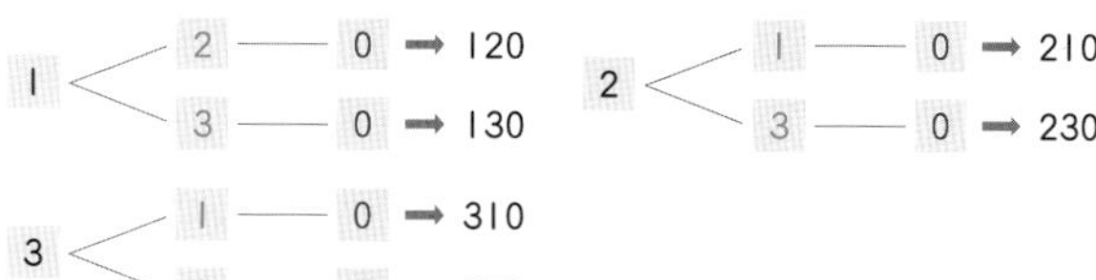

② 일의 자리 숫자가 2인 경우
→ 0, 1, 3을 백의 자리, 십의 자리에 넣기

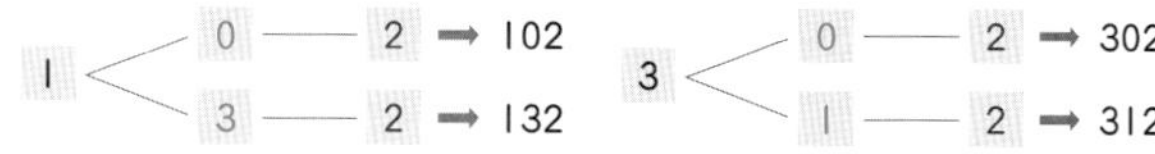

③ 따라서 만들 수 있는 세 자리 수 중 짝수는 120, 130, 102, 132, 210, 230, 310, 320, 302, 312로 모두 10개입니다.

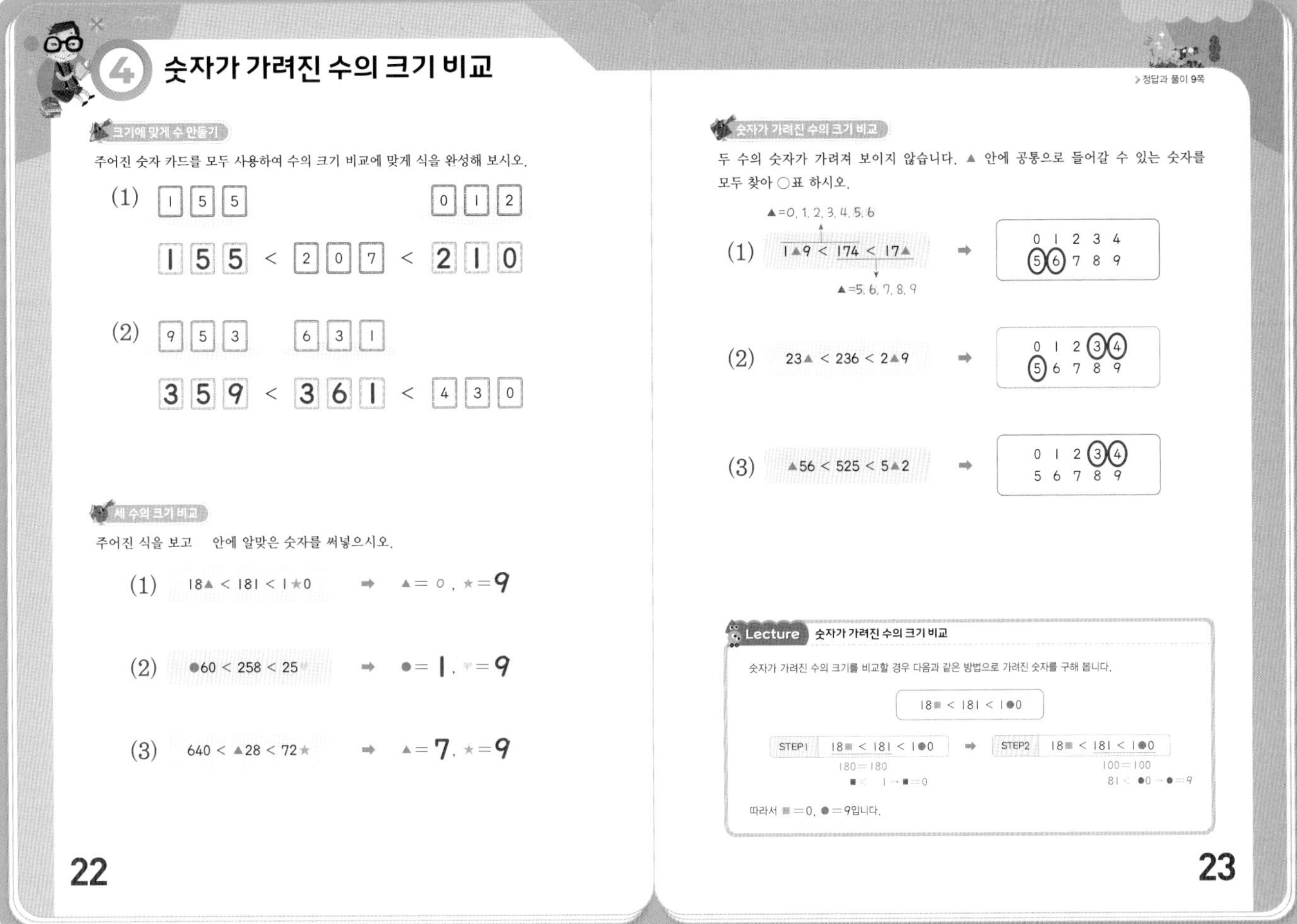

4 숫자가 가려진 수의 크기 비교

크기에 맞게 수 만들기

주어진 숫자 카드를 모두 사용하여 수의 크기 비교에 맞게 식을 완성해 보시오.

(1) 1 5 5 　 0 1 2

155 < 207 < 210

(2) 9 5 3 　 6 3 1

359 < 361 < 430

세 수의 크기 비교

주어진 식을 보고 안에 알맞은 숫자를 써넣으시오.

(1) 18▲ < 181 < 1★0 ➡ ▲= 0 , ★=9

(2) ●60 < 258 < 25♥ ➡ ●= 1, ♥=9

(3) 640 < ▲28 < 72★ ➡ ▲=7, ★=9

22

> 정답과 풀이 9쪽

숫자가 가려진 수의 크기 비교

두 수의 숫자가 가려져 보이지 않습니다. ▲ 안에 공통으로 들어갈 수 있는 숫자를 모두 찾아 ○표 하시오.

(1) 1▲9 < 174 < 17▲ ➡ 0 1 2 3 4 (5) (6) 7 8 9

▲=0, 1, 2, 3, 4, 5, 6
▲=5, 6, 7, 8, 9

(2) 23▲ < 236 < 2▲9 ➡ 0 1 2 (3) (4) (5) 6 7 8 9

(3) ▲56 < 525 < 5▲2 ➡ 0 1 2 (3) (4) 5 6 7 8 9

Lecture 숫자가 가려진 수의 크기 비교

숫자가 가려진 수의 크기를 비교할 경우 다음과 같은 방법으로 가려진 숫자를 구해 봅니다.

18■ < 181 < 1●0

STEP1 18■ < 181 < 1●0 (180=180, ■<1 → ■=0) ➡ STEP2 18■ < 181 < 1●0 (100=100, 81<●0 → ●=9)

따라서 ■=0, ●=9입니다.

23

크기에 맞게 수 만들기

(2) 9 5 3 　 6 3 1

□□□ < □□□ < 430

- 6, 3, 1로 430보다 작은 수를 만들어야 하므로 백의 자리에 1, 3을 놓습니다. → 136, 163, 316, 361
- 9, 5, 3으로 430보다 작은 수를 만들어야 하므로 백의 자리에 3을 놓습니다. → 359, 395

따라서 수의 크기에 맞게 만들면 359<361<430입니다.

세 수의 크기 비교

(1) 18▲ < 181 < 1★0 ➡ 18▲ < 181 < 1★0
▲<1 → ▲=0 　 81<★0 → ★=9

(2) ●60 < 258 < 25♥ ➡ ●60 < 258 < 25♥
●<2 → ●=1 　 8<♥ → ♥=9

(3) 640 < ▲28 < 72★ ➡ 640 < ▲28 < 72★
6<▲, ▲=7 또는 ▲<7 → ▲=7 　 8<★ → ★=9

숫자가 가려진 수의 크기 비교

(1) • 1▲9<174 ➡ ▲ 안에 들어갈 수 있는 숫자는 0, 1, 2, 3, 4, 5, 6입니다.
• 174<17▲ ➡ ▲ 안에 들어갈 수 있는 숫자는 5, 6, 7, 8, 9입니다.
따라서 ▲ 안에 공통으로 들어갈 수 있는 숫자는 5, 6입니다.

(2) • 23▲<236 ➡ ▲ 안에 들어갈 수 있는 숫자는 0, 1, 2, 3, 4, 5입니다.
• 236<2▲9 ➡ ▲ 안에 들어갈 수 있는 숫자는 3, 4, 5, 6, 7, 8, 9입니다.
따라서 ▲ 안에 공통으로 들어갈 수 있는 숫자는 3, 4, 5입니다.

(3) • ▲56<525 ➡ ▲ 안에 들어갈 수 있는 숫자는 1, 2, 3, 4입니다.
• 525<5▲2 ➡ ▲ 안에 들어갈 수 있는 숫자는 3, 4, 5, 6, 7, 8, 9입니다.
따라서 ▲ 안에 공통으로 들어갈 수 있는 숫자는 3, 4입니다.

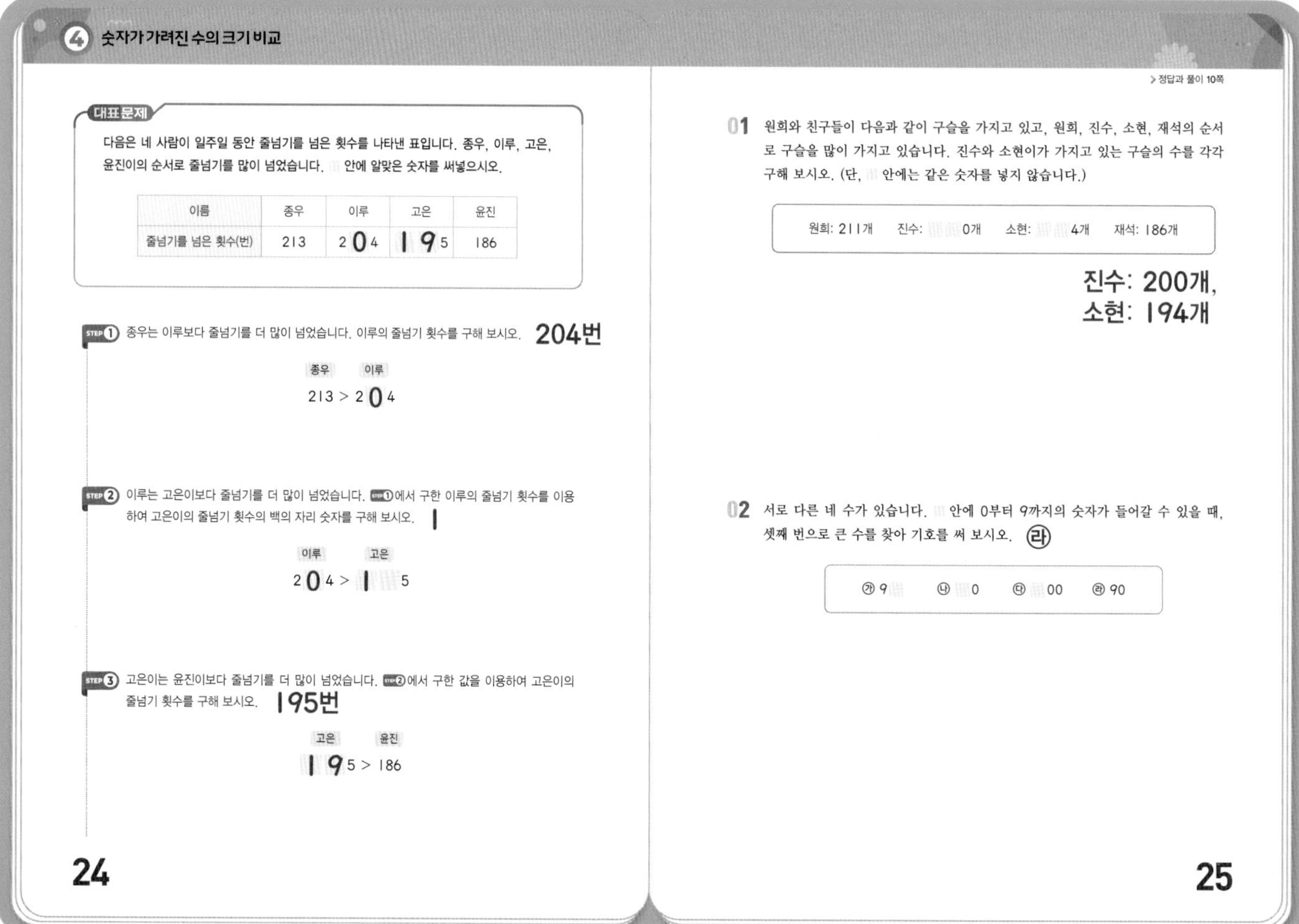

대표문제

STEP ① 213>2□4에서 백의 자리 수가 같고, 13>□4이므로 □는 1보다 작아야 합니다. → □=0
따라서 이루의 줄넘기 횟수는 204번입니다.

STEP ② 이루는 줄넘기를 204번 넘었고 고은이는 줄넘기를 □□5번 넘었습니다.
204>□□5에서 □□5의 백의 자리에는 숫자 1이 들어가야 합니다.

STEP ③ 고은이는 윤진이보다 줄넘기를 더 많이 넘었으므로 1□5>186입니다.
백의 자리 수가 같고 □5>86이므로 □=9입니다.
따라서 고은이의 줄넘기 횟수는 195번입니다.

01
- 211>□□0>□□4>186이므로 가운데 두 수의 백의 자리에 각각 2와 1이 들어가야 합니다.
  → 211>2□0>1□4>186
  211>2□0에서 백의 자리 수가 같고, 11>□0이므로 □=0 또는 □=1입니다. 그런데 □ 안에는 같은 숫자를 넣을 수 없으므로 1은 될 수 없습니다.
  따라서 □=1입니다.
  → 211>200>1□4>186
- 1□4>186에서 백의 자리 수가 같고, □4>86이므로 □=9입니다.
  → 211>200>194>186

따라서 진수가 가지고 있는 구슬은 200개, 소현이가 가지고 있는 구슬은 194개입니다.

02 ㉣는 90이고 ㉮, ㉯, ㉰가 서로 다른 수이므로
㉮ 9□ → '□>0'이므로 90보다 큽니다.
㉯ □0 → '□=8 또는 □<8'이므로 80이거나 80보다 작습니다.
㉰ □00 → '□=1 또는 □>1'이므로 100이거나 100보다 큽니다.
따라서 ㉰>㉮>㉣>㉯이므로 셋째 번으로 큰 수는 ㉣입니다.

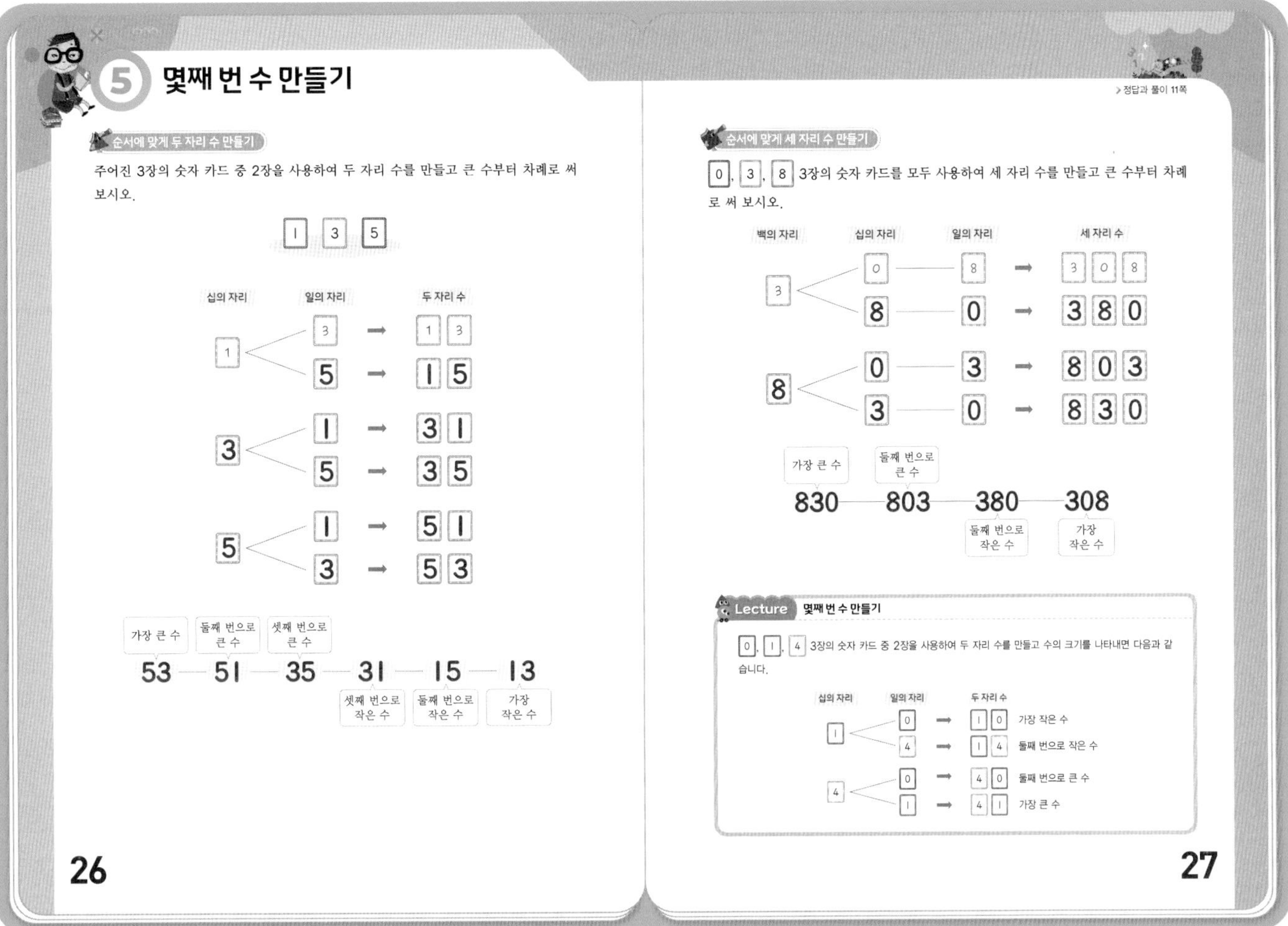

순서에 맞는 두 자리 수 만들기

숫자 카드로 가장 큰 두 자리 수를 만들려면 십의 자리부터 큰 수를 차례로 놓고, 가장 작은 두 자리 수를 만들려면 십의 자리부터 작은 수를 차례로 놓습니다.

순서에 맞는 세 자리 수 만들기

백의 자리에 0을 놓을 수 없습니다.

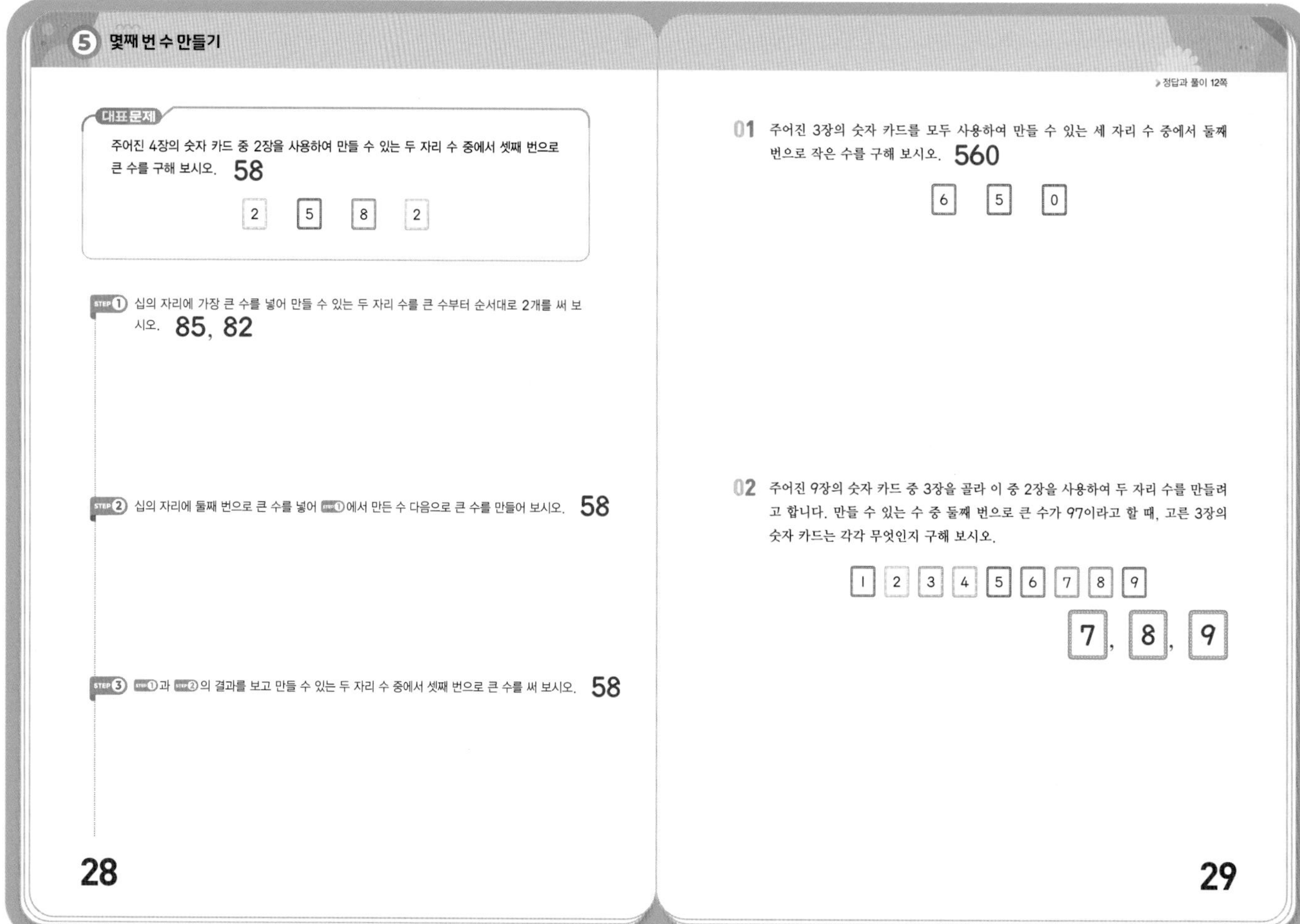

5 몇째 번 수 만들기
대표문제
주어진 4장의 숫자 카드 중 2장을 사용하여 만들 수 있는 두 자리 수 중에서 셋째 번으로 큰 수를 구해 보시오. 58
2 5 8 2
STEP 1 십의 자리에 가장 큰 수를 넣어 만들 수 있는 두 자리 수를 큰 수부터 순서대로 2개를 써 보시오. 85, 82
STEP 2 십의 자리에 둘째 번으로 큰 수를 넣어 STEP 1에서 만든 수 다음으로 큰 수를 만들어 보시오. 58
STEP 3 STEP 1과 STEP 2의 결과를 보고 만들 수 있는 두 자리 수 중에서 셋째 번으로 큰 수를 써 보시오. 58
28
정답과 풀이 12쪽
01 주어진 3장의 숫자 카드를 모두 사용하여 만들 수 있는 세 자리 수 중에서 둘째 번으로 작은 수를 구해 보시오. 560
6 5 0
02 주어진 9장의 숫자 카드 중 3장을 골라 이 중 2장을 사용하여 두 자리 수를 만들려고 합니다. 만들 수 있는 수 중 둘째 번으로 큰 수가 97이라고 할 때, 고른 3장의 숫자 카드는 각각 무엇인지 구해 보시오.
1 2 3 4 5 6 7 8 9
7, 8, 9
29

대표문제

STEP 1 십의 자리에 가장 큰 수 8을 넣은 후 일의 자리에 남은 수 중 큰 수부터 하나씩 넣어 봅니다.

STEP 2 둘째 번으로 큰 수인 5를 십의 자리에, 남은 수 중 가장 큰 수인 8을 일의 자리에 넣어 만듭니다.

STEP 3 85 > 82 > 58이므로 셋째 번으로 큰 수는 58입니다.

01 둘째 번으로 작은 수를 구하기 위해서는 백의 자리부터 작은 수를 차례로 넣어야 합니다.
백의 자리에 0을 넣을 수 없으므로 다음으로 작은 수인 5를 넣어 만들 수 있는 세 자리 수는 506, 560입니다.
따라서 가장 작은 수는 506이고, 둘째 번으로 작은 수는 560입니다.

02 3장의 숫자 카드 중 2장을 사용하여 만든 둘째 번으로 큰 수가 97이면 가장 큰 수는 98입니다.
따라서 고른 3장의 숫자 카드는 7, 8, 9입니다.

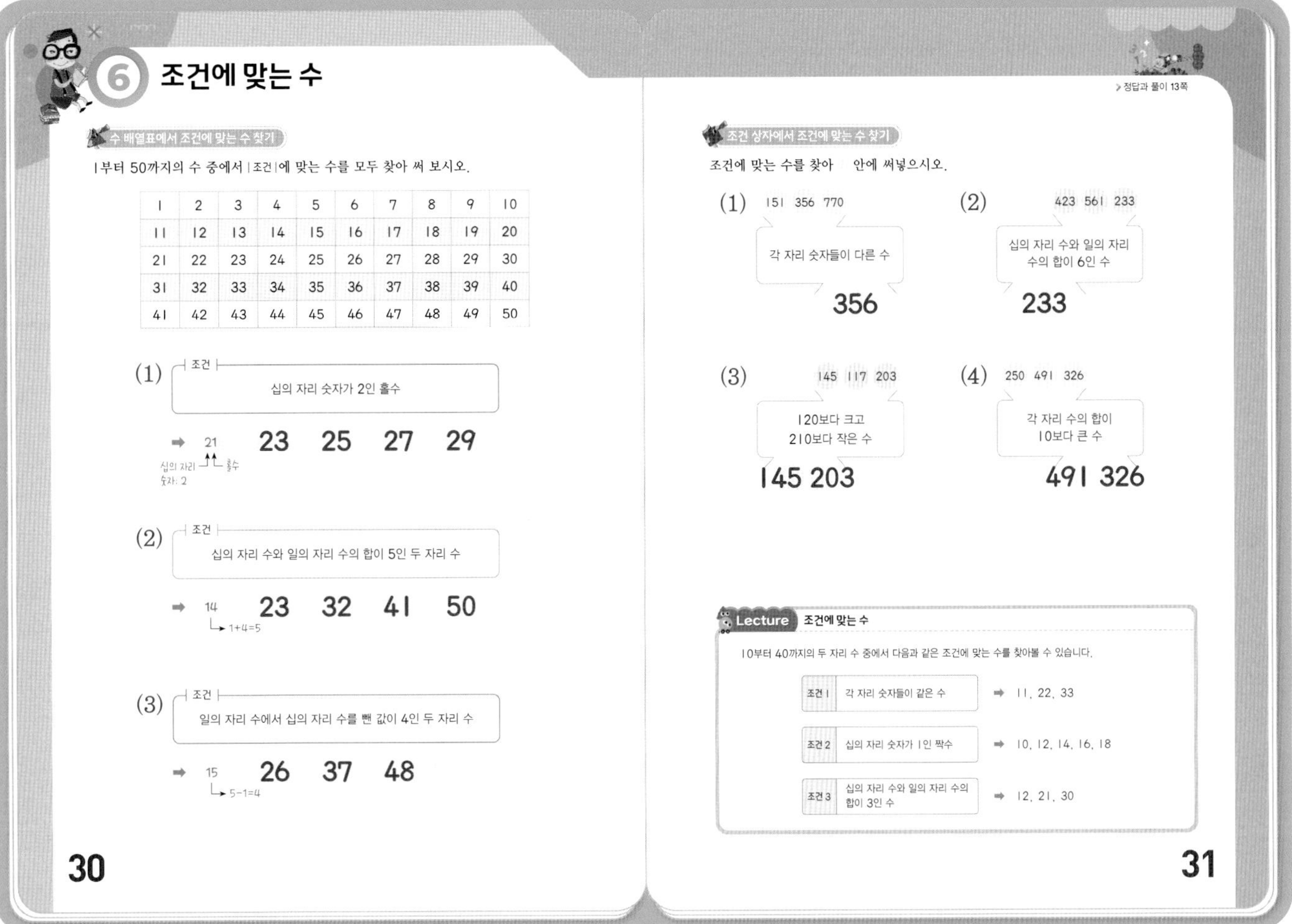

6 조건에 맞는 수

정답과 풀이 13쪽

수 배열표에서 조건에 맞는 수 찾기

1부터 50까지의 수 중에서 |조건|에 맞는 수를 모두 찾아 써 보시오.

1	2	3	4	5	6	7	8	9	10
11	12	13	14	15	16	17	18	19	20
21	22	23	24	25	26	27	28	29	30
31	32	33	34	35	36	37	38	39	40
41	42	43	44	45	46	47	48	49	50

(1) 조건: 십의 자리 숫자가 2인 홀수

➡ 21 23 25 27 29

(십의 자리 숫자: 2, 홀수)

(2) 조건: 십의 자리 수와 일의 자리 수의 합이 5인 두 자리 수

➡ 14 23 32 41 50

(1+4=5)

(3) 조건: 일의 자리 수에서 십의 자리 수를 뺀 값이 4인 두 자리 수

➡ 15 26 37 48

(5-1=4)

30

조건 상자에서 조건에 맞는 수 찾기

조건에 맞는 수를 찾아 안에 써넣으시오.

(1) 151 356 770 — 각 자리 숫자들이 다른 수 — 356

(2) 423 561 233 — 십의 자리 수와 일의 자리 수의 합이 6인 수 — 233

(3) 145 117 203 — 120보다 크고 210보다 작은 수 — 145 203

(4) 250 491 326 — 각 자리 수의 합이 10보다 큰 수 — 491 326

Lecture 조건에 맞는 수

10부터 40까지의 두 자리 수 중에서 다음과 같은 조건에 맞는 수를 찾아볼 수 있습니다.

조건 1	각 자리 숫자들이 같은 수	➡ 11, 22, 33
조건 2	십의 자리 숫자가 1인 짝수	➡ 10, 12, 14, 16, 18
조건 3	십의 자리 수와 일의 자리 수의 합이 3인 수	➡ 12, 21, 30

31

수 배열표에서 조건에 맞는 수 찾기

(1) 홀수는 일의 자리 숫자가 1, 3, 5, 7, 9인 수입니다.

(2) 1+4=5, 2+3=5, 3+2=5, 4+1=5, 5+0=5 이므로 십의 자리 수와 일의 자리 수의 합이 5인 두 자리 수는 14, 23, 32, 41, 50입니다.

(3) 5−1=4, 6−2−4, 7−3=4, 8−4=4이므로 일의 자리 수에서 십의 자리 수를 뺀 값이 4인 두 자리 수는 15, 26, 37, 48입니다.

조건 상자에서 조건에 맞는 수 찾기

(2) 십의 자리 수와 일의 자리 수의 합이 6인 수를 구하면 다음과 같습니다.

423 → 2+3=5　　561 → 6+1=7

233 → 3+3=6

따라서 십의 자리 수와 일의 자리 수의 합이 6인 수는 233입니다.

(4) 각 자리 수의 합이 10보다 큰 수를 구하면 다음과 같습니다.

250 → 2+5+0=7　　491 → 4+9+1=14

326 → 3+2+6=11

따라서 각 자리 수의 합이 10보다 큰 수는 491, 326입니다.

⑥ 조건에 맞는 수

> 정답과 풀이 14쪽

대표문제

다음 |조건|을 읽고 수진이의 생일은 언제인지 알아맞혀 보시오. **1월 22일**

조건
수진이의 생일인 ■월 ▲●일을 세 자리 수 ■▲●로 나타낼 때,
① 십의 자리 수와 일의 자리 수의 합은 4입니다.
② 세 자리 수는 짝수입니다. (단, ■, ▲, ●은 0이 아닙니다.)
③ 백의 자리 수는 일의 자리 수보다 작습니다.

STEP ① |조건| ①에서 십의 자리 수와 일의 자리 수의 합이 4인 두 자리 수를 모두 써 보시오.
13, 22, 31, 40

STEP ② STEP ①에서 구한 수 중 짝수를 써 보시오. **22, 40**

STEP ③ STEP ②에서 구한 수 중 일의 자리 숫자가 0이 아닌 수를 써 보시오. **22**

STEP ④ STEP ③에서 구한 수의 일의 자리 수보다 작은 수를 백의 자리에 써넣어 세 자리 수 ■▲●을 완성해 보시오. **122**

STEP ⑤ STEP ④에서 구한 세 자리 수 ■▲●을 보고 수진이의 생일은 언제인지 써 보시오.
1월 22일

32

01 다음 |조건|에 맞는 두 자리 수를 모두 구해 보시오. **42, 60**

조건
- 십의 자리 수와 일의 자리 수의 합이 6입니다.
- 40보다 큰 수입니다.
- 짝수입니다.

02 다음을 보고 각 자리 숫자가 서로 다른 세 자리 수 ◆♥♣을 구해 보시오. **132**

- ◆+♥=4
- ♥>♣
- ♣>◆

33

대표문제

STEP ① 십의 자리와 일의 자리 수의 합이 4인 두 자리 수는 다음과 같이 13, 22, 31, 40입니다.
- 1+3=4 → 13, 31
 (3+1=4)
- 2+2=4 → 22
- 4+0=4 → 40

STEP ② 짝수는 일의 자리 숫자가 짝수이므로 22, 40입니다.

STEP ③ 일의 자리가 0이 아닌 짝수는 22입니다.

STEP ④ 22의 일의 자리 수가 2이므로, 2보다 작은 수인 1을 백의 자리에 넣어 세 자리 수를 만들면 122입니다.

STEP ⑤ 수진이의 생일은 1월 22일입니다.

01 십의 자리 수와 일의 자리 수의 합이 6인 식은 0+6=6, 1+5=6, 2+4=6, 3+3=6입니다.
십의 자리에 0은 들어갈 수 없으므로 만들 수 있는 두 자리 수는 15, 24, 33, 42, 51, 60입니다.
이 중에서 40보다 큰 수는 42, 51, 60이고, 42, 51, 60 중 짝수는 42, 60입니다.

02 ◆, ♥, ♣이 서로 다른 숫자이므로 ◆+♥=4에서 ◆=1, ♥=3 또는 ◆=3, ♥=1 또는 ◆=4, ♥=0입니다.
♥>♣>◆이므로 ◆=1, ♥=3입니다.
또, 3>♣>1이므로 ♣=2입니다.
따라서 조건에 맞는 세 자리 수 ◆♥♣은 132입니다.

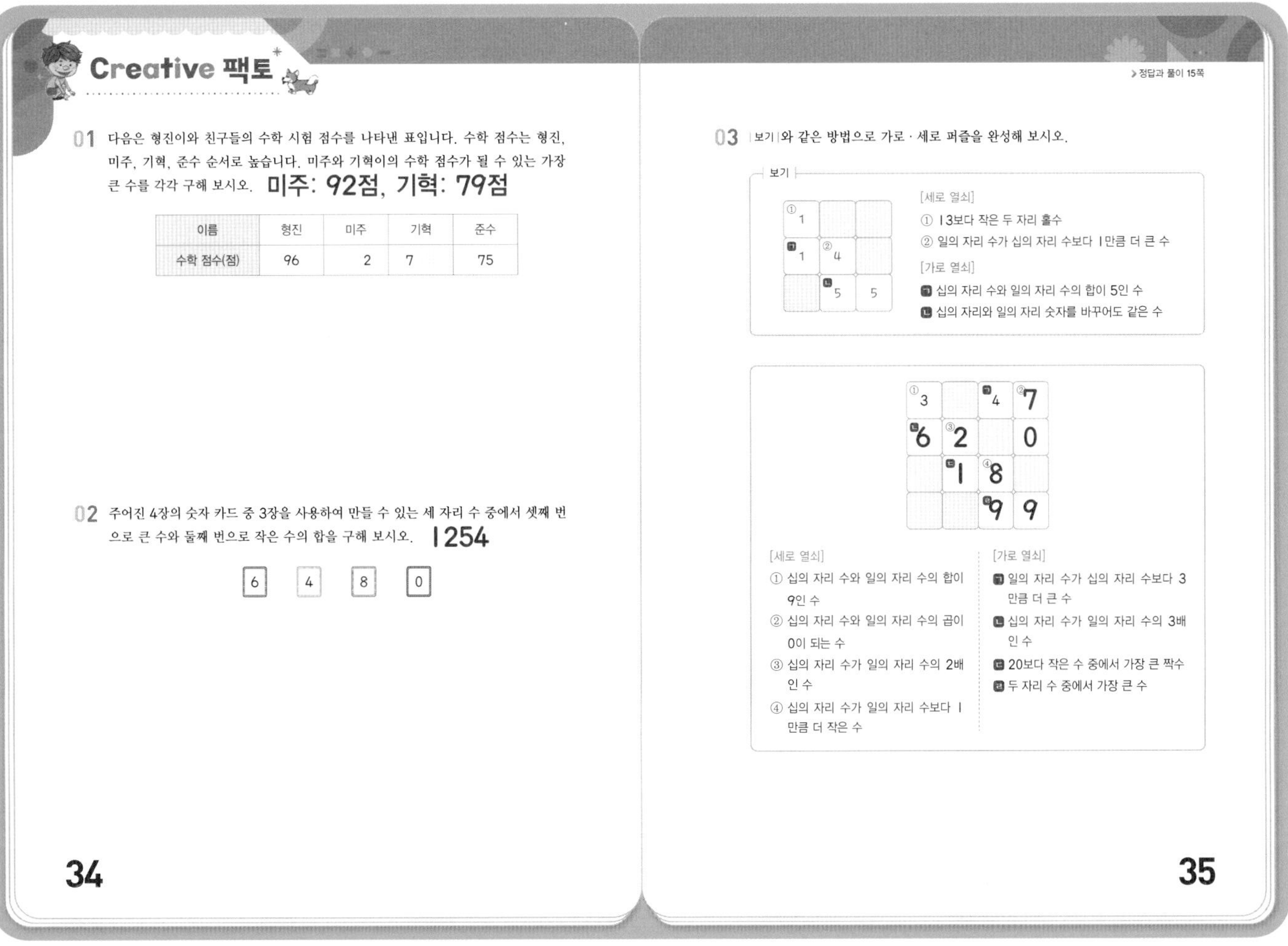

Creative 팩토

01 다음은 형진이와 친구들의 수학 시험 점수를 나타낸 표입니다. 수학 점수는 형진, 미주, 기혁, 준수 순서로 높습니다. 미주와 기혁이의 수학 점수가 될 수 있는 가장 큰 수를 각각 구해 보시오. 미주: 92점, 기혁: 79점

이름	형진	미주	기혁	준수
수학 점수(점)	96	2	7	75

02 주어진 4장의 숫자 카드 중 3장을 사용하여 만들 수 있는 세 자리 수 중에서 셋째 번으로 큰 수와 둘째 번으로 작은 수의 합을 구해 보시오. 1254

6 4 8 0

34

> 정답과 풀이 15쪽

03 보기와 같은 방법으로 가로 · 세로 퍼즐을 완성해 보시오.

보기

①1		
㉠1	②4	
	㉡5	5

[세로 열쇠]
① 13보다 작은 두 자리 홀수
② 일의 자리 수가 십의 자리 수보다 1만큼 더 큰 수

[가로 열쇠]
㉠ 십의 자리 수와 일의 자리 수의 합이 5인 수
㉡ 십의 자리와 일의 자리 숫자를 바꾸어도 같은 수

①3		㉠4	②7
㉡6	③2		0
	㉢1	④8	
		㉣9	9

[세로 열쇠]
① 십의 자리 수와 일의 자리 수의 합이 9인 수
② 십의 자리 수와 일의 자리 수의 곱이 0이 되는 수
③ 십의 자리 수가 일의 자리 수의 2배인 수
④ 십의 자리 수가 일의 자리 수보다 1만큼 더 작은 수

[가로 열쇠]
㉠ 일의 자리 수가 십의 자리 수보다 3만큼 더 큰 수
㉡ 십의 자리 수가 일의 자리 수의 3배인 수
㉢ 20보다 작은 수 중에서 가장 큰 짝수
㉣ 두 자리 수 중에서 가장 큰 수

35

01
- 미주의 수학 점수는 형진이의 수학 점수보다 더 낮고 준수의 수학 점수보다 더 높습니다.
  96 > □2 > 75 → □ = 8, 9
  따라서 미주의 수학 점수가 될 수 있는 수 중 가장 큰 수는 92점입니다.
- 기혁이의 수학 점수는 준수의 수학 점수보다 더 높습니다.
  7□ > 75 → □ = 6, 7, 8, 9
  따라서 기혁이의 수학 점수가 될 수 있는 수 중 가장 큰 수는 79점입니다.

02
- 8 > 6 > 4 > 0이므로 만들 수 있는 가장 큰 수는 864, 둘째 번으로 큰 수는 860, 셋째 번으로 큰 수는 846입니다.
- 백의 자리에 0을 놓을 수 없으므로 만들 수 있는 가장 작은 수는 406, 둘째 번으로 작은 수는 408입니다.

따라서 셋째 번으로 큰 수와 둘째 번으로 작은 수의 합은 846 + 408 = 1254입니다.

03 ①부터 시작하는 부분과 ㉠부터 시작하는 부분으로 나누어 차례로 풉니다.

① 십의 자리 수와 일의 자리 수의 합이 9인 수:
십의 자리 수가 3이므로 3 + □ = 9, □ = 6

㉡ 십의 자리 수가 일의 자리 수의 3배인 수:
십의 자리 수가 6이므로 □ × 3 = 6, □ = 2

③ 십의 자리 수가 일의 자리 수의 2배인 수:
십의 자리 수가 2이므로 □ × 2 = 2, □ = 1

㉢ 20보다 작은 수 중에서 가장 큰 짝수:
20보다 작은 수 중에서 가장 큰 짝수는 18

④ 십의 자리 수가 일의 자리 수보다 1만큼 더 작은 수:
십의 자리 수가 8이므로 □ − 1 = 8, □ = 9

㉣ 두 자리 수 중에서 가장 큰 수: 99

㉠ 일의 자리 수가 십의 자리 수보다 3만큼 더 큰 수:
십의 자리 수가 4이므로 4 + 3 = 7

② 십의 자리 수와 일의 자리 수의 곱이 0이 되는 수:
7 × □ = 0이므로 □ = 0

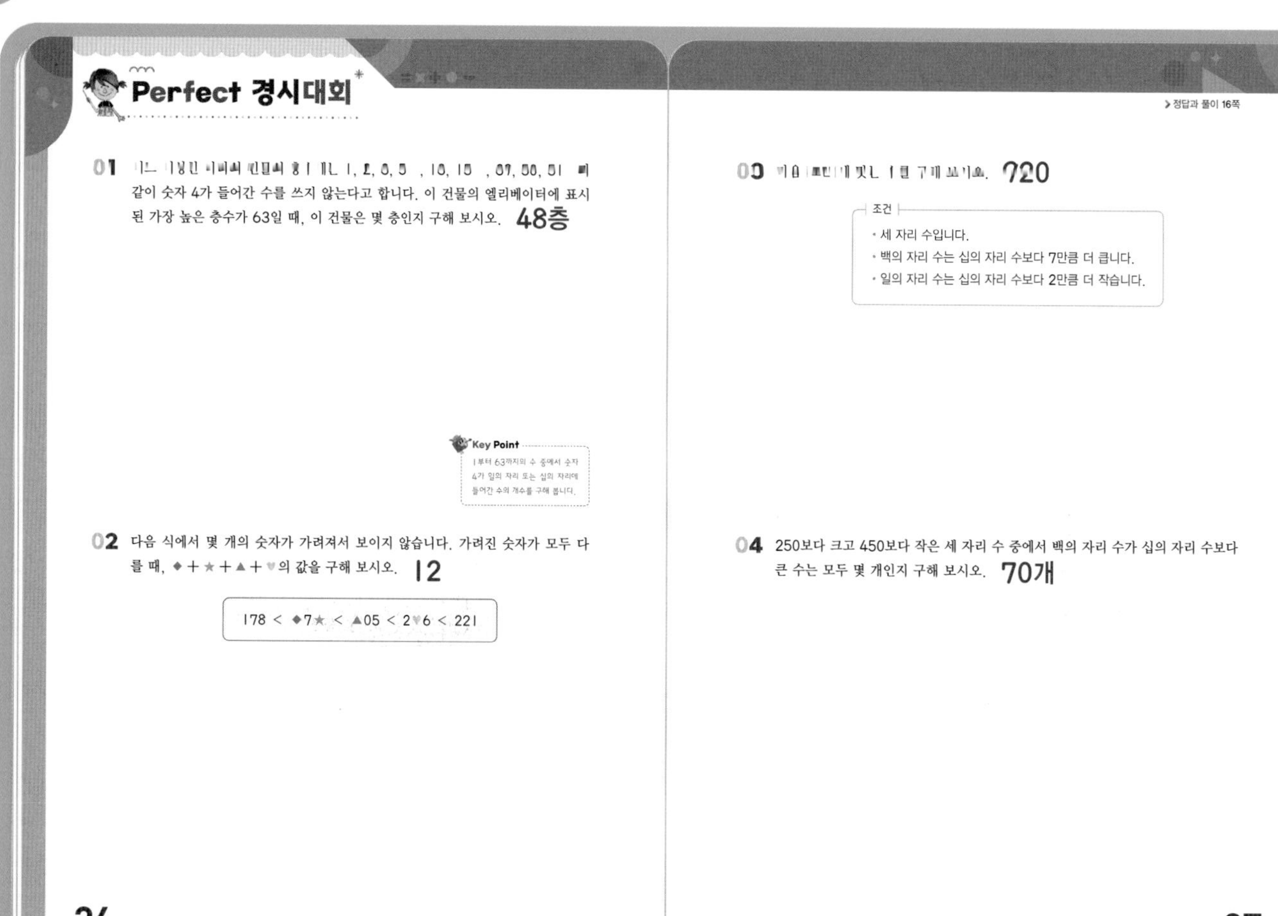

Perfect 경시대회

정답과 풀이 16쪽

01 [illegible] 1, 2, 3, 5 , 10, 15 , 37, 38, 51 [illegible] 같이 숫자 4가 들어간 수를 쓰지 않는다고 합니다. 이 건물의 엘리베이터에 표시된 가장 높은 층수가 63일 때, 이 건물은 몇 층인지 구해 보시오. **48층**

Key Point
1부터 63까지의 수 중에서 숫자 4가 일의 자리 또는 십의 자리에 들어간 수의 개수를 구해 봅니다.

02 다음 식에서 몇 개의 숫자가 가려져서 보이지 않습니다. 가려진 숫자가 모두 다를 때, ◆+★+▲+♥의 값을 구해 보시오. **12**

178 < ◆7★ < ▲05 < 2♥6 < 221

36

03 [illegible] 구해 보시오. **920**

조건
- 세 자리 수입니다.
- 백의 자리 수는 십의 자리 수보다 7만큼 더 큽니다.
- 일의 자리 수는 십의 자리 수보다 2만큼 더 작습니다.

04 250보다 크고 450보다 작은 세 자리 수 중에서 백의 자리 수가 십의 자리 수보다 큰 수는 모두 몇 개인지 구해 보시오. **70개**

37

01 1부터 63까지의 수 중에서 숫자 4가 들어간 수를 뺀 나머지 수의 개수를 구합니다.

- 일의 자리에 숫자 4가 들어간 수:
  4, 14, 24, 34, 44, 54 → 6개
- 십의 자리에 숫자 4가 들어간 수:
  40, 41, 42, 43, 44, 45, 46, 47, 48, 49 → 10개

이 중 44는 두 번 포함되었으므로 빼야 하는 층수는 6+10−1=15(층)입니다.
따라서 이 건물은 63−15=48(층)입니다.

02 범위를 나누어 구해 봅니다.

- 178 < ◆7★ < ▲05 < 2♥6 < 221
  ◆=1, ★=9
- 178 < 179 < ▲05 < 2♥6 < 221
  ▲=2
- 178 < 179 < 205 < 2♥6 < 221
  ♥=0, 1

윗줄에 가려진 숫자가 모두 다르므로 ♥=0입니다.
따라서 ◆+★+▲+♥=1+9+2+0=12입니다.

03 세 자리 수 중에서 백의 자리 수가 십의 자리 수보다 7만큼 더 큰 경우는 92□, 81□, 70□입니다.
이 중에서 일의 자리 수가 십의 자리 수보다 2만큼 더 작은 경우를 만들 수 있는 것은 92□뿐입니다.
따라서 조건에 맞는 수는 920입니다.

04 백의 자리 수가 2, 3, 4인 경우로 나누어서 생각합니다.

- 백의 자리 수가 2일 때 백의 자리 수가 십의 자리 수보다 큰 수는 없습니다.
- 백의 자리 수가 3일 때
  30□ → 10개, 31□ → 10개, 32□ → 10개이므로 30개입니다.
- 백의 자리 수가 4일 때
  40□ → 10개, 41□ → 10개, 42□ → 10개, 43□ → 10개이므로 40개입니다.

따라서 백의 자리 수가 십의 자리 수보다 큰 수는 모두 30+40=70(개)입니다.

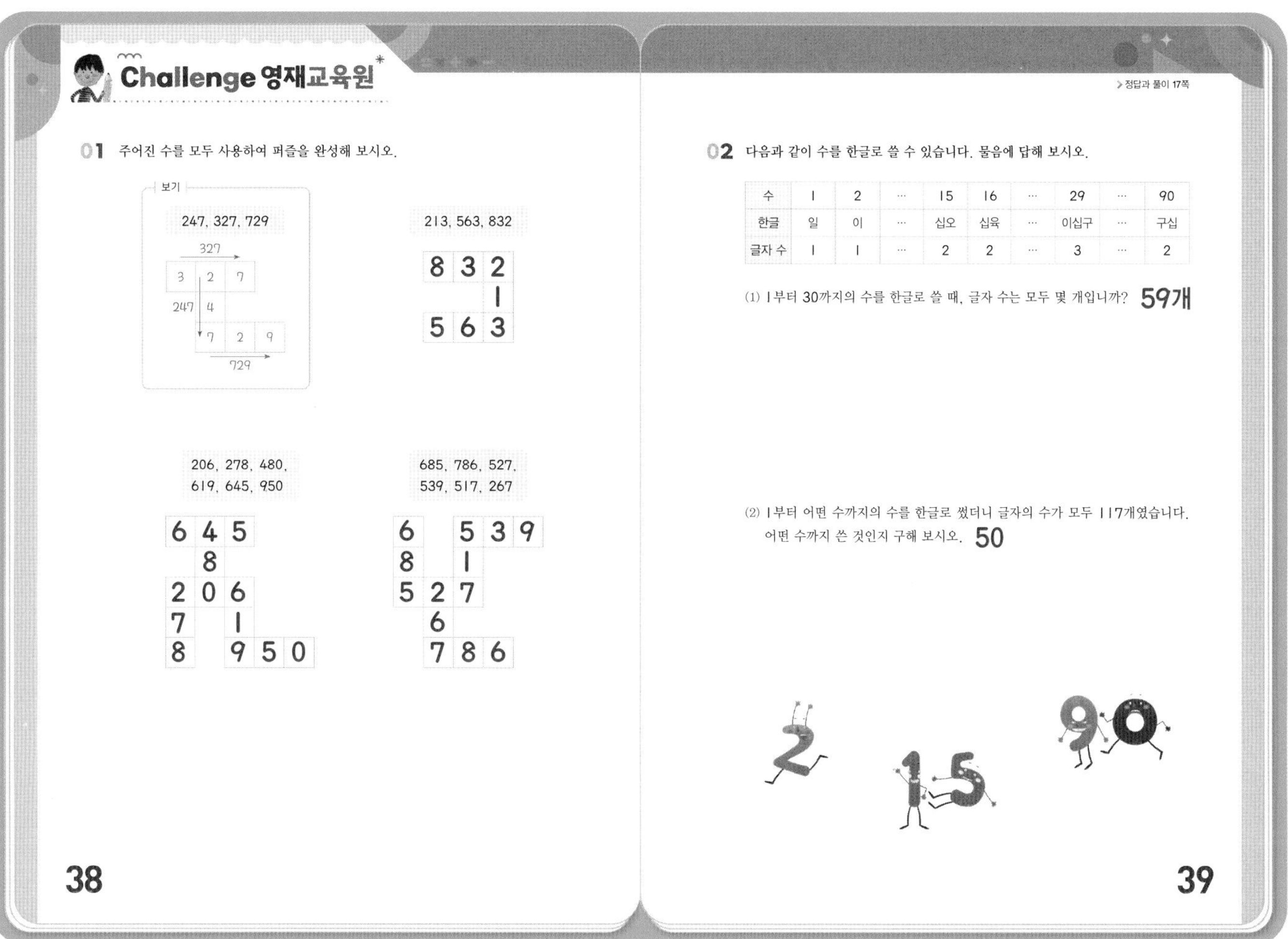

Challenge 영재교육원
01 주어진 수를 모두 사용하여 퍼즐을 완성해 보시오.
보기
247, 327, 729
213, 563, 832
206, 278, 480, 619, 645, 950
685, 786, 527, 539, 517, 267
정답과 풀이 17쪽
02 다음과 같이 수를 한글로 쓸 수 있습니다. 물음에 답해 보시오.
(1) 1부터 30까지의 수를 한글로 쓸 때, 글자 수는 모두 몇 개입니까? 59개
(2) 1부터 어떤 수까지의 수를 한글로 썼더니 글자의 수가 모두 117개였습니다. 어떤 수까지 쓴 것인지 구해 보시오. 50
38
39

01 다른 수와 겹치는 숫자가 많은 수부터 알맞게 빈칸에 채워 넣어 퍼즐을 완성합니다.

02 (1) 한 글자, 두 글자, 세 글자로 쓰는 경우로 나누어서 생각합니다.

- 1부터 10까지 한 글자: $10 \times 1 = 10$(개) (10: 수의 개수, 1: 글자 수)
- 11부터 20까지 두 글자: $10 \times 2 = 20$(개)
- 21부터 29까지 세 글자: $9 \times 3 = 27$(개)
- 30은 두 글자: $1 \times 2 = 2$(개)

따라서 글자 수는 $10 + 20 + 27 + 2 = 59$(개)입니다.

(2) (1)에서 1부터 30까지의 글자 수는 59개입니다.
$117 - 59 = 58$이므로 58개의 글자 수만큼 수를 더 써야 합니다.

- 31부터 39까지 세 글자: 27개
- 40은 두 글자: 2개
- 41부터 49까지 세 글자: 27개
- 50은 두 글자: 2개

(합계 58개)

따라서 어떤 수는 50입니다.

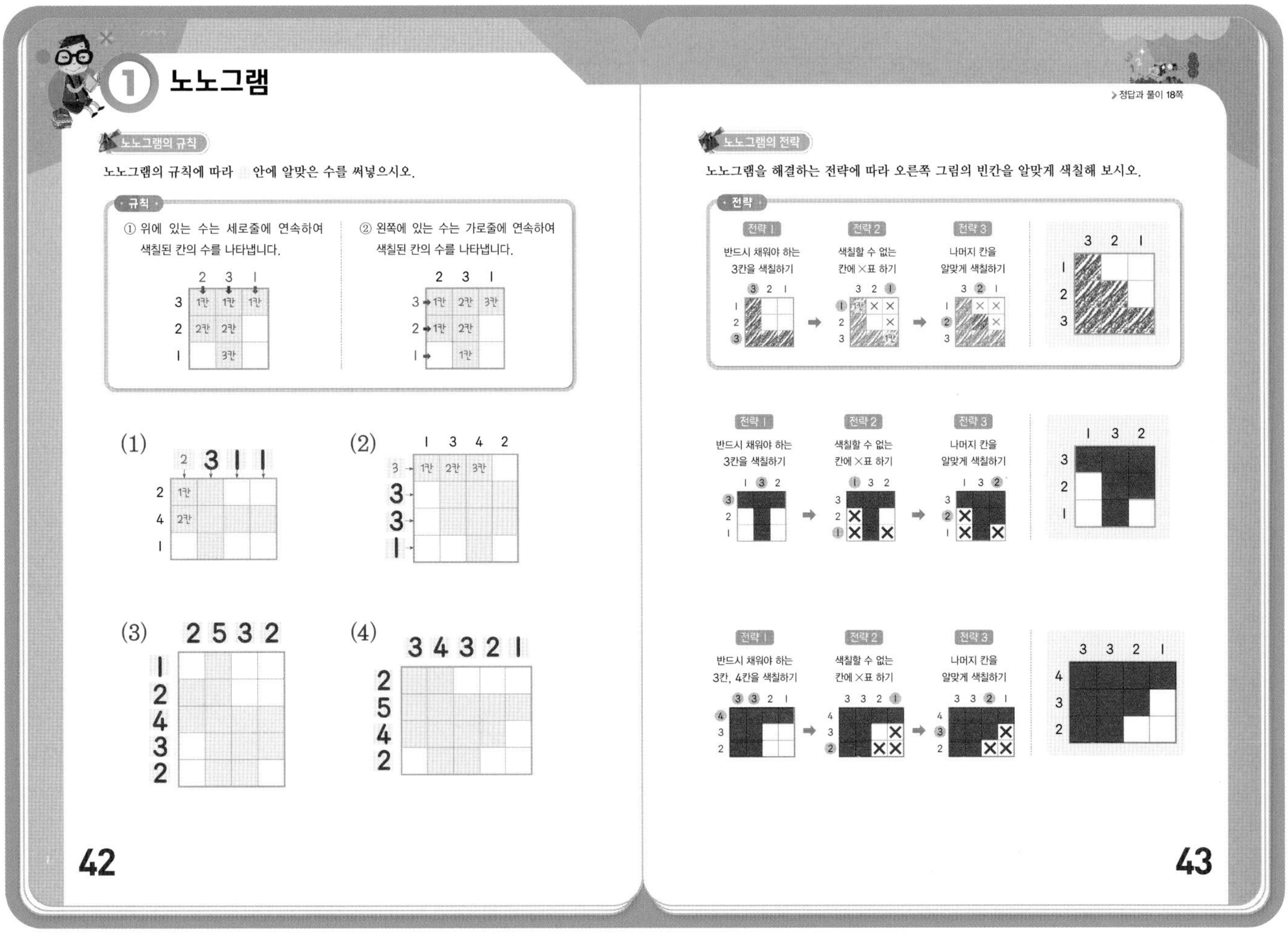

① 노노그램

노노그램의 규칙

노노그램의 규칙에 따라 ☐ 안에 알맞은 수를 써넣으시오.

규칙

① 위에 있는 수는 세로줄에 연속하여 색칠된 칸의 수를 나타냅니다.

② 왼쪽에 있는 수는 가로줄에 연속하여 색칠된 칸의 수를 나타냅니다.

(1) (2) (3) (4)

정답과 풀이 18쪽

노노그램의 전략

노노그램을 해결하는 전략에 따라 오른쪽 그림의 빈칸을 알맞게 색칠해 보시오.

전략

전략 1 반드시 채워야 하는 3칸을 색칠하기 → 전략 2 색칠할 수 없는 칸에 ×표 하기 → 전략 3 나머지 칸을 알맞게 색칠하기

전략 1 반드시 채워야 하는 3칸을 색칠하기 → 전략 2 색칠할 수 없는 칸에 ×표 하기 → 전략 3 나머지 칸을 알맞게 색칠하기

전략 1 반드시 채워야 하는 3칸, 4칸을 색칠하기 → 전략 2 색칠할 수 없는 칸에 ×표 하기 → 전략 3 나머지 칸을 알맞게 색칠하기

노노그램의 규칙

가로줄과 세로줄의 색칠된 칸의 수를 세어 위와 왼쪽의 빈칸에 알맞은 수를 써넣습니다.

(1)

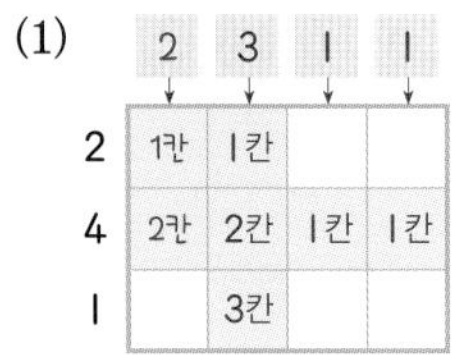

(2)

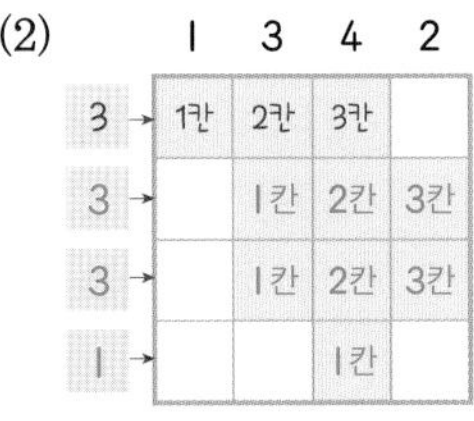

(3)

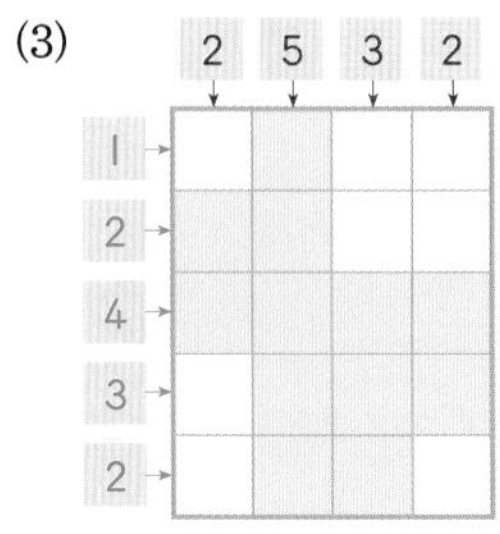

(4)

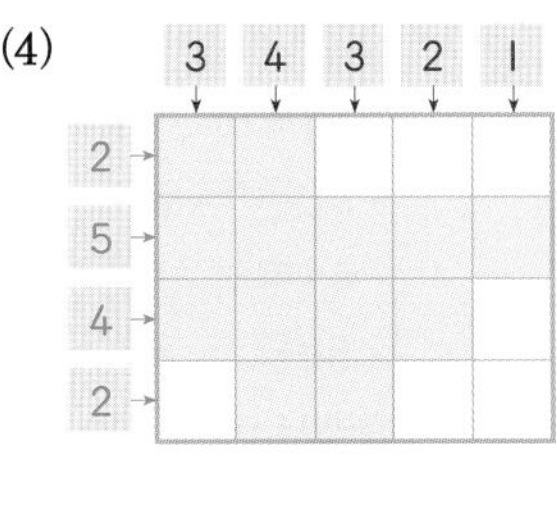

노노그램의 전략

전략 순서에 따라 반드시 채워야 하는 칸부터 색칠하고, 색칠하지 않아야 하는 칸에는 ×표를 해가며 퍼즐을 해결합니다.

① 노노그램

대표문제

노노그램의 규칙에 따라 빈칸을 알맞게 색칠해 보시오.

규칙
① 위에 있는 수는 세로줄에 연속하여 색칠된 칸의 수를 나타냅니다.
② 왼쪽에 있는 수는 가로줄에 연속하여 색칠된 칸의 수를 나타냅니다.

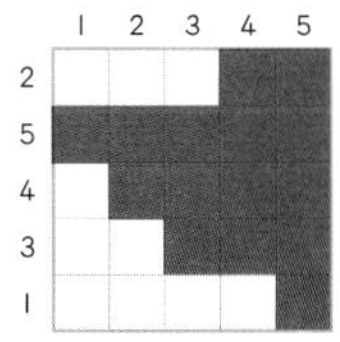

STEP ① 위와 왼쪽에 5가 쓰인 줄은 반드시 모두 채워야 합니다. 반드시 채워야 하는 칸을 색칠해 보시오. **풀이 참조**

STEP ② 위와 왼쪽에 1이 쓰인 줄은 색칠된 1칸 이외의 칸을 색칠할 수 없습니다. 색칠할 수 없는 칸에 ×표 하시오. **풀이 참조**

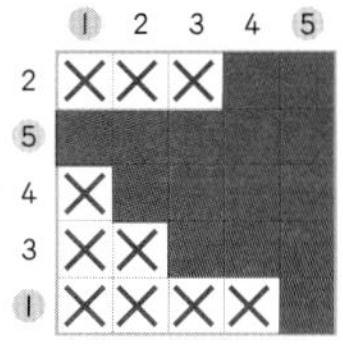

STEP ③ 위와 왼쪽에 남은 수 중 4, 2, 3이 쓰인 줄의 순서로 나머지 칸을 알맞게 색칠해 보시오.

정답과 풀이 19쪽

01 노노그램의 규칙에 따라 빈칸을 알맞게 색칠해 보시오.

규칙
① 위에 있는 수는 세로줄에 연속하여 색칠된 칸의 수를 나타냅니다.
② 왼쪽에 있는 수는 가로줄에 연속하여 색칠된 칸의 수를 나타냅니다.

도전① 도전② 도전③ 도전④

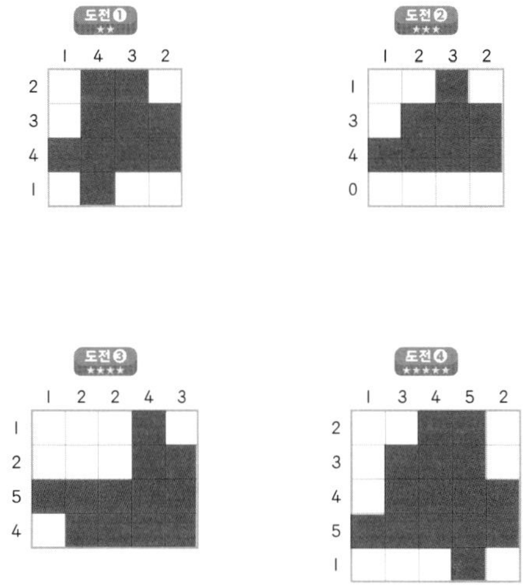

대표문제

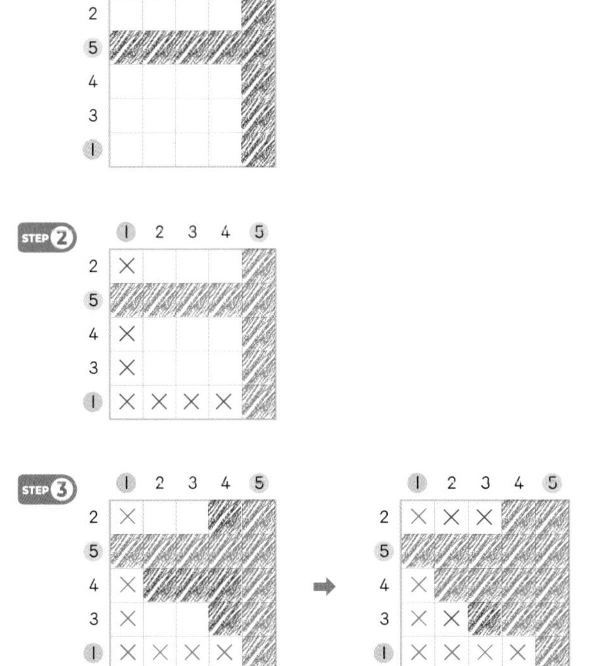

01

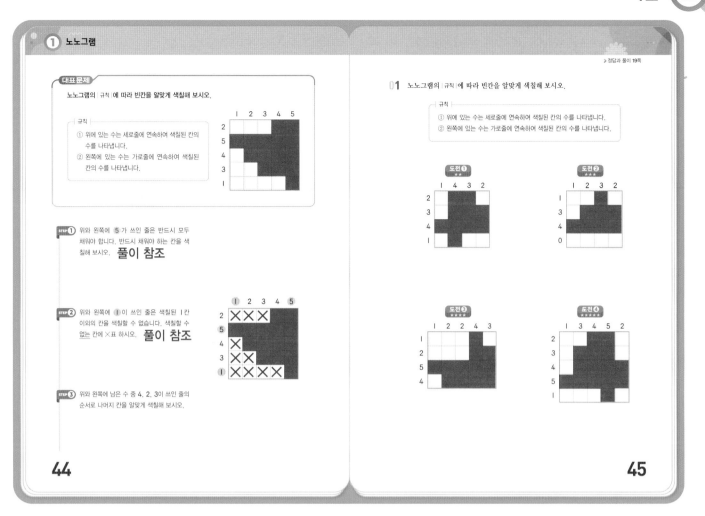

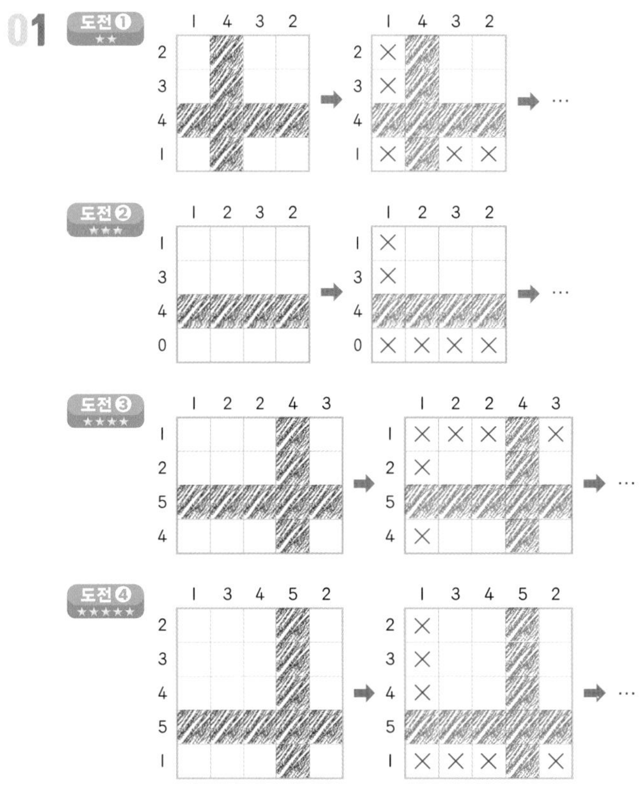

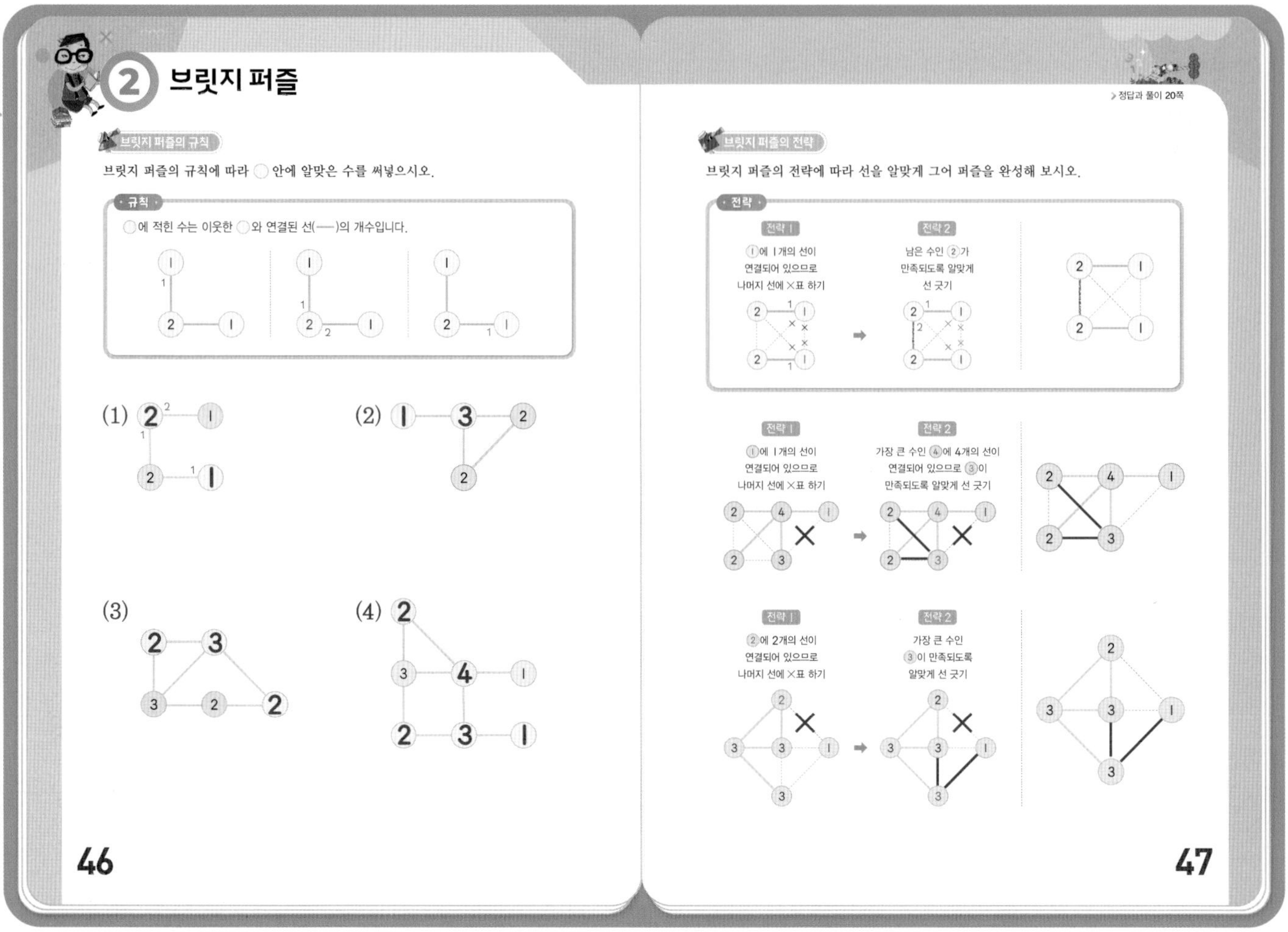

2 브릿지 퍼즐

정답과 풀이 20쪽

브릿지 퍼즐의 규칙

브릿지 퍼즐의 규칙에 따라 ◯ 안에 알맞은 수를 써넣으시오.

규칙: ◯에 적힌 수는 이웃한 ◯와 연결된 선(—)의 개수입니다.

(1) (2) (3) (4)

브릿지 퍼즐의 전략

브릿지 퍼즐의 전략에 따라 선을 알맞게 그어 퍼즐을 완성해 보시오.

전략 1: ①에 1개의 선이 연결되어 있으므로 나머지 선에 ×표 하기
전략 2: 남은 수인 ②가 만족되도록 알맞게 선 긋기

전략 1: ①에 1개의 선이 연결되어 있으므로 나머지 선에 ×표 하기
전략 2: 가장 큰 수인 ④에 4개의 선이 연결되어 있으므로 ③이 만족되도록 알맞게 선 긋기

전략 1: ②에 2개의 선이 연결되어 있으므로 나머지 선에 ×표 하기
전략 2: 가장 큰 수인 ③이 만족되도록 알맞게 선 긋기

46 47

브릿지 퍼즐의 규칙

연결된 선의 개수를 세어 ◯ 안에 써넣습니다.

(1)

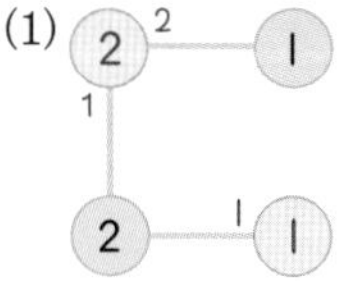

(2)

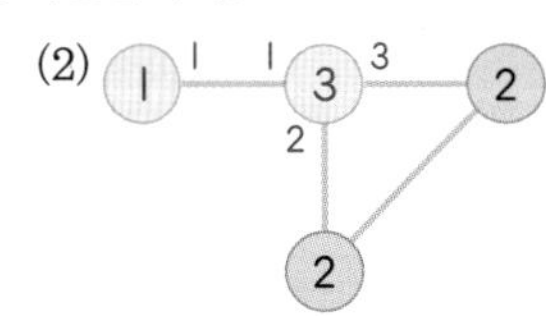

(3)

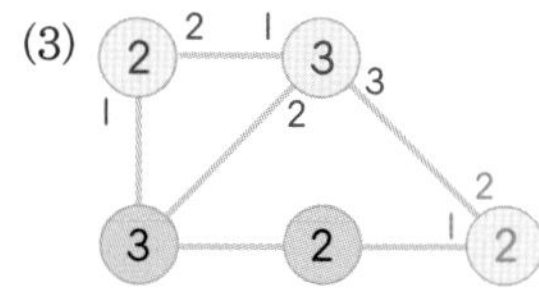

(4)

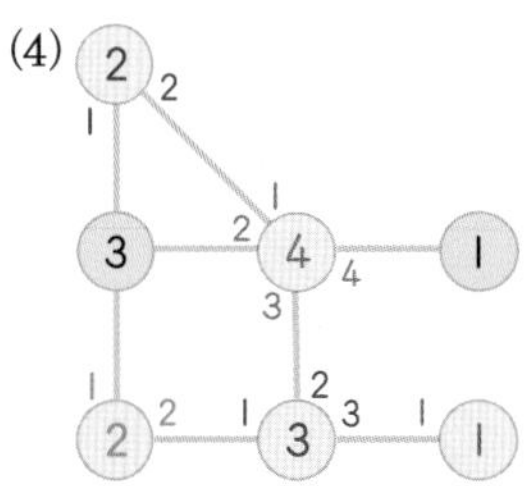

브릿지 퍼즐의 전략

전략 순서에 따라 긋지 않아야 하는 선에는 ×표 하고, 큰 수부터 선의 개수를 만족하도록 선을 그어 퍼즐을 해결합니다.

TIP 퍼즐을 완성한 후 각 ◯에 쓰인 수와 연결된 선의 개수가 같은지 확인해 봅니다.

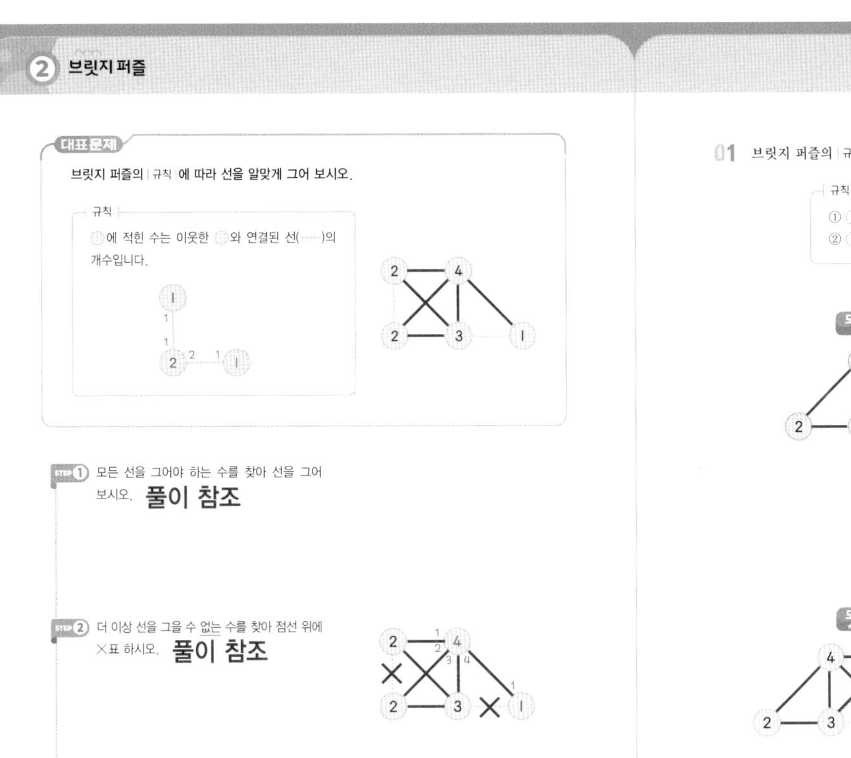

2 브릿지 퍼즐
대표문제
브릿지 퍼즐의 규칙에 따라 선을 알맞게 그어 보시오.
규칙
에 적힌 수는 이웃한 와 연결된 선(—)의 개수입니다.
STEP 1 모든 선을 그어야 하는 수를 찾아 선을 그어 보시오. 풀이 참조
STEP 2 더 이상 선을 그을 수 없는 수를 찾아 점선 위에 ×표 하시오. 풀이 참조
STEP 3 나머지 수에 알맞게 선을 그어 보시오.
48

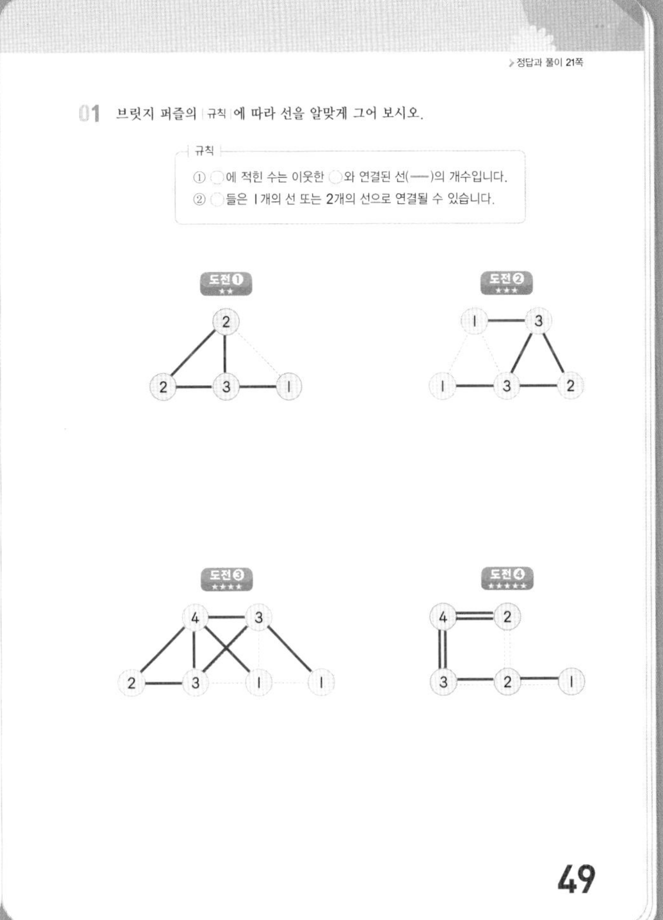

정답과 풀이 21쪽
01 브릿지 퍼즐의 규칙에 따라 선을 알맞게 그어 보시오.
규칙
① 에 적힌 수는 이웃한 와 연결된 선(—)의 개수입니다.
② 들은 1개의 선 또는 2개의 선으로 연결될 수 있습니다.
도전❶
도전❷
도전❸
도전❹
49

대표문제

STEP 1
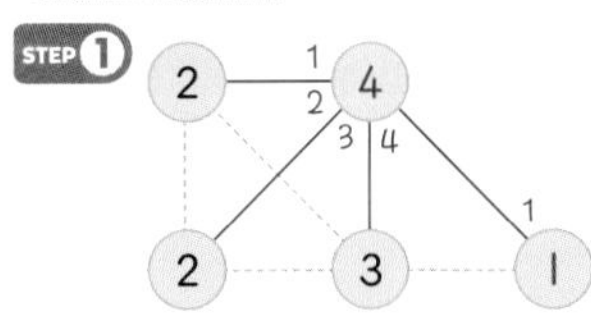

STEP 2
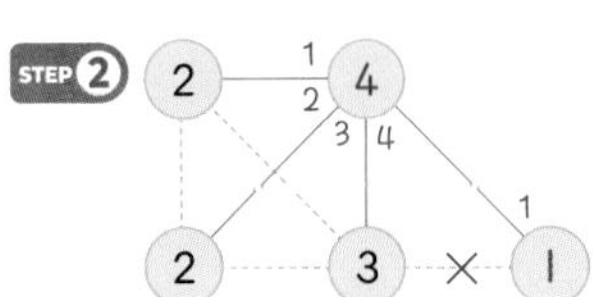

STEP 3
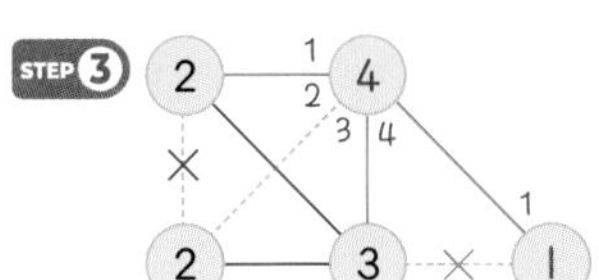

01

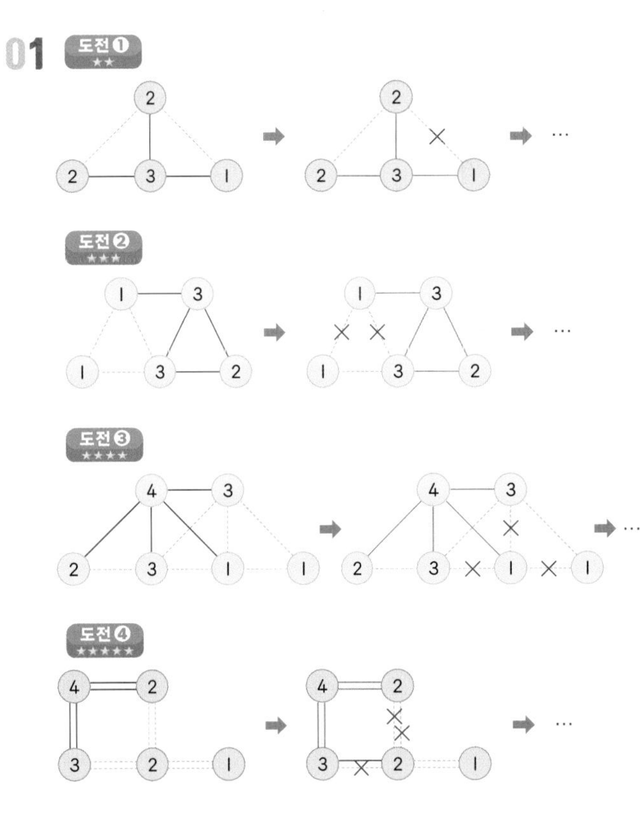

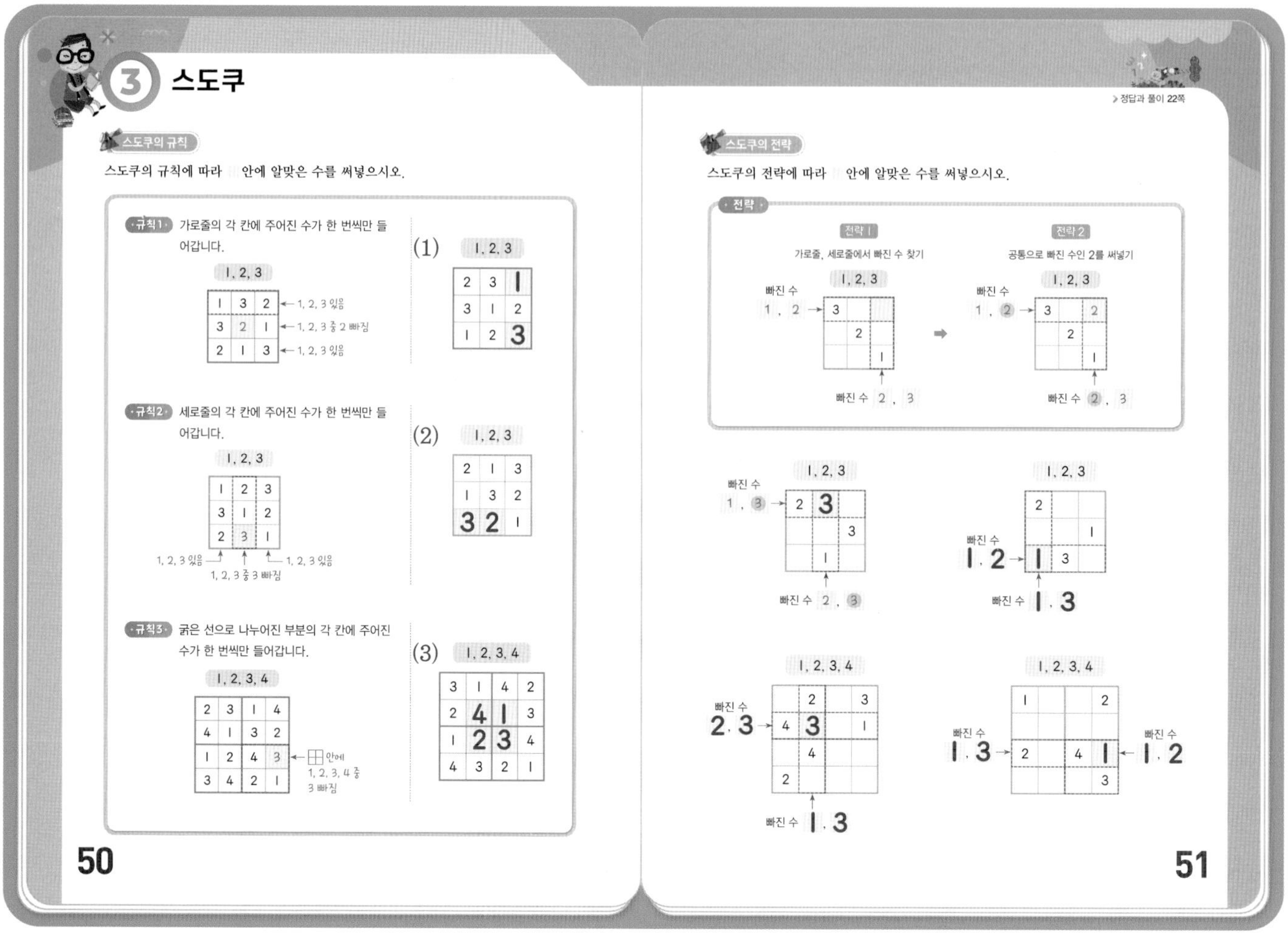

3 스도쿠

스도쿠의 규칙

스도쿠의 규칙에 따라 □ 안에 알맞은 수를 써넣으시오.

규칙1 가로줄의 각 칸에 주어진 수가 한 번씩만 들어갑니다.

1, 2, 3

1	3	2	← 1, 2, 3 있음
3	2	1	← 1, 2, 3 중 2 빠짐
2	1	3	← 1, 2, 3 있음

(1) 1, 2, 3

2	3	1
3	1	2
1	2	3

규칙2 세로줄의 각 칸에 주어진 수가 한 번씩만 들어갑니다.

1, 2, 3

1	2	3
3	1	2
2	3	1

1, 2, 3 있음 / 1, 2, 3 중 3 빠짐 / 1, 2, 3 있음

(2) 1, 2, 3

2	1	3
1	3	2
3	2	1

규칙3 굵은 선으로 나누어진 부분의 각 칸에 주어진 수가 한 번씩만 들어갑니다.

1, 2, 3, 4

2	3	1	4
4	1	3	2
1	2	4	3
3	4	2	1

← ⊞ 안에 1, 2, 3, 4 중 3 빠짐

(3) 1, 2, 3, 4

3	1	4	2
2	4	1	3
1	2	3	4
4	3	2	1

50

정답과 풀이 22쪽

스도쿠의 전략

스도쿠의 전략에 따라 □ 안에 알맞은 수를 써넣으시오.

전략

전략 1 가로줄, 세로줄에서 빠진 수 찾기

1, 2, 3

빠진 수 1, 2 →

3		
	2	
		1

빠진 수 2, 3

전략 2 공통으로 빠진 수인 2를 써넣기

1, 2, 3

빠진 수 1, ② →

3		2
	2	
		1

빠진 수 ②, 3

1, 2, 3

빠진 수 1, ③ →

2	3	
		3
	1	

빠진 수 2, ③

1, 2, 3

2		
		1
1	3	

빠진 수 1, 2 → (셋째 줄) / 빠진 수 1, 3 (첫째 세로줄)

1, 2, 3, 4

	2		3
4	3		1
	4		
2			

빠진 수 2, 3 → (둘째 줄) / 빠진 수 1, 3 (둘째 세로줄)

1, 2, 3, 4

1			2
2		4	1
			3

빠진 수 1, 3 → (셋째 줄) / ← 빠진 수 1, 2 (넷째 세로줄)

51

스도쿠의 규칙

가로줄과 세로줄에서 1, 2, 3 중 빠진 수를 찾습니다.

(1)

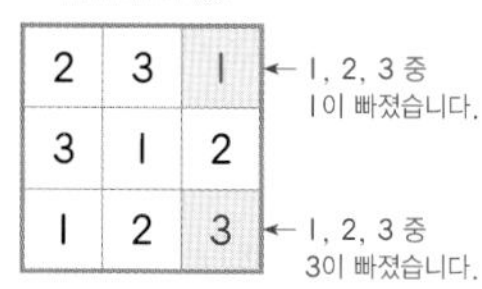
1, 2, 3

2	3	1	← 1, 2, 3 중 1이 빠졌습니다.
3	1	2	
1	2	3	← 1, 2, 3 중 3이 빠졌습니다.

(2)

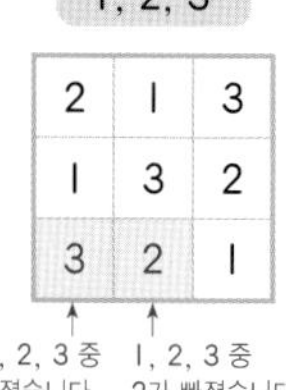
1, 2, 3

2	1	3
1	3	2
3	2	1

↑ 1, 2, 3 중 3이 빠졌습니다. ↑ 1, 2, 3 중 2가 빠졌습니다.

(3) ⊞ 안에서 1, 2, 3, 4 중 빠진 수를 찾습니다.

1, 2, 3, 4

	3	1	4	2	
1, 2, 3, 4 중 4가 빠졌습니다. →	2	4	1	3	← 1, 2, 3, 4 중 1이 빠졌습니다.
1, 2, 3, 4 중 2가 빠졌습니다. →	1	2	3	4	← 1, 2, 3, 4 중 3이 빠졌습니다.
	4	3	2	1	

스도쿠의 전략

스도쿠의 전략에 따라 가로줄, 세로줄에서 빠진 수를 찾은 다음 공통으로 빠진 수를 써넣습니다.

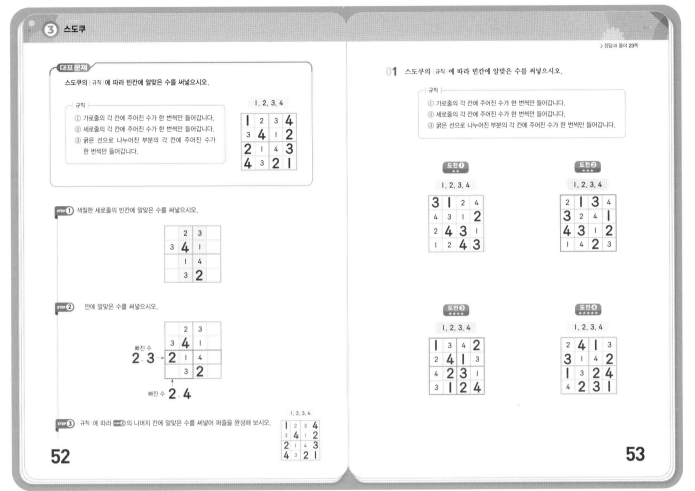

③ 스도쿠

정답과 풀이 23쪽

대표문제

스도쿠의 규칙 에 따라 빈칸에 알맞은 수를 써넣으시오.

규칙
① 가로줄의 각 칸에 주어진 수가 한 번씩만 들어갑니다.
② 세로줄의 각 칸에 주어진 수가 한 번씩만 들어갑니다.
③ 굵은 선으로 나누어진 부분의 각 칸에 주어진 수가 한 번씩만 들어갑니다.

1, 2, 3, 4

1	2	3	4
3	4	1	2
2	1	4	3
4	3	2	1

STEP ① 색칠한 세로줄의 빈칸에 알맞은 수를 써넣으시오.

	2	3	
3	4	1	
	1	4	
	3	2	

STEP ② 안에 알맞은 수를 써넣으시오.

	2	3	
3	4	1	
2	1	4	
	3	2	

빠진 수 2, 3 →
빠진 수 2, 4

STEP ③ 규칙 에 따라 STEP② 의 나머지 칸에 알맞은 수를 써넣어 퍼즐을 완성해 보시오.

1, 2, 3, 4

1	2	3	4
3	4	1	2
2	1	4	3
4	3	2	1

01 스도쿠의 규칙 에 따라 빈칸에 알맞은 수를 써넣으시오.

규칙
① 가로줄의 각 칸에 주어진 수가 한 번씩만 들어갑니다.
② 세로줄의 각 칸에 주어진 수가 한 번씩만 들어갑니다.
③ 굵은 선으로 나누어진 부분의 각 칸에 주어진 수가 한 번씩만 들어갑니다.

도전① ★★ 1, 2, 3, 4

3	1	2	4
4	3	1	2
2	4	3	1
1	2	4	3

도전② ★★★ 1, 2, 3, 4

2	1	3	4
3	2	4	1
4	3	1	2
1	4	2	3

도전③ ★★★★ 1, 2, 3, 4

1	3	4	2
2	4	1	3
4	2	3	1
3	1	2	4

도전④ ★★★★★ 1, 2, 3, 4

2	4	1	3
3	1	4	2
1	3	2	4
4	2	3	1

대표문제

STEP ①

	2	3	
3	4	1	
	1	4	
	3	2	

1, 2, 3, 4 중 4가 빠졌습니다.
1, 2, 3, 4 중 2가 빠졌습니다.

STEP ②

	2	3	
3	4	1	
2	1	4	
	3	2	

빠진 수 2, 3 →
빠진 수 2, 4

STEP ③

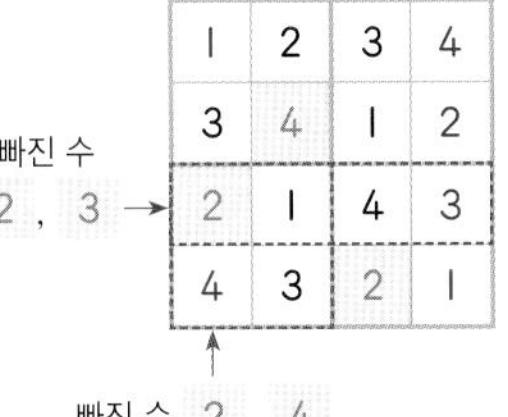

1	2	3	4
3	4	1	2
2	1	4	3
4	3	2	1

빠진 수 2, 3 →
빠진 수 2, 4

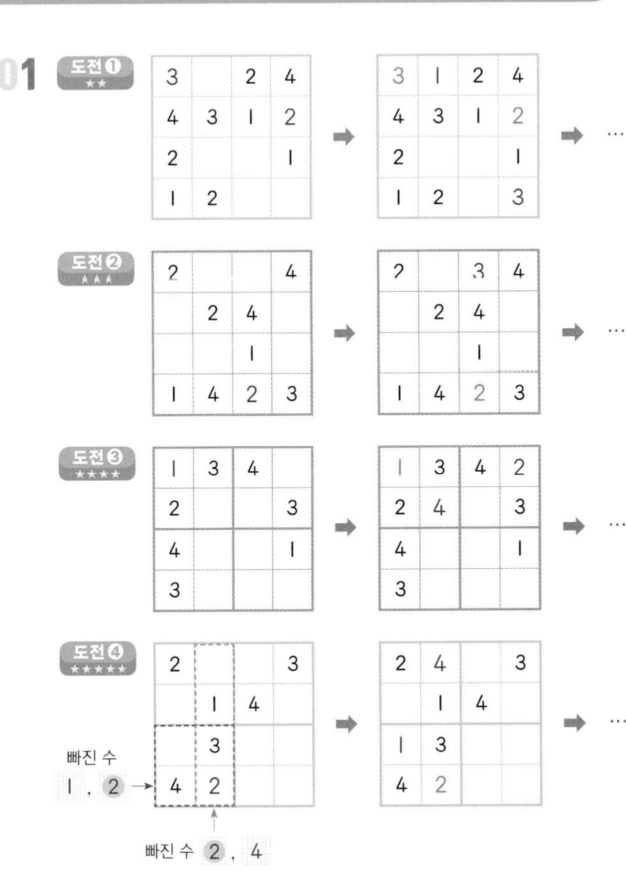

01

도전① ★★

3		2	4
4	3	1	2
2			1
1	2		

➡

3	1	2	4
4	3	1	2
2			1
1	2		3

➡ …

도전② ★★★

2			4
	2	4	
		1	
1	4	2	3

➡

2		3	4
	2	4	
		1	
1	4	2	3

➡ …

도전③ ★★★★

1	3	4	
2			3
4			1
3			

➡

1	3	4	2
2	4		3
4			1
3			

➡ …

도전④ ★★★★★

2			3
	1	4	
	3		
4	2		

빠진 수 1, 2 →
빠진 수 2, 4

➡

2	4		3
	1	4	
1	3		
4	2		

➡ …

Ⅱ 퍼즐

Creative 팩토

정답과 풀이 24쪽

01 규칙 에 따라 선을 알맞게 그어 보시오.

규칙
☆에 적힌 수는 이웃한 ☆과 연결된 선(—)의 개수입니다.

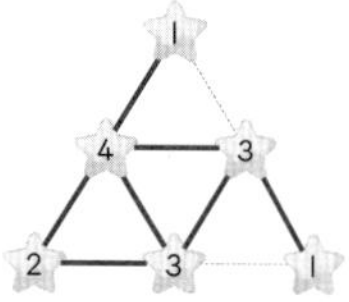

02 가로줄과 세로줄에 ○, □, △, ♡ 모양이 한 번씩만 들어가도록 빈칸에 알맞은 모양을 그려 넣으시오.

□	○	♡	△
○	△	□	♡
△	♡	○	□
♡	□	△	○

03 스도쿠의 규칙 에 따라 빈칸에 알맞은 수를 써넣으시오.

규칙
① 가로줄의 각 칸에 주어진 수가 한 번씩만 들어갑니다.
② 세로줄의 각 칸에 주어진 수가 한 번씩만 들어갑니다.
③ 굵은 선으로 나누어진 부분의 각 칸에 주어진 수가 한 번씩만 들어갑니다.

1, 2, 3, 4

1	3	4	2
2	4	3	1
4	1	2	3
3	2	1	4

04 규칙 에 따라 빈칸을 알맞게 색칠하여 퍼즐을 완성해 보시오.

규칙
바깥쪽에 있는 수는 화살표 방향에 있는 줄에 연속하여 색칠된 칸의 수를 나타냅니다.

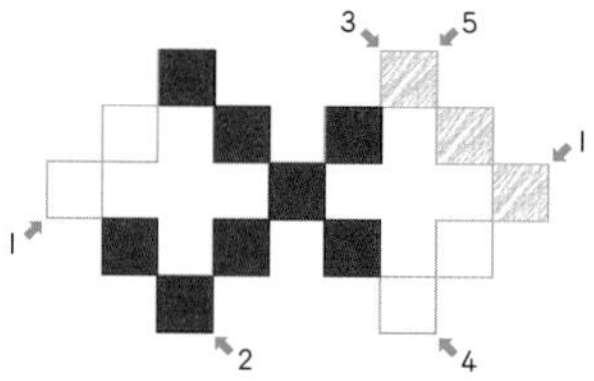

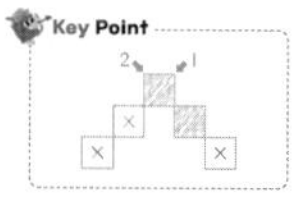

Key Point

54

55

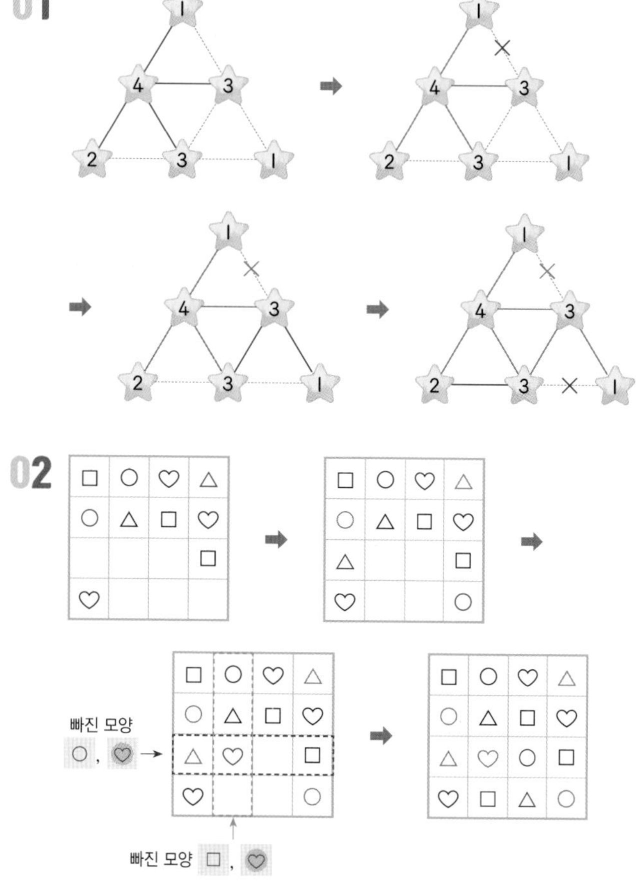

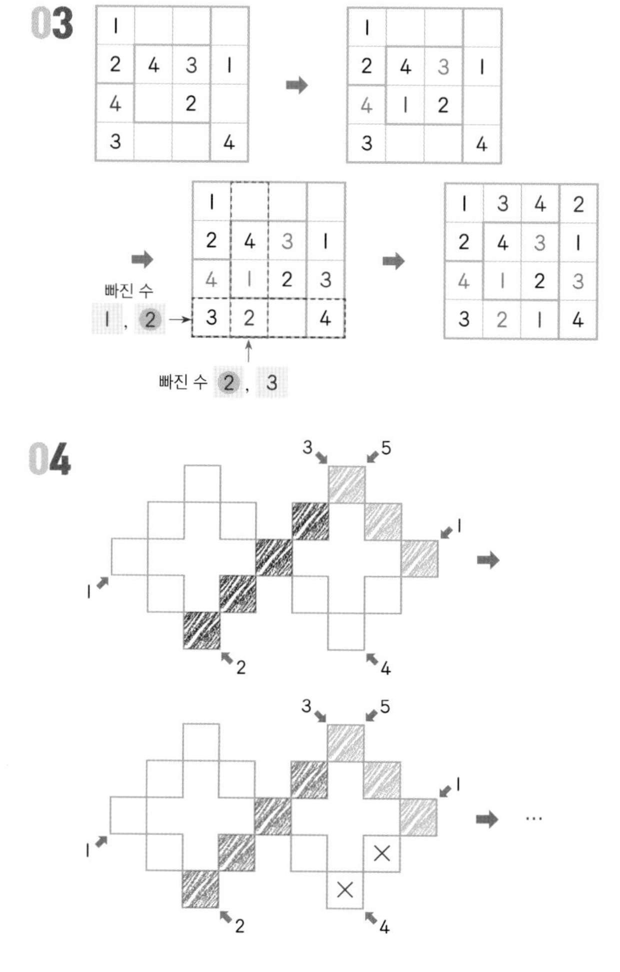

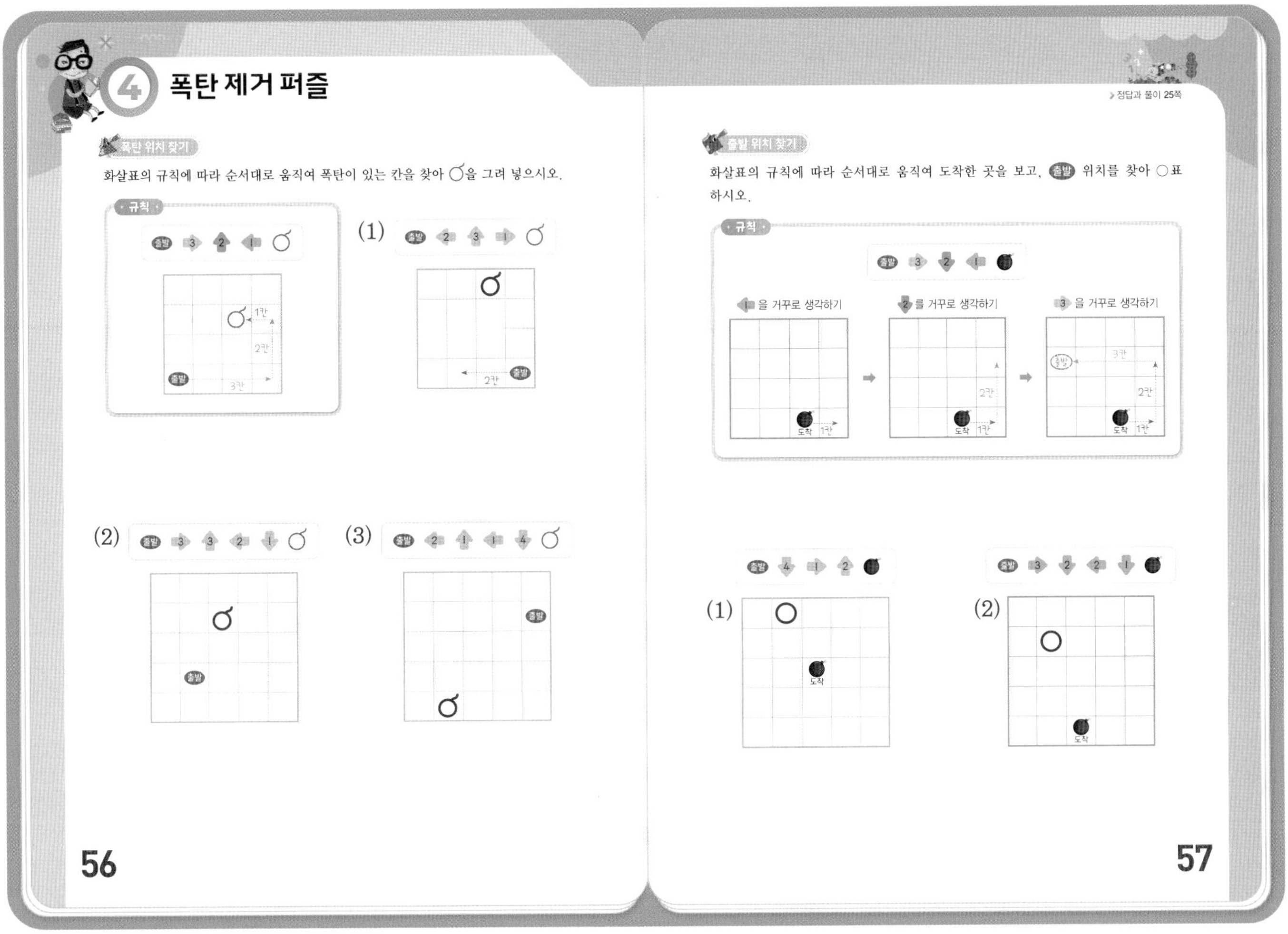

4 폭탄 제거 퍼즐

정답과 풀이 25쪽

폭탄 위치 찾기

화살표의 규칙에 따라 순서대로 움직여 폭탄이 있는 칸을 찾아 ○을 그려 넣으시오.

규칙: 출발 → 3 ↑ 2 ← 1 (폭탄)

(1) 출발 ← 2 ↑ 3 → 1 (폭탄)

(2) 출발 → 3 ↑ 3 ← 2 ↓ 1 (폭탄)

(3) 출발 ← 2 ↑ 1 ← 1 ↓ 4 (폭탄)

56

출발 위치 찾기

화살표의 규칙에 따라 순서대로 움직여 도착한 곳을 보고, 출발 위치를 찾아 ○표 하시오.

규칙: 출발 → 3 ↓ 2 ← 1 (폭탄)

← 을 거꾸로 생각하기 ⇒ ↓ 를 거꾸로 생각하기 ⇒ → 을 거꾸로 생각하기

(1) 출발 ↓ 4 → 1 ↑ 2 (폭탄)

(2) 출발 → 3 ↓ 2 ← 2 ↓ 1 (폭탄)

57

폭탄 위치 찾기

화살표의 규칙에 따라 순서대로 칸을 세며 움직여 폭탄이 있는 칸을 찾습니다.

(1) 출발 ← 2 ↑ 3 → 1 (폭탄)

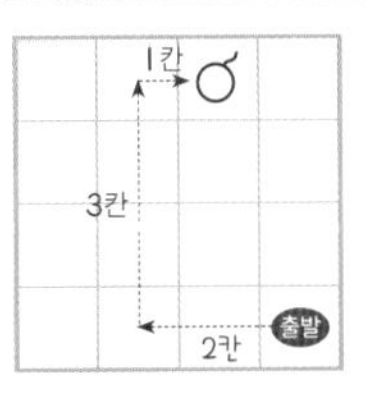

(2) 출발 → 3 ↑ 3 ← 2 ↓ 1 (폭탄)

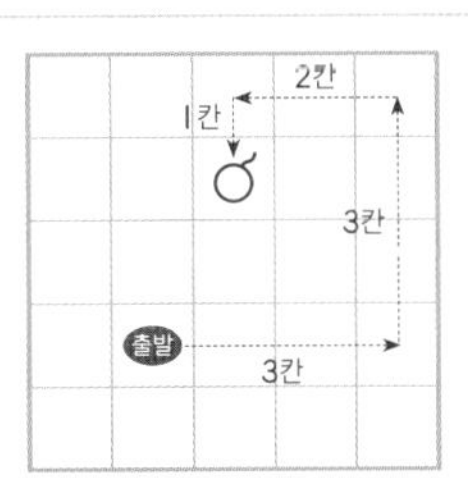

(3) 출발 ← 2 ↑ 1 ← 1 ↓ 4 (폭탄)

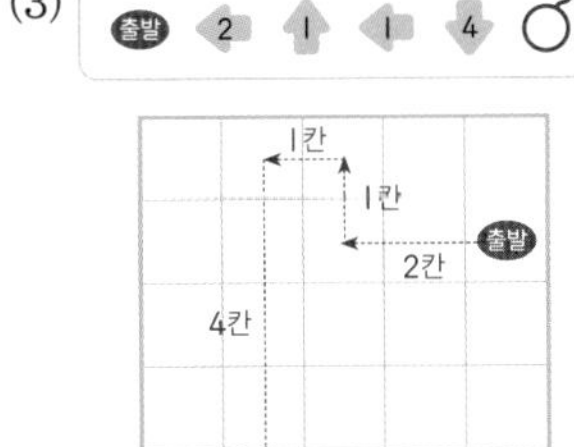

출발 위치 찾기

도착한 칸부터 화살표를 거꾸로 생각하여 출발 위치를 찾습니다.

(1) 출발 ↓ 4 → 1 ↑ 2 (폭탄)

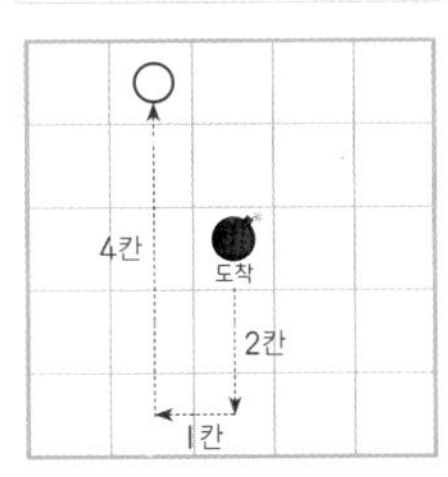

(2) 출발 → 3 ↓ 2 ← 2 ↓ 1 (폭탄)

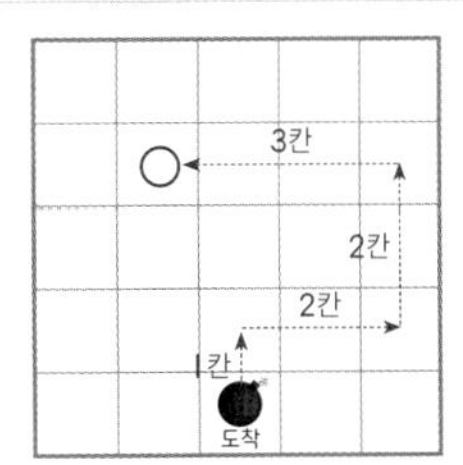

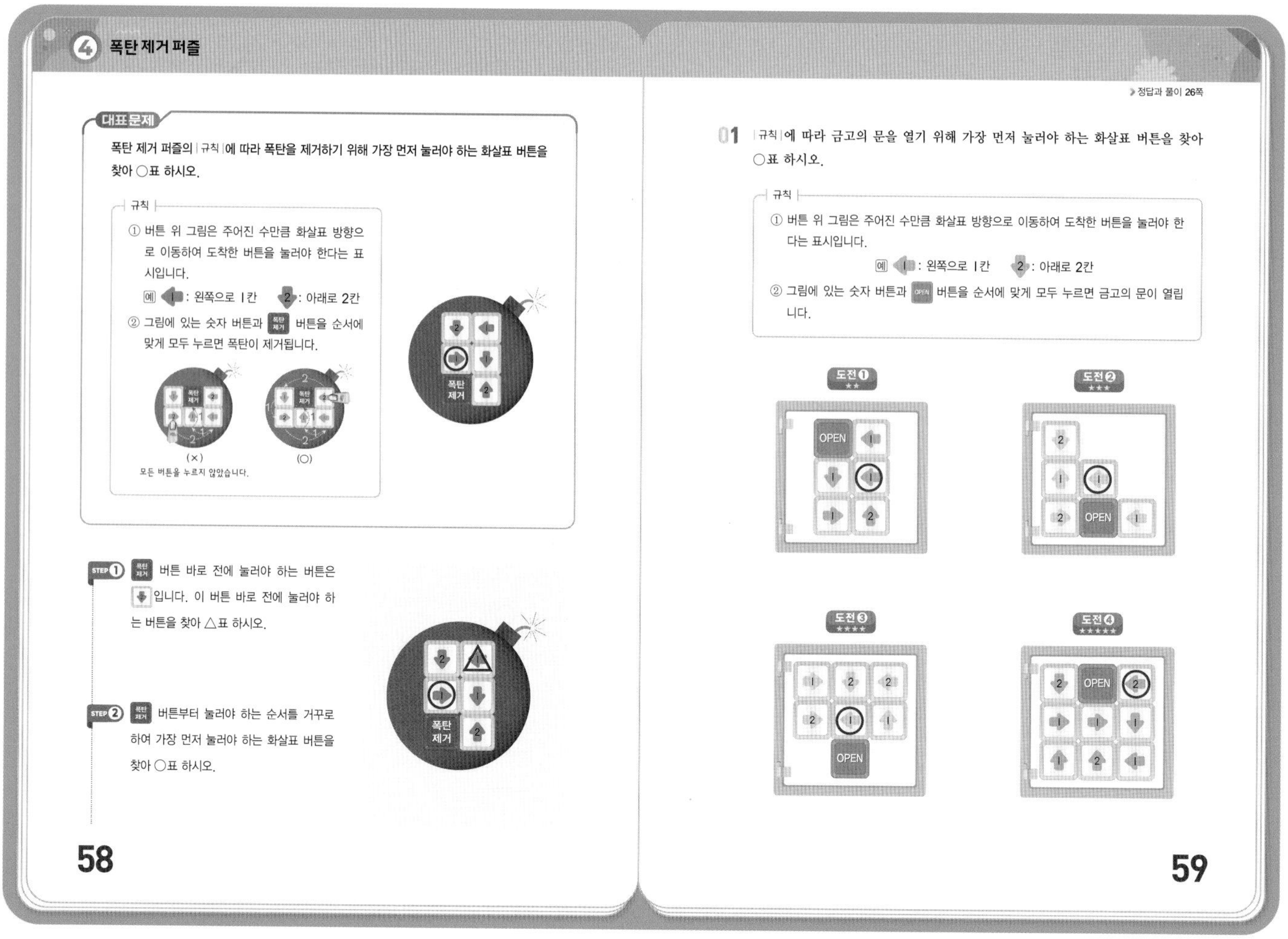

④ 폭탄 제거 퍼즐

정답과 풀이 26쪽

대표문제

폭탄 제거 퍼즐의 | 규칙 |에 따라 폭탄을 제거하기 위해 가장 먼저 눌러야 하는 화살표 버튼을 찾아 ○표 하시오.

| 규칙 |
① 버튼 위 그림은 주어진 수만큼 화살표 방향으로 이동하여 도착한 버튼을 눌러야 한다는 표시입니다.
예 1 : 왼쪽으로 1칸 2 : 아래로 2칸
② 그림에 있는 숫자 버튼과 폭탄 제거 버튼을 순서에 맞게 모두 누르면 폭탄이 제거됩니다.

(×) 모든 버튼을 누르지 않았습니다. (○)

STEP ① 폭탄 제거 버튼 바로 전에 눌러야 하는 버튼은 ⬇ 입니다. 이 버튼 바로 전에 눌러야 하는 버튼을 찾아 △표 하시오.

STEP ② 폭탄 제거 버튼부터 눌러야 하는 순서를 거꾸로 하여 가장 먼저 눌러야 하는 화살표 버튼을 찾아 ○표 하시오.

58

01 | 규칙 |에 따라 금고의 문을 열기 위해 가장 먼저 눌러야 하는 화살표 버튼을 찾아 ○표 하시오.

| 규칙 |
① 버튼 위 그림은 주어진 수만큼 화살표 방향으로 이동하여 도착한 버튼을 눌러야 한다는 표시입니다.
예 1 : 왼쪽으로 1칸 2 : 아래로 2칸
② 그림에 있는 숫자 버튼과 OPEN 버튼을 순서에 맞게 모두 누르면 금고의 문이 열립니다.

도전① ★★ 도전② ★★★ 도전③ ★★★★ 도전④ ★★★★★

59

⬇ 버튼의 위치로 이동하게 하는 버튼은 ⬅ 입니다.

폭탄 제거 버튼부터 눌러야 하는 순서를 거꾸로 하여 번호를 쓰면서 가장 먼저 눌러야 하는 버튼을 찾습니다.

01

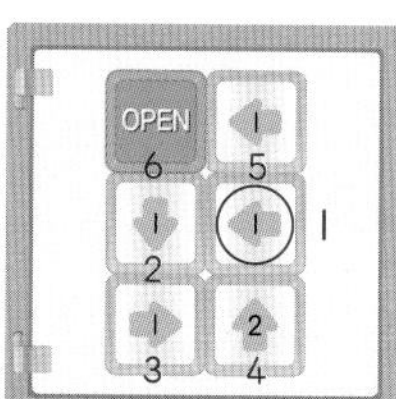

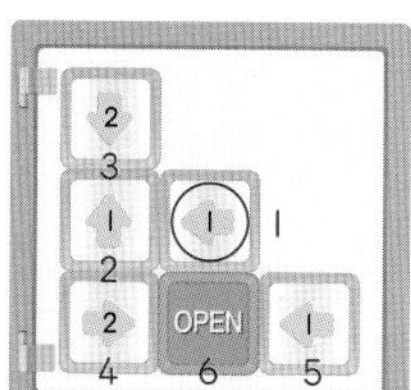

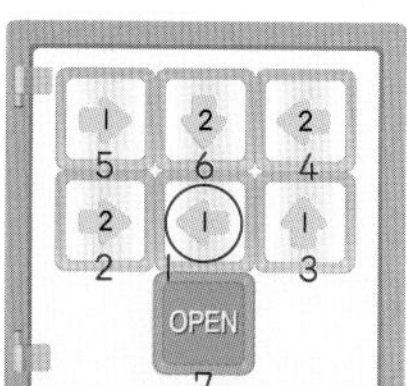

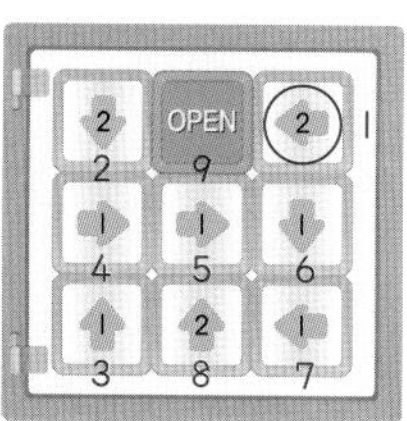

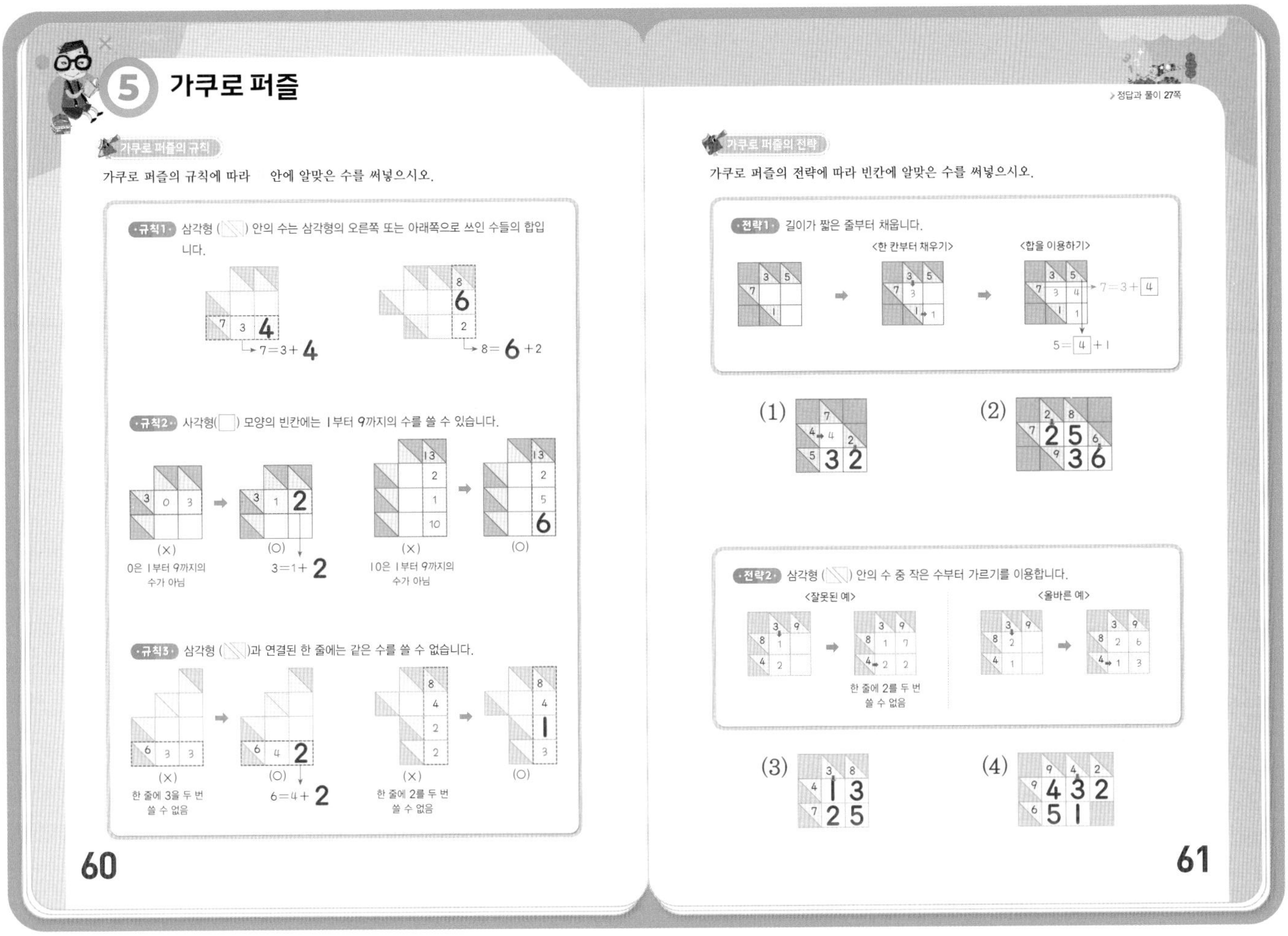

5 가쿠로 퍼즐

가쿠로 퍼즐의 규칙

가쿠로 퍼즐의 규칙에 따라 안에 알맞은 수를 써넣으시오.

규칙1 삼각형( ) 안의 수는 삼각형의 오른쪽 또는 아래쪽으로 쓰인 수들의 합입니다.

7=3+4 8=6+2

규칙2 사각형( ) 모양의 빈칸에는 1부터 9까지의 수를 쓸 수 있습니다.

(×) 0은 1부터 9까지의 수가 아님 (○) 3=1+2 (×) 10은 1부터 9까지의 수가 아님 (○)

규칙3 삼각형( )과 연결된 한 줄에는 같은 수를 쓸 수 없습니다.

(×) 한 줄에 3을 두 번 쓸 수 없음 (○) 6=4+2 (×) 한 줄에 2를 두 번 쓸 수 없음 (○)

60

정답과 풀이 27쪽

가쿠로 퍼즐의 전략

가쿠로 퍼즐의 전략에 따라 빈칸에 알맞은 수를 써넣으시오.

전략1 길이가 짧은 줄부터 채웁니다.

<한 칸부터 채우기> <합을 이용하기>

7=3+4 5=4+1

(1) (2)

전략2 삼각형( ) 안의 수 중 작은 수부터 가르기를 이용합니다.

<잘못된 예> 한 줄에 2를 두 번 쓸 수 없음 <올바른 예>

(3) (4)

61

가쿠로 퍼즐의 규칙

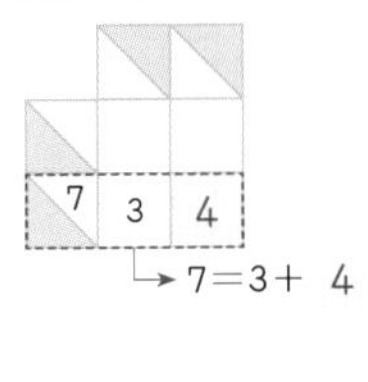
7=3+ 4

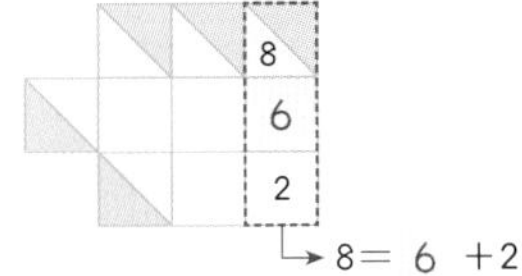
8= 6 +2

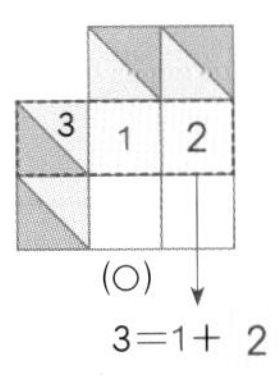
(○) 3=1+ 2

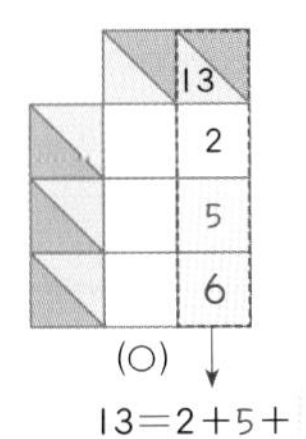
(○) 13=2+5+ 6

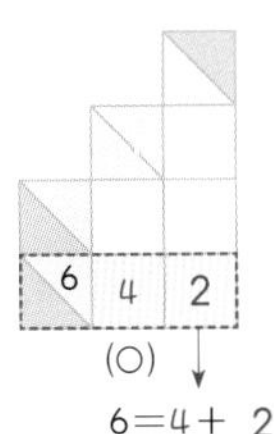
(○) 6=4+ 2

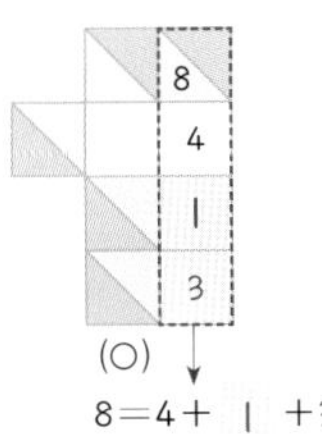
(○) 8=4+ 1 +3

가쿠로 퍼즐의 전략

(1)

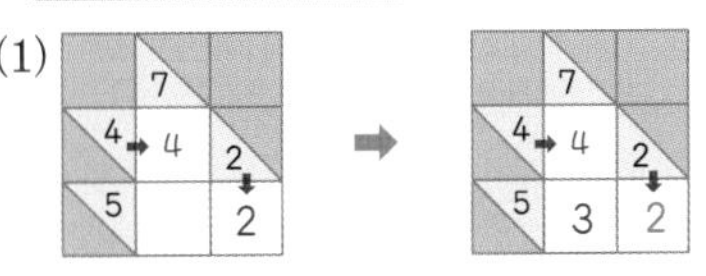

(2)

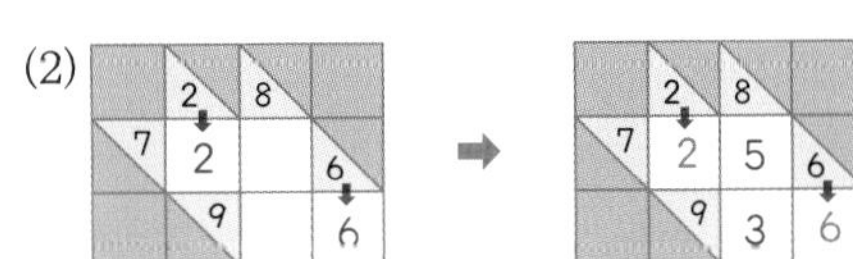

(3)

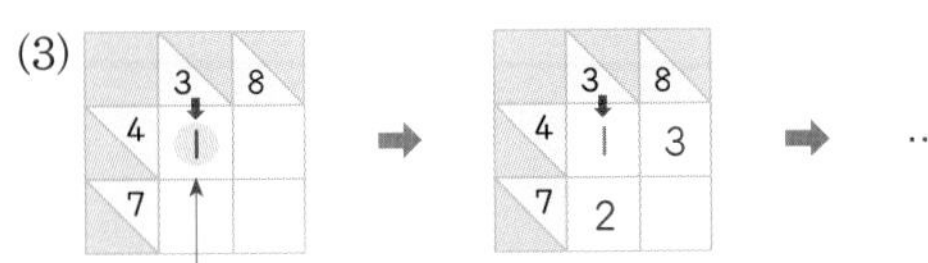

3은 1과 2로, 4는 같은 수(2와 2)로 가르는 것을 제외하고 1과 3으로 가를 수 있으므로 3과 4가 만나는 칸에는 공통으로 써넣을 수 있는 수인 1을 씁니다.

(4)

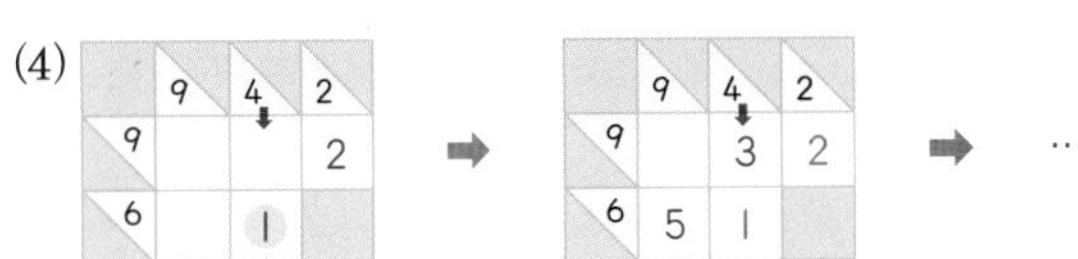

4는 같은 수(2와 2)로 가르는 것을 제외하면 1과 3으로, 6은 같은 수(3과 3)로 가르는 것을 제외하면 1과 5, 2와 4로 가를 수 있으므로 4와 6이 만나는 칸에는 공통으로 써넣을 수 있는 수인 1을 씁니다.

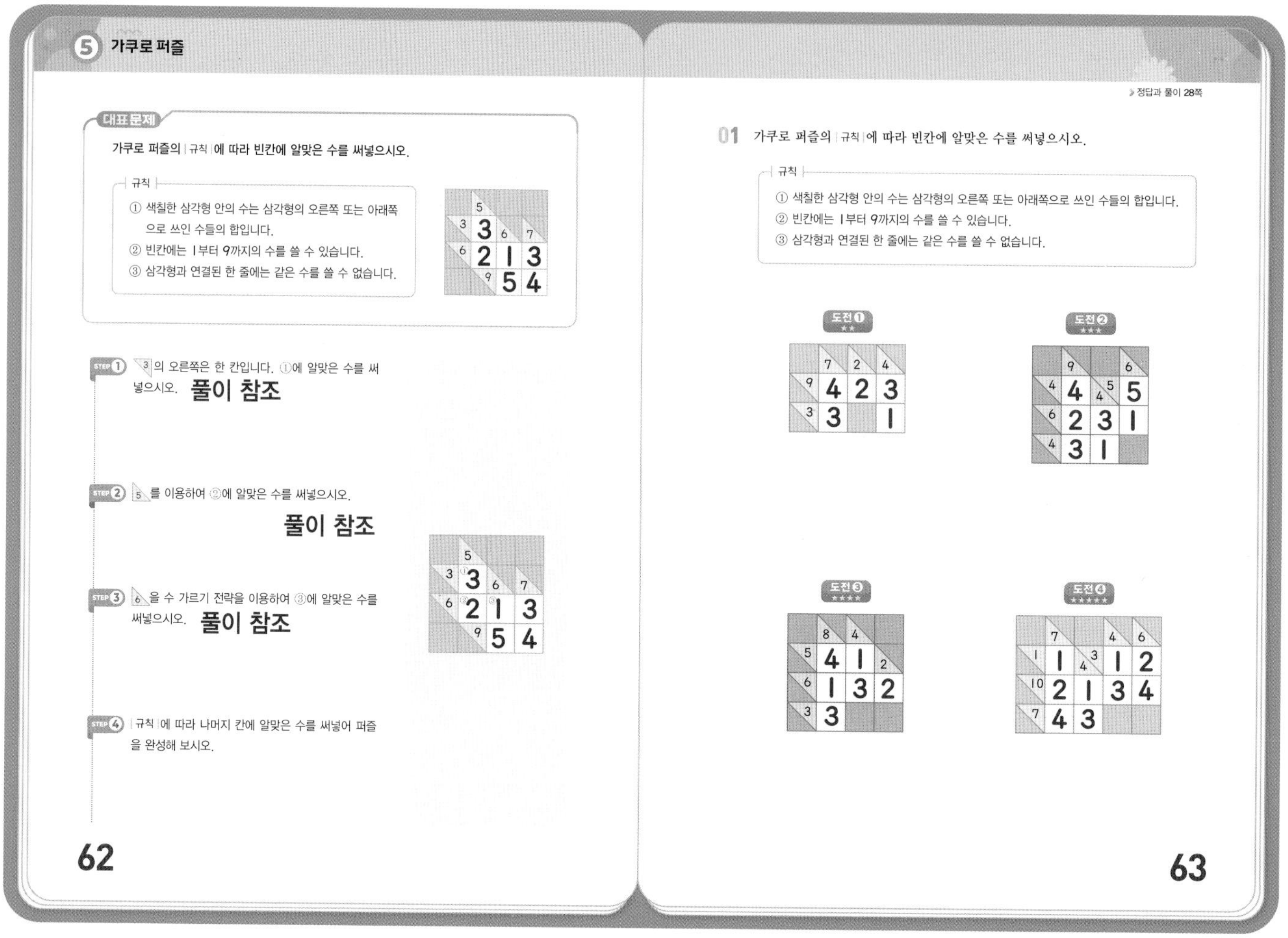

Ⅱ 퍼즐

5 가쿠로 퍼즐

대표문제

가쿠로 퍼즐의 규칙 에 따라 빈칸에 알맞은 수를 써넣으시오.

규칙
① 색칠한 삼각형 안의 수는 삼각형의 오른쪽 또는 아래쪽으로 쓰인 수들의 합입니다.
② 빈칸에는 1부터 9까지의 수를 쓸 수 있습니다.
③ 삼각형과 연결된 한 줄에는 같은 수를 쓸 수 없습니다.

STEP 1 3의 오른쪽은 한 칸입니다. ①에 알맞은 수를 써넣으시오. **풀이 참조**

STEP 2 5를 이용하여 ②에 알맞은 수를 써넣으시오. **풀이 참조**

STEP 3 6을 수 가르기 전략을 이용하여 ③에 알맞은 수를 써넣으시오. **풀이 참조**

STEP 4 규칙 에 따라 나머지 칸에 알맞은 수를 써넣어 퍼즐을 완성해 보시오.

62

정답과 풀이 28쪽

01 가쿠로 퍼즐의 규칙 에 따라 빈칸에 알맞은 수를 써넣으시오.

규칙
① 색칠한 삼각형 안의 수는 삼각형의 오른쪽 또는 아래쪽으로 쓰인 수들의 합입니다.
② 빈칸에는 1부터 9까지의 수를 쓸 수 있습니다.
③ 삼각형과 연결된 한 줄에는 같은 수를 쓸 수 없습니다.

도전❶ ★★ 도전❷ ★★★ 도전❸ ★★★★ 도전❹ ★★★★★

63

대표문제

STEP 1

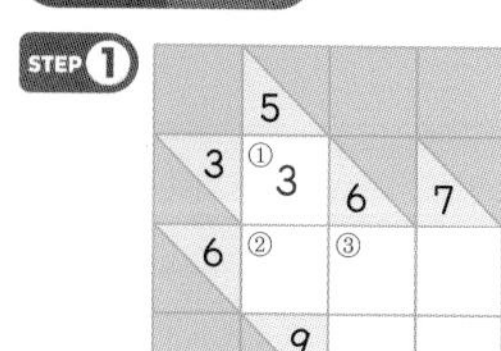

STEP 2

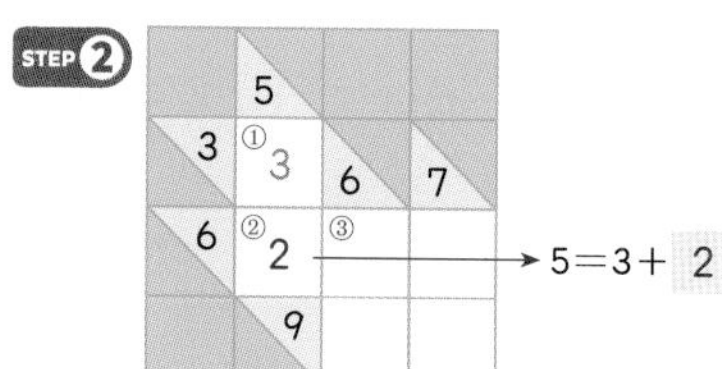

STEP 3

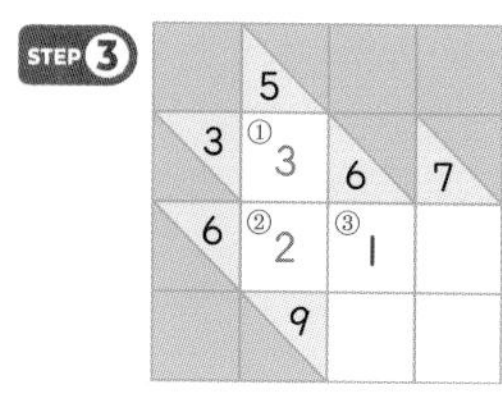

6은 같은 수로 가르는 것을 제외하고, 1과 5, 2와 4로 가를 수 있지만 ③에 2, 4, 5는 넣을 수 없으므로 1을 씁니다.

STEP 4

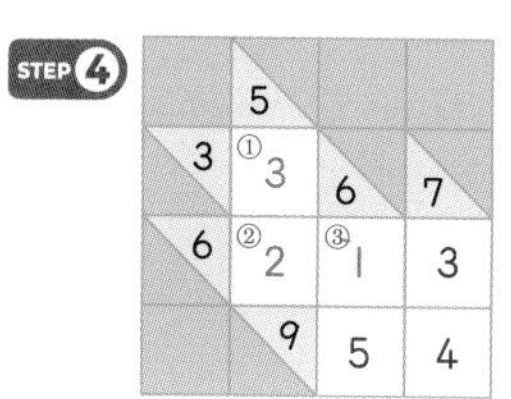

01

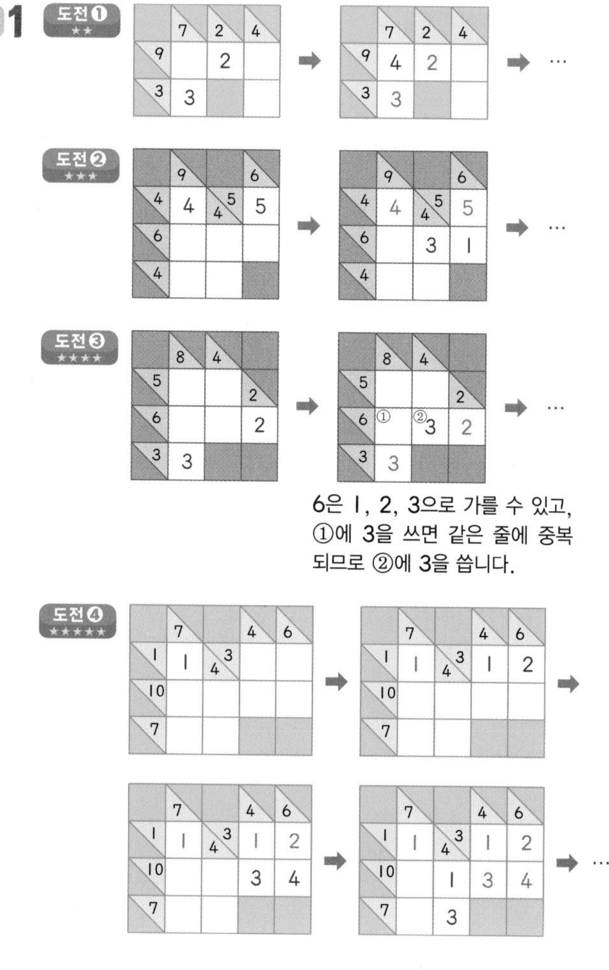

6은 1, 2, 3으로 가를 수 있고, ①에 3을 쓰면 같은 줄에 중복되므로 ②에 3을 씁니다.

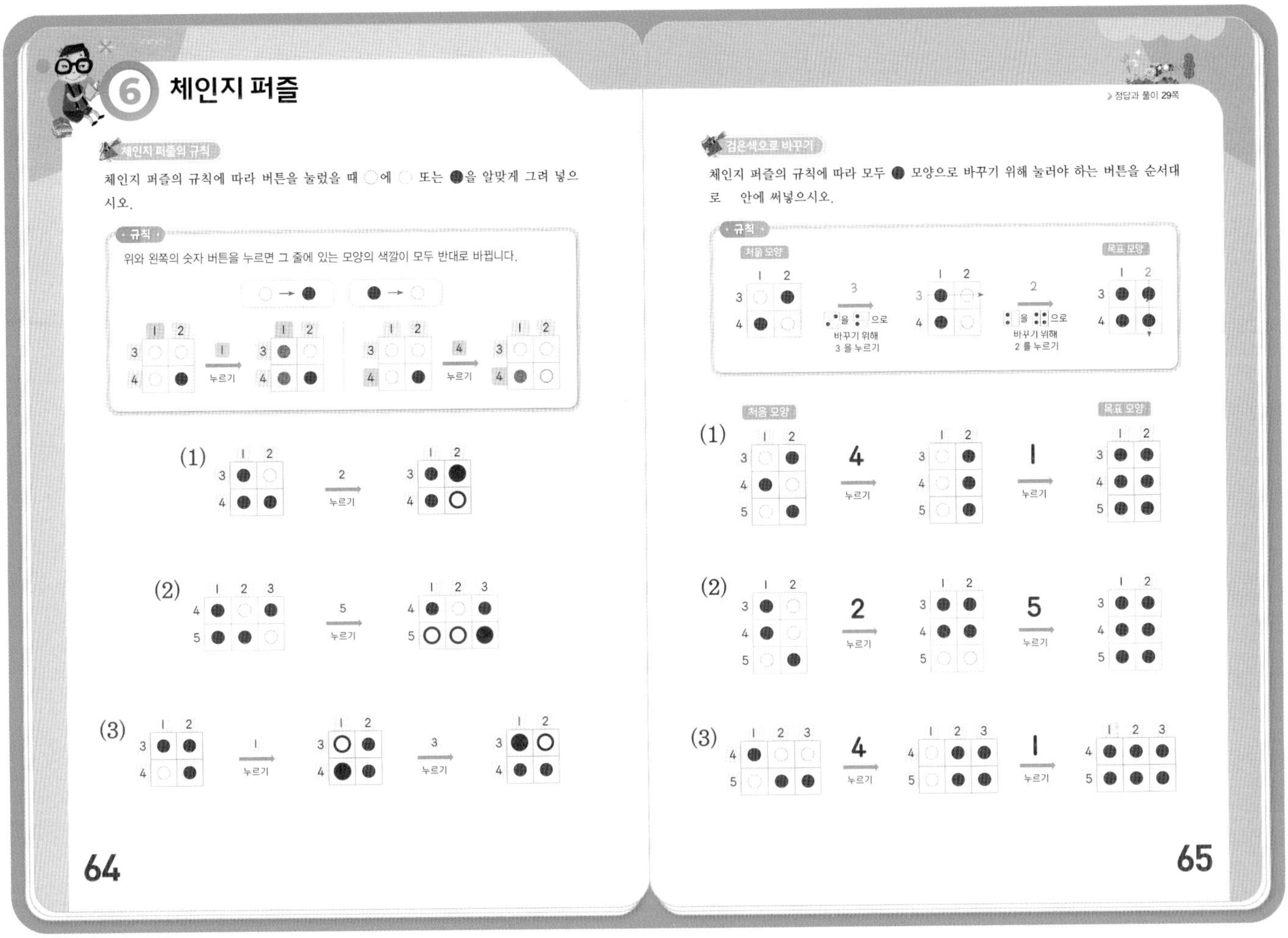

6 체인지 퍼즐

정답과 풀이 29쪽

체인지 퍼즐의 규칙

체인지 퍼즐의 규칙에 따라 버튼을 눌렀을 때 ◯에 ◯ 또는 ●을 알맞게 그려 넣으시오.

규칙: 위와 왼쪽의 숫자 버튼을 누르면 그 줄에 있는 모양의 색깔이 모두 반대로 바뀝니다.

◯ → ● ● → ◯

1 누르기, 4 누르기

(1) 2 누르기

(2) 5 누르기

(3) 1 누르기, 3 누르기

검은색으로 바꾸기

체인지 퍼즐의 규칙에 따라 모두 ● 모양으로 바꾸기 위해 눌러야 하는 버튼을 순서대로 안에 써넣으시오.

규칙: 처음 모양 → 3 (을 으로 바꾸기 위해 3 을 누르기) → 2 (을 으로 바꾸기 위해 2 를 누르기) → 목표 모양

(1) 처음 모양 → 4 누르기 → 1 누르기 → 목표 모양

(2) 2 누르기 → 5 누르기

(3) 4 누르기 → 1 누르기

체인지 퍼즐의 규칙

(1)

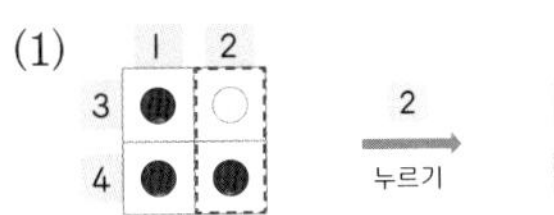

2 누르기

(2)

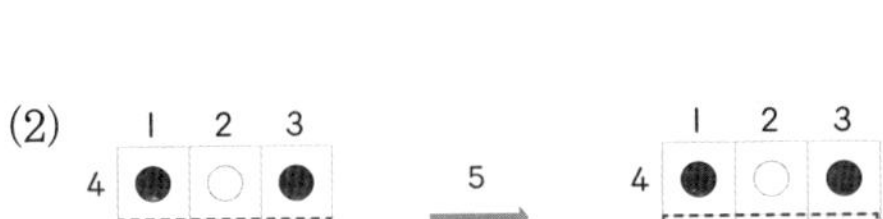

5 누르기

(3) 1 누르기, 3 누르기

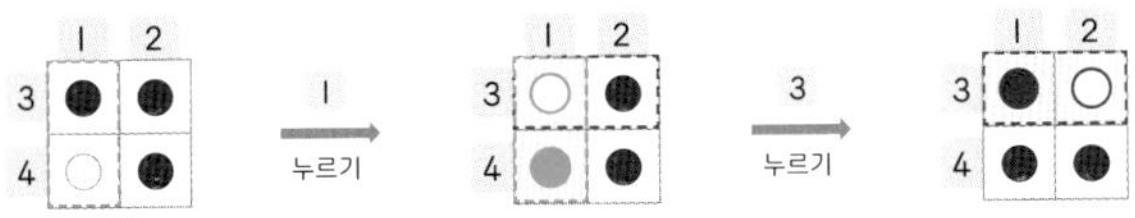

검은색으로 바꾸기

(1) 4 누르기

을 으로 바꾸기 위해 4 를 누르기

1 누르기

을 으로 바꾸기 위해 1 을 누르기

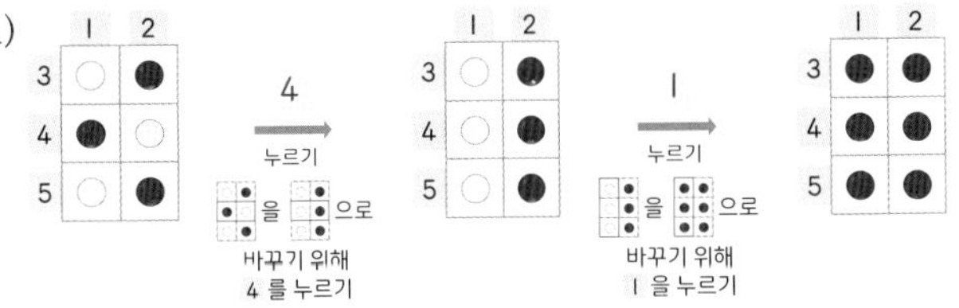

(2) 2 누르기

을 으로 바꾸기 위해 2 를 누르기

5 누르기

을 으로 바꾸기 위해 5 를 누르기

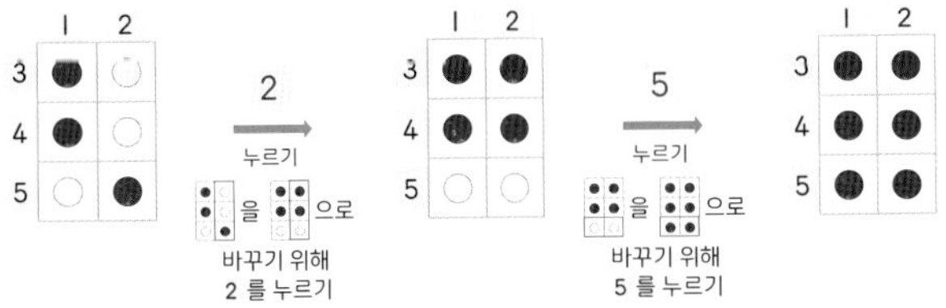

(3) 4 누르기

을 으로 바꾸기 위해 4 를 누르기

1 누르기

을 으로 바꾸기 위해 1 을 누르기

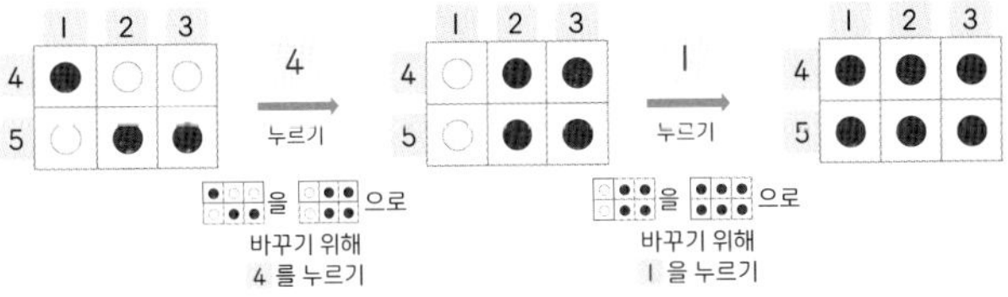

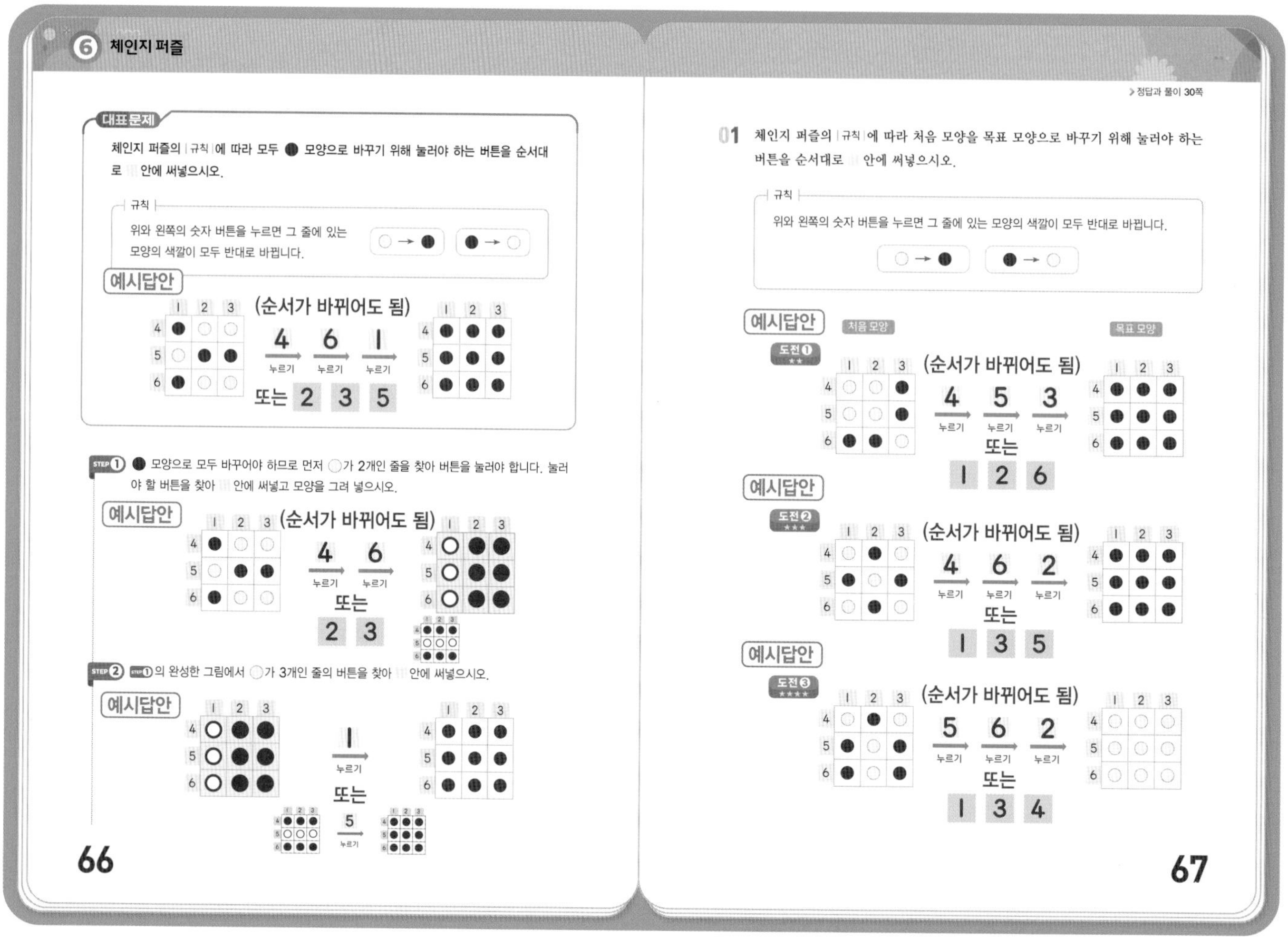

⑥ 체인지 퍼즐

▶ 정답과 풀이 30쪽

대표문제

체인지 퍼즐의 규칙에 따라 모두 ● 모양으로 바꾸기 위해 눌러야 하는 버튼을 순서대로 안에 써넣으시오.

규칙: 위와 왼쪽의 숫자 버튼을 누르면 그 줄에 있는 모양의 색깔이 모두 반대로 바뀝니다. ○ → ●, ● → ○

예시답안 (순서가 바뀌어도 됨) 4 6 1 누르기 또는 2 3 5

STEP ① ● 모양으로 모두 바꾸어야 하므로 먼저 ○가 2개인 줄을 찾아 버튼을 눌러야 합니다. 눌러야 할 버튼을 찾아 안에 써넣고 모양을 그려 넣으시오.

예시답안 (순서가 바뀌어도 됨) 4 6 누르기 또는 2 3

STEP ② STEP ①의 완성한 그림에서 ○가 3개인 줄의 버튼을 찾아 안에 써넣으시오.

예시답안 1 누르기 또는 5 누르기

66

01 체인지 퍼즐의 규칙에 따라 처음 모양을 목표 모양으로 바꾸기 위해 눌러야 하는 버튼을 순서대로 안에 써넣으시오.

규칙: 위와 왼쪽의 숫자 버튼을 누르면 그 줄에 있는 모양의 색깔이 모두 반대로 바뀝니다. ○ → ●, ● → ○

예시답안 처음 모양 목표 모양

도전① ★★ (순서가 바뀌어도 됨) 4 5 3 누르기 또는 1 2 6

예시답안 도전② ★★★ (순서가 바뀌어도 됨) 4 6 2 누르기 또는 1 3 5

예시답안 도전③ ★★★★ (순서가 바뀌어도 됨) 5 6 2 누르기 또는 1 3 4

67

대표문제

STEP ① 예시답안

STEP ② 예시답안

01

도전① ★★ 예시답안

도전② ★★★ 예시답안

도전③ ★★★★ 예시답안

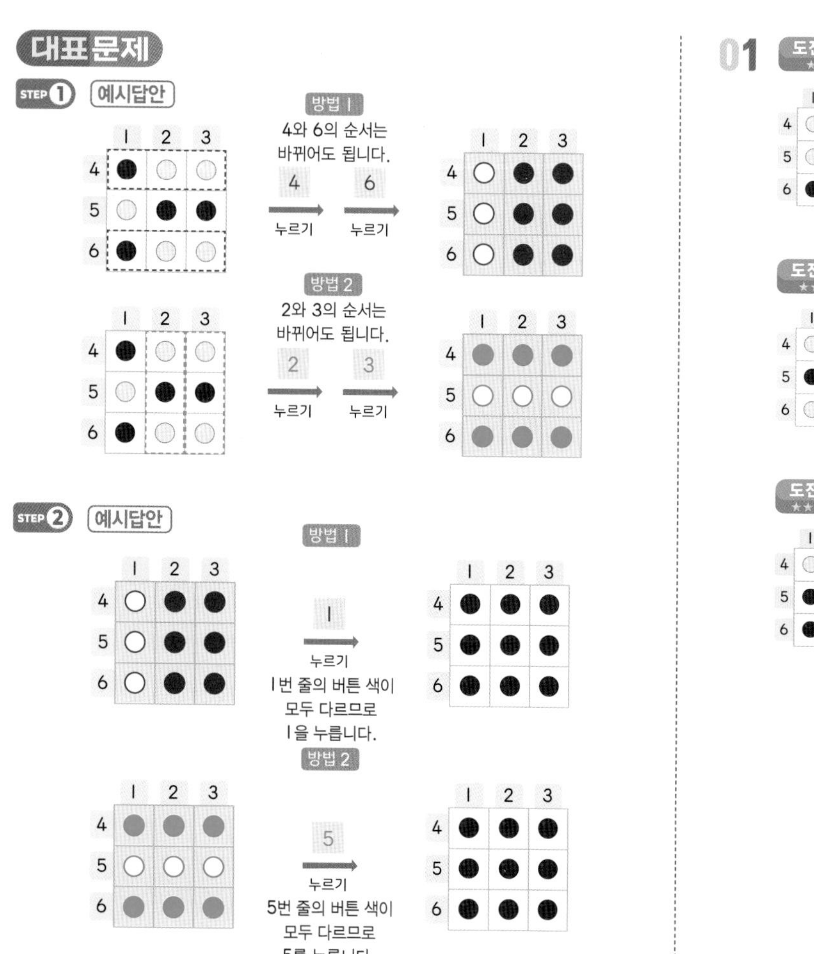

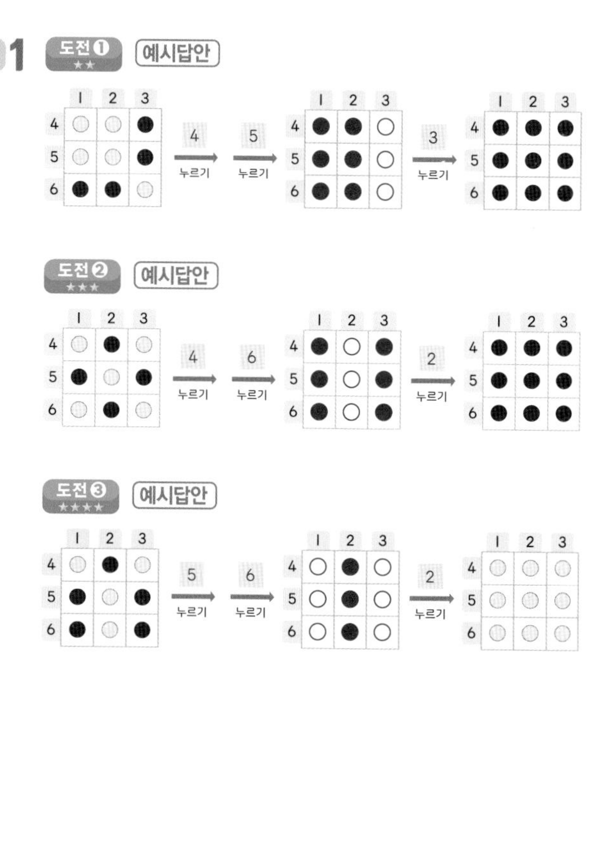

Creative 팩토

정답과 풀이 31쪽

01 규칙에 따라 마지막으로 [열쇠] 버튼을 누르기 위해 가장 먼저 눌러야 하는 화살표 버튼을 찾아 ○표 하시오.

규칙
① 버튼 위 그림은 주어진 수만큼 화살표 방향으로 이동하여 도착한 버튼을 눌러야 한다는 표시입니다.
② 그림에 있는 숫자 버튼과 [열쇠] 버튼을 순서에 맞게 모두 눌러야 합니다.

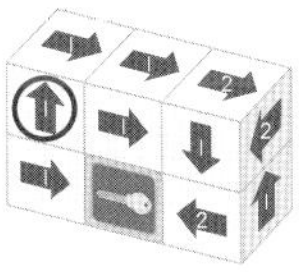

02 가쿠로 퍼즐의 규칙에 따라 빈칸에 알맞은 수를 써넣으시오.

규칙
① 색칠한 삼각형 안의 수는 삼각형의 오른쪽 또는 아래쪽으로 쓰인 수들의 합입니다.
② 빈칸에는 1부터 9까지의 수를 쓸 수 있습니다.
③ 삼각형과 연결된 한 줄에는 같은 수를 쓸 수 없습니다.

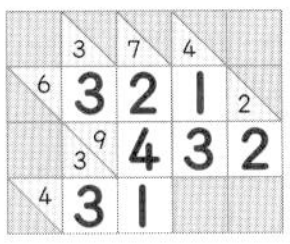

	3	7	4	
6	3	2	1	2
	3 9	4	3	2
4	3	1		

03 규칙에 따라 출발 버튼부터 도착 버튼까지 이동하려고 합니다. 빈 버튼에 알맞은 화살표의 방향과 수를 그려 넣으시오.

규칙
① 버튼 위 그림은 주어진 수만큼 화살표 방향으로 이동하여 도착한 버튼을 눌러야 한다는 표시입니다.
② 그림에 있는 숫자 버튼과 [도착] 버튼을 순서에 맞게 모두 눌러야 합니다.

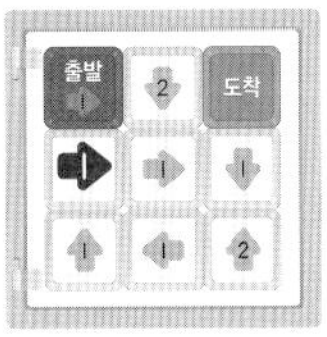

04 체인지 퍼즐의 규칙에 따라 처음 모양을 목표 모양으로 바꾸기 위해 눌러야 하는 버튼을 순서대로 안에 써넣으시오.

규칙
위와 왼쪽의 숫자 버튼을 누르면 그 줄에 있는 모양의 색깔이 모두 반대로 바뀝니다.
○ → ●　● → ○

(예시답안) 처음 모양 (순서가 바뀌어도 됨) 목표 모양

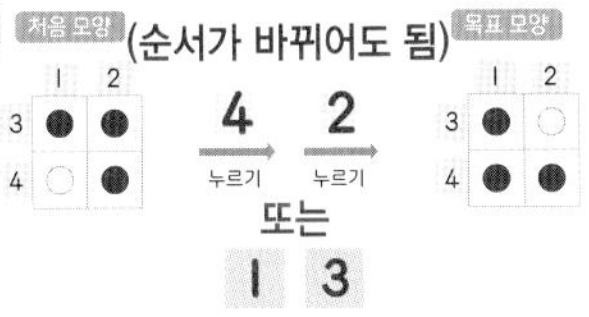

4 누르기, 2 누르기
또는
1 3

01 [열쇠] 버튼부터 눌러야 하는 순서를 거꾸로 하여 번호를 쓰면서 가장 먼저 눌러야 하는 버튼을 찾습니다.

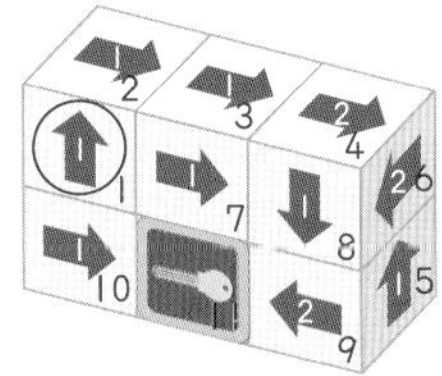

02

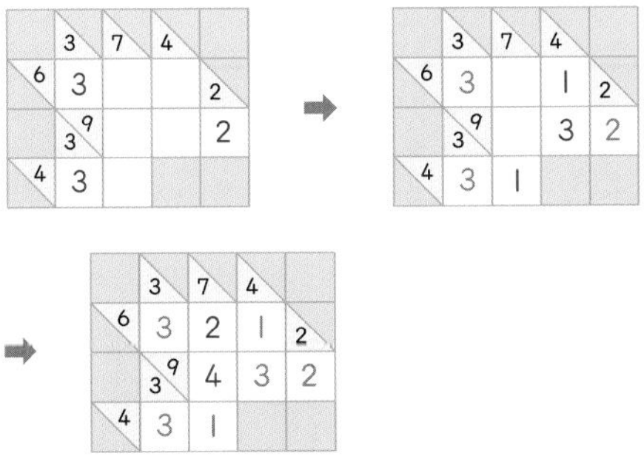

	3	7	4	
6	3			2
	3 9			2
4	3			

→

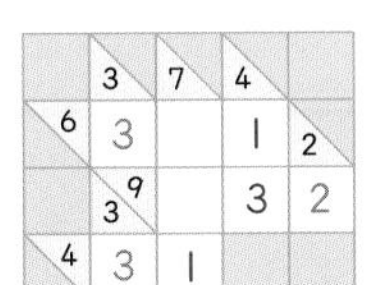

→

03 [출발] 버튼부터 순서대로, [도착] 버튼부터 순서를 거꾸로 하여 번호를 쓰면 빈 버튼은 5째 번 버튼입니다. 따라서 6째 번 버튼을 향하도록 화살표의 방향과 수를 씁니다.

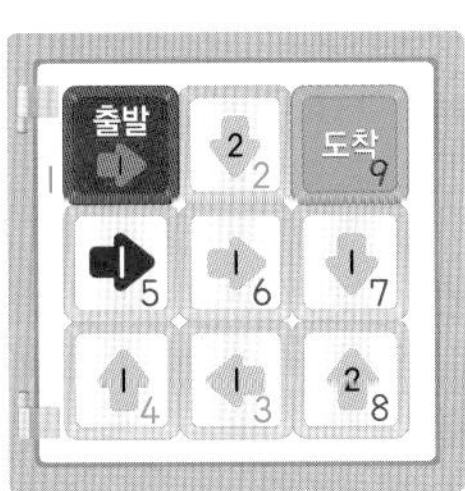

04 (예시답안)

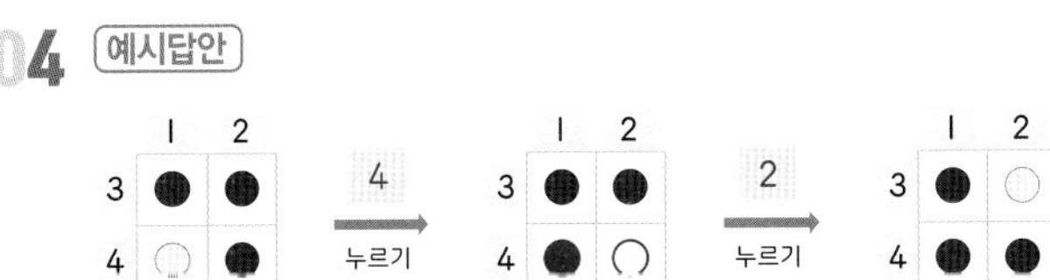

▸ 정답과 풀이 32쪽

01 |규칙|에 따라 빈칸에 주어진 숫자 조각을 놓으려고 합니다. 빈칸에 알맞은 수를 써넣으시오.

|규칙|
① 가로줄의 각 칸에 1부터 4까지의 수가 한 번씩만 들어갑니다.
② 세로줄의 각 칸에 1부터 4까지의 수가 한 번씩만 들어갑니다.

3 2   4 2   3 1   1 2

2	3	4	1
4	1	3	2
3	2	1	4
1	4	2	3

02 |규칙|에 따라 빈칸에 알맞은 수를 써넣으시오.

|규칙|
① 빈칸에는 0 또는 1을 쓸 수 있습니다.
② 가로줄과 세로줄에 놓인 세 수의 합은 모두 2입니다.

0	1	1
1	1	0
1	0	1

70

03 브릿지 퍼즐의 |규칙|에 따라 선을 알맞게 그어 보시오.

|규칙|
① ◯에 적힌 수는 이웃한 ◯와 연결된 선(—)의 개수입니다.
② 이웃한 ◯끼리만 선으로 연결할 수 있습니다.
③ 선과 선은 서로 만나지 않습니다.

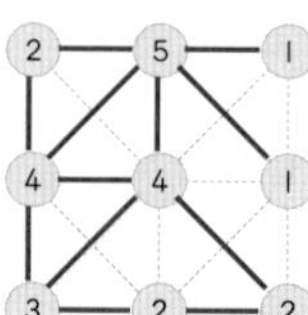

04 |규칙|에 따라 빈칸에 ▲을 그려 넣고, ▲을 그릴 수 없는 칸에는 알맞은 수를 쓰시오.

|규칙|
각 칸에 표시된 수는 그 칸을 둘러싼 칸에 ▲이 몇 개 있는지를 나타냅니다.

2	▲
▲	2

2	▲
3	▲
▲	2

2	▲	▲
▲	5	4
2	▲	▲

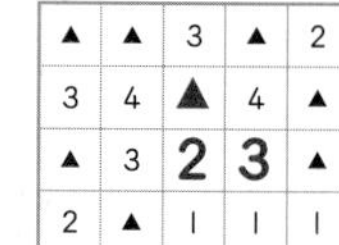

71

01

➡

2	3	4	1
4	1		2
3	2		4
1			3

➡ 

02

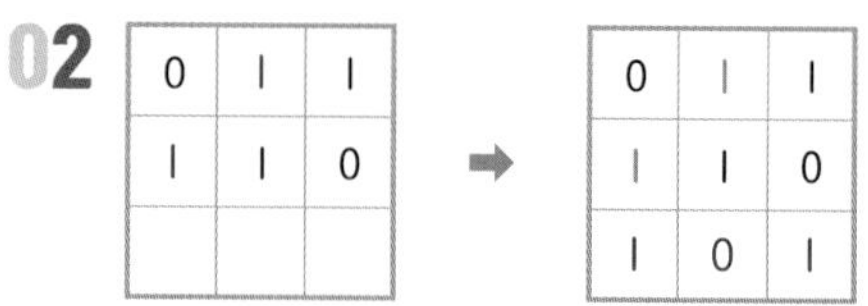

03

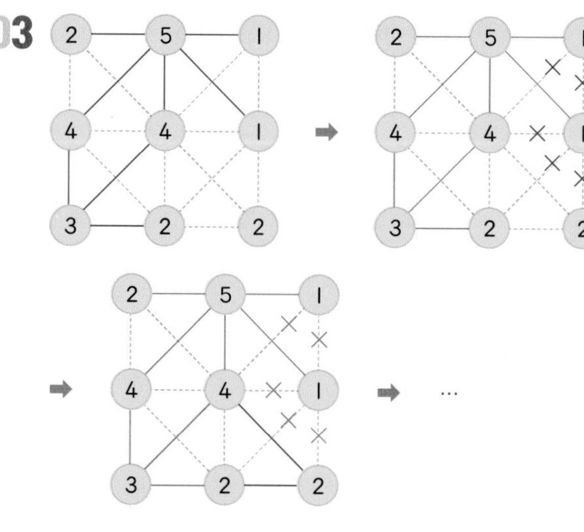

04

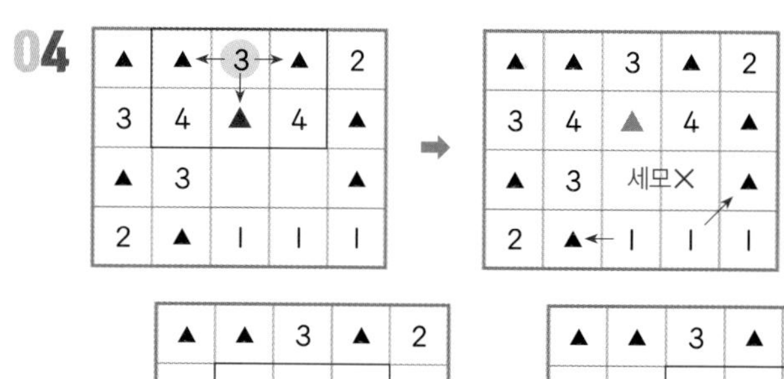

➡

▲	▲	3	▲	2
3	4	▲	4	▲
▲	3	2		▲
2	▲	1	1	1

➡

▲	▲	3	▲	2
3	4	▲	4	▲
▲	3	2	3	▲
2	▲	1	1	1

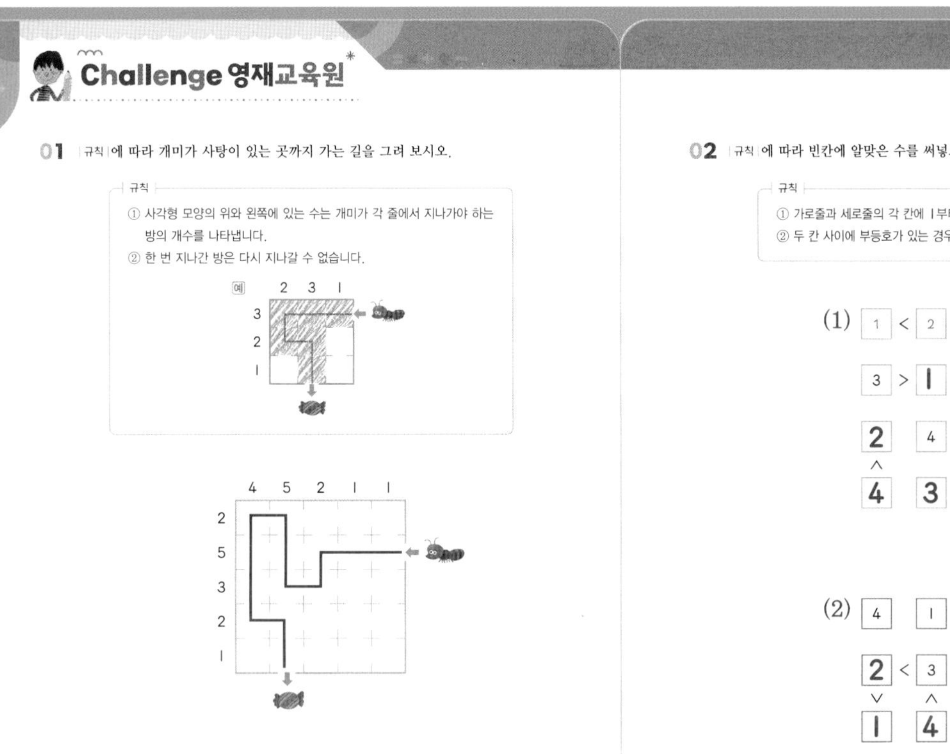
Challenge 영재교육원
정답과 풀이 33쪽
01 규칙 에 따라 개미가 사탕이 있는 곳까지 가는 길을 그려 보시오.
규칙
① 사각형 모양의 위와 왼쪽에 있는 수는 개미가 각 줄에서 지나가야 하는 방의 개수를 나타냅니다.
② 한 번 지나간 방은 다시 지나갈 수 없습니다.
02 규칙 에 따라 빈칸에 알맞은 수를 써넣으시오.
규칙
① 가로줄과 세로줄의 각 칸에 1부터 4까지의 수가 한 번씩만 들어갑니다.
② 두 칸 사이에 부등호가 있는 경우 부등호에 맞게 수를 넣어야 합니다.
72
73

01

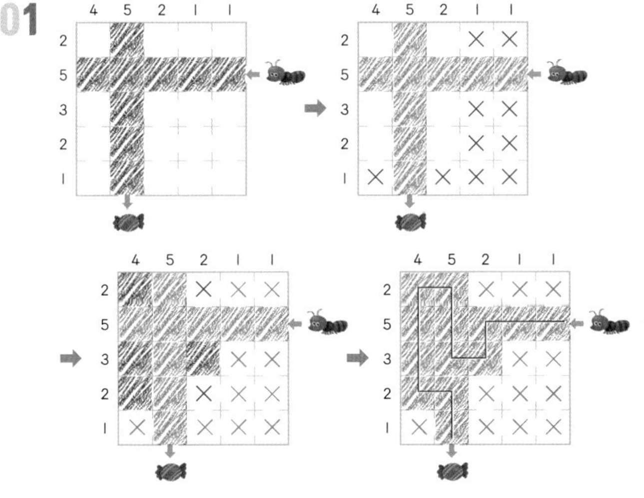

02

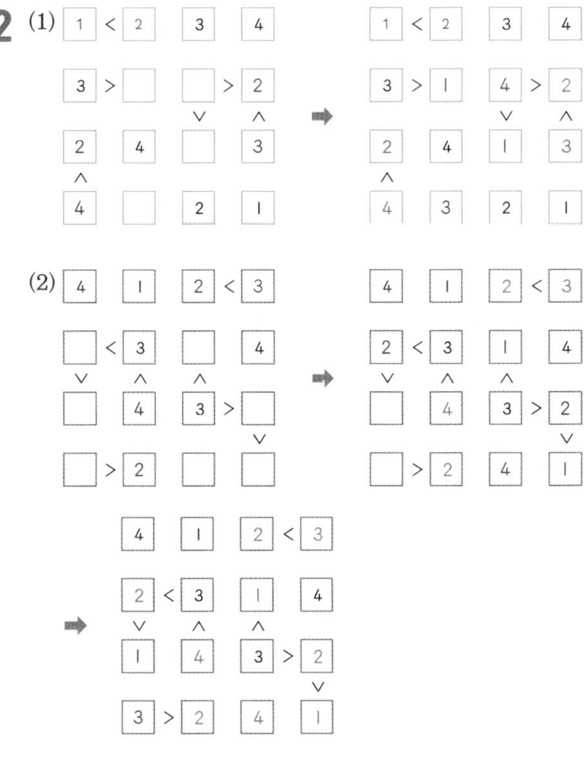

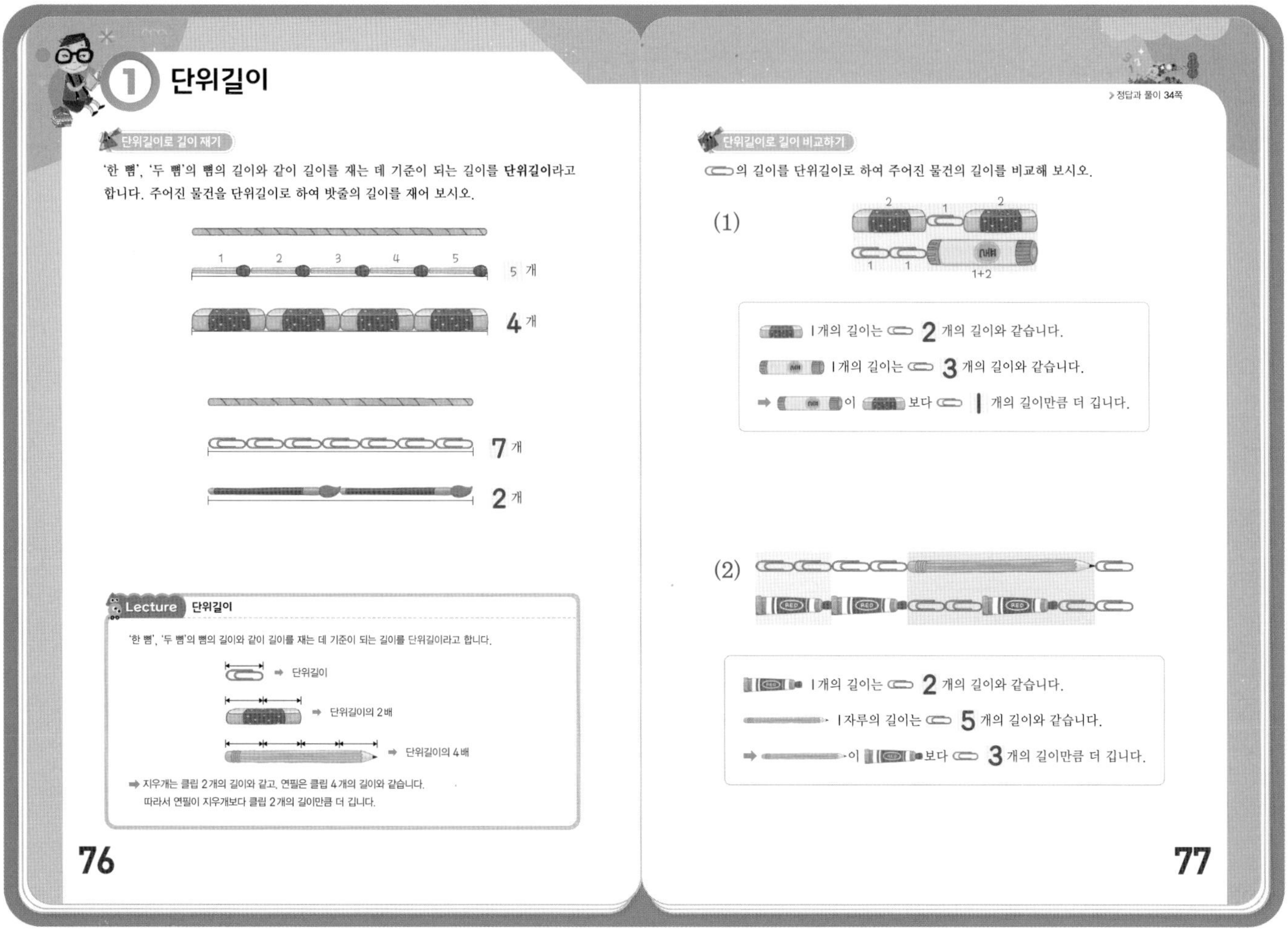

1 단위길이

단위길이로 길이 재기

'한 뼘', '두 뼘'의 뼘의 길이와 같이 길이를 재는 데 기준이 되는 길이를 **단위길이**라고 합니다. 주어진 물건을 단위길이로 하여 밧줄의 길이를 재어 보시오.

1 2 3 4 5 — 5 개

4 개

7 개

2 개

Lecture 단위길이

'한 뼘', '두 뼘'의 뼘의 길이와 같이 길이를 재는 데 기준이 되는 길이를 단위길이라고 합니다.

→ 단위길이

→ 단위길이의 2배

→ 단위길이의 4배

→ 지우개는 클립 2개의 길이와 같고, 연필은 클립 4개의 길이와 같습니다.
따라서 연필이 지우개보다 클립 2개의 길이만큼 더 깁니다.

76

정답과 풀이 34쪽

단위길이로 길이 비교하기

의 길이를 단위길이로 하여 주어진 물건의 길이를 비교해 보시오.

(1)

2 1 2

1 1 1+2

1개의 길이는 2 개의 길이와 같습니다.

1개의 길이는 3 개의 길이와 같습니다.

→ 이 보다 1 개의 길이만큼 더 깁니다.

(2)

1개의 길이는 2 개의 길이와 같습니다.

1자루의 길이는 5 개의 길이와 같습니다.

→ 이 보다 3 개의 길이만큼 더 깁니다.

77

단위길이로 길이 재기

각 물건을 단위길이로 하여 개수를 세어 밧줄의 길이를 잴 수 있습니다.

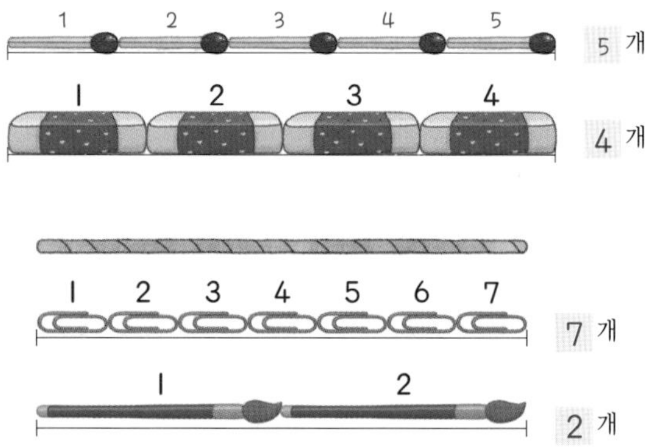

단위길이로 길이 비교하기

(1) 그림의 왼쪽 부분 ( )에서 지우개 1개의 길이는 클립 2개의 길이와 같습니다. 그림의 오른쪽 부분에서 풀 1개의 길이는 클립 1개와 지우개 1개의 길이의 합과 같습니다. 따라서 풀이 지우개보다 클립 1개의 길이만큼 더 깁니다.

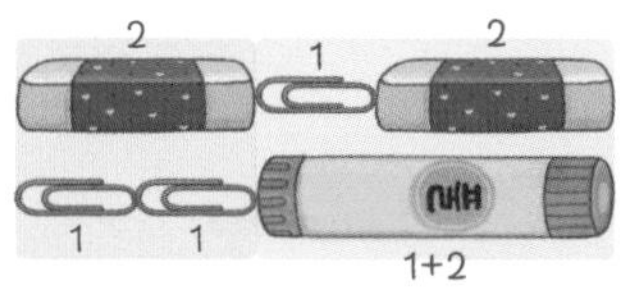

(2) 그림의 왼쪽 부분에서 물감 1개의 길이는 클립 2개의 길이와 같습니다. 그림의 오른쪽 부분에서 연필 1자루의 길이는 클립 3개와 물감 1개의 길이와 같으므로 클립 3+2=5(개)의 길이와 같습니다. 따라서 연필이 클립 3개의 길이만큼 더 깁니다.

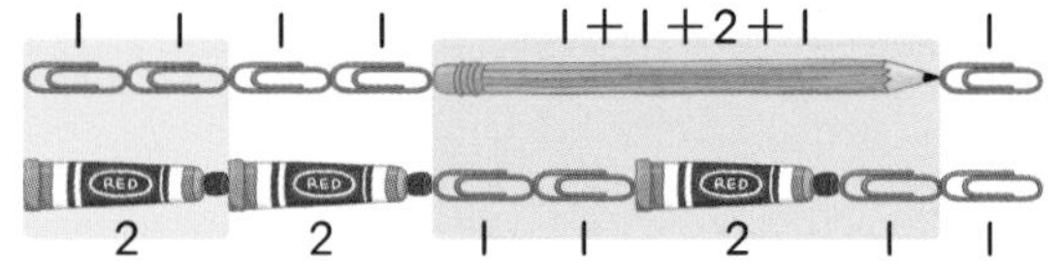

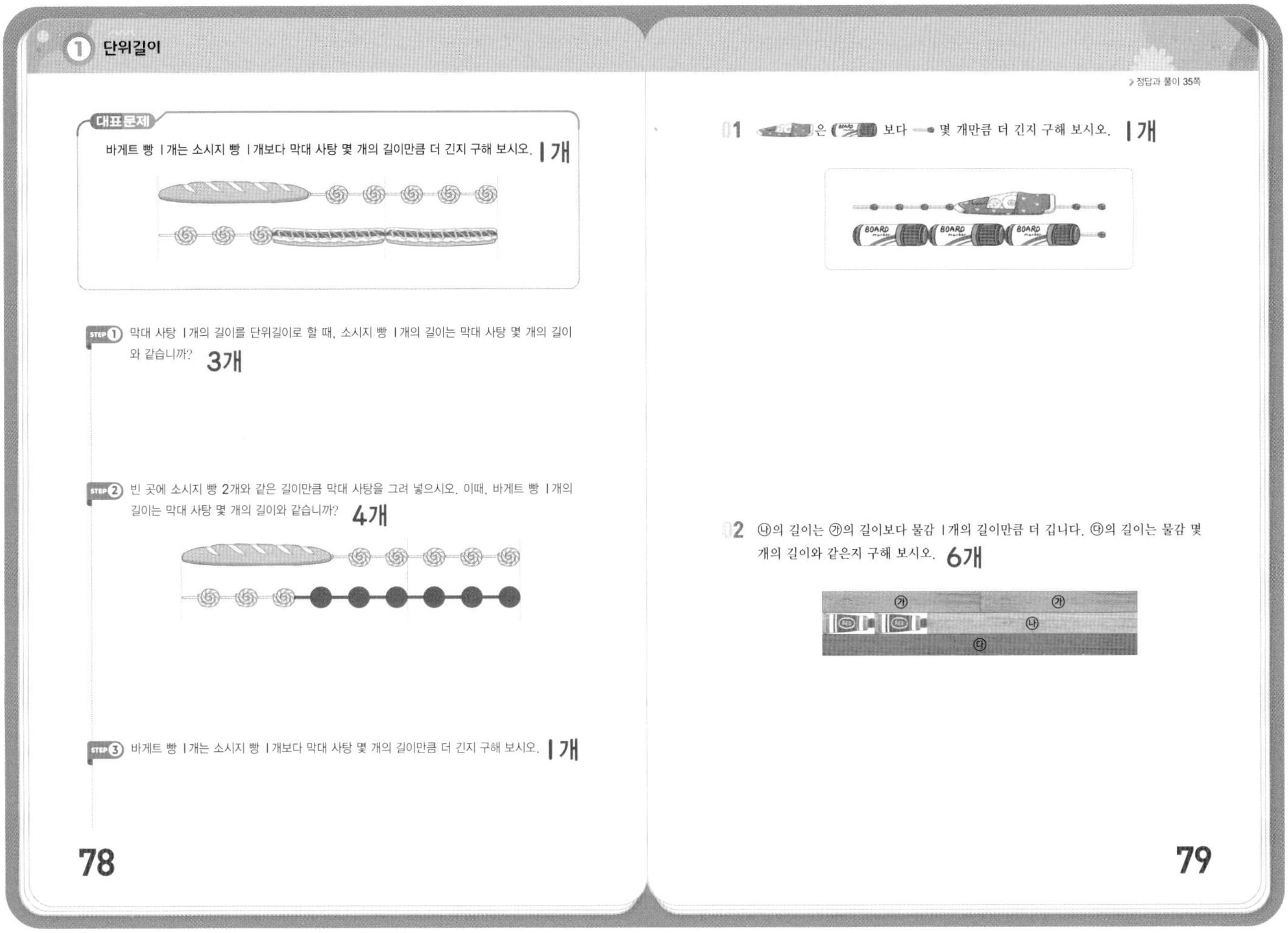

1 단위길이

정답과 풀이 35쪽

대표문제

바게트 빵 1개는 소시지 빵 1개보다 막대 사탕 몇 개의 길이만큼 더 긴지 구해 보시오. 1개

STEP 1 막대 사탕 1개의 길이를 단위길이로 할 때, 소시지 빵 1개의 길이는 막대 사탕 몇 개의 길이와 같습니까? 3개

STEP 2 빈 곳에 소시지 빵 2개와 같은 길이만큼 막대 사탕을 그려 넣으시오. 이때, 바게트 빵 1개의 길이는 막대 사탕 몇 개의 길이와 같습니까? 4개

STEP 3 바게트 빵 1개는 소시지 빵 1개보다 막대 사탕 몇 개의 길이만큼 더 긴지 구해 보시오. 1개

78

01 은 보다 몇 개만큼 더 긴지 구해 보시오. 1개

02 ㉯의 길이는 ㉮의 길이보다 물감 1개의 길이만큼 더 깁니다. ㉰의 길이는 물감 몇 개의 길이와 같은지 구해 보시오. 6개

79

대표문제

STEP 1 소시지 빵 1개의 길이는 막대 사탕 3개의 길이와 같습니다.

STEP 2 소시지 빵 2개의 길이는 막대 사탕 6개의 길이와 같습니다.

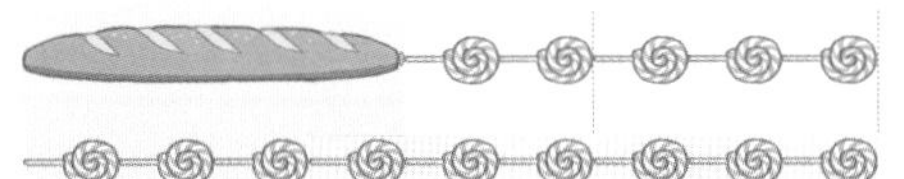

윗줄과 아랫줄의 길이가 같으므로 바게트 빵 1개의 길이는 막대 사탕 $9-5=4$(개)의 길이와 같습니다.

STEP 3 소시지 빵 1개의 길이는 막대 사탕 3개의 길이와 같고, 바게트 빵 1개의 길이는 막대 사탕 4개의 길이와 같으므로 바게트 빵이 소시지 빵보다 막대 사탕 1개의 길이만큼 더 깁니다.

01 1개의 길이는 3개의 길이와 같으므로 3개의 길이는 9개의 길이와 같습니다.

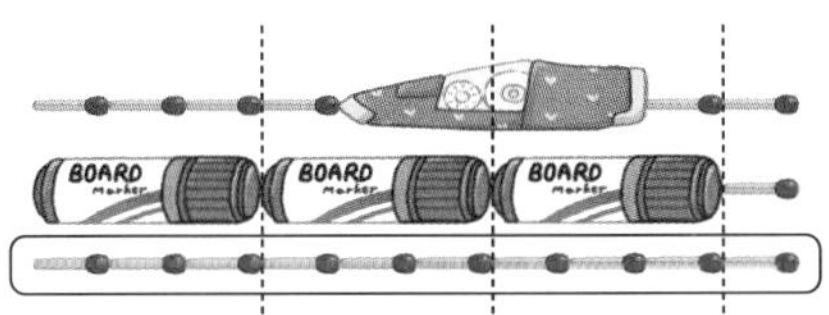

1개의 길이는 성냥개비 4개의 길이와 같고, 1개의 길이는 성냥개비 3개의 길이와 같으므로 이 보다 성냥개비 1개의 길이만큼 더 깁니다.

02 ㉯는 ㉮보다 물감 1개의 길이만큼 더 깁니다.
길이에 맞게 물감을 그려 넣으면 다음과 같습니다.

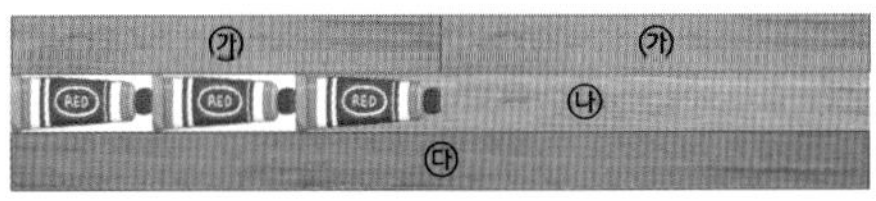

따라서 ㉰는 물감 6개의 길이와 같습니다.

② 달력

> 정답과 풀이 36쪽

각 달의 날수

손을 이용하여 각 달의 날수를 표현한 것입니다. 그림에 알맞게 표를 완성해 보시오.

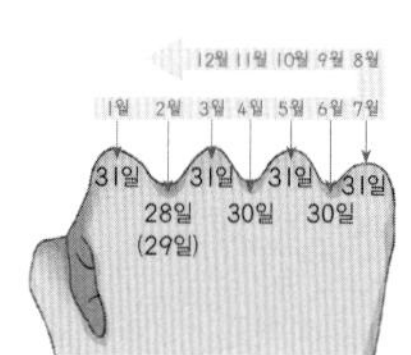

월	1월	2월	3월	4월	5월	6월
날수(일)	31	28 (29)	31	30	31	30

월	7월	8월	9월	10월	11월	12월
날수(일)	31	31	30	31	30	31

(4년마다 2월에 하루를 추가하는 윤년일 경우 2월은 29일까지 있습니다.)

달력 문제

달력을 보고 □ 안에 알맞게 써넣으시오.

3월

일	월	화	수	목	금	토
		1	2	3	4	5
6	7	8	9	10	11	12
13	14	15	16	17	18	19
20	21	22	23	24	25	26
27	28	29	30	31		

(1) 달력에서 오른쪽으로 한 칸씩 갈 때마다 **1** 일이 늘어나고, 아래로 한 칸씩 내려갈 때마다 **7** 일이 늘어납니다.

(2) 요일의 순서는 일 → **월** → **화** → **수** → **목** → **금** → **토**요일입니다.

(3) 3월의 월요일인 날짜는 7일, **14**일, **21**일, **28**일입니다.

(4) 3월의 첫째 번 수요일은 2일이고, 셋째 번 수요일은 **16**일입니다.

80

찢어진 달력

찢어진 달력을 보고 물음에 답해 보시오.

(1) 5월

일	월	화	수	목	금	토
		1	2	3	4	5
6	7	8	9	10	11	12
13	14	15	16	17	18	19
20	21	22	23	24	25	26
27	28	29	30	31		

- 5월 15일은 **화** 요일입니다.
- 5월의 둘째 번 목요일은 **10** 일입니다.
- 5월 24일부터 7일 후는 **목** 요일입니다.

(2) 10월

일	월	화	수	목	금	토
				1	2	3
4	5	6	7	8	9	10
						17

- 10월의 일요일은 **4** 일, **11** 일, **18** 일, **25** 일입니다.
- 10월 12일부터 2주일 후는 **월** 요일입니다.
- 10월에는 목요일이 **5** 번 있습니다.

(3) 6월

일	월	화	수	목	금	토
					1	2
3				7	8	9

- 6월의 셋째 번 토요일은 **16** 일입니다.
- 6월의 넷째 번 금요일은 **22** 일입니다.
- 6월 30일은 **토** 요일입니다.

81

달력 문제

(2) 일주일은 7일이고, 일 → 월 → 화 → 수 → 목 → 금 → 토요일로 7일마다 같은 요일이 반복됩니다.

(3) 7일마다 같은 요일이 반복되므로 3월의 월요일인 날짜는 7일, 14일, 21일, 28일입니다.

3월

	일	월	화	수	목	금	토
			1	2	3	4	5
7일	6	7	8	9	10	11	12
7일	13	14	15	16	17	18	19
7일	20	21	22	23	24	25	26
	27	28	29	30	31		

찢어진 달력

(2) • 10월의 첫째 번 일요일은 4일이고, 7일마다 같은 요일이 반복되므로 일요일은 $4+7=11$(일), $11+7=18$(일), $18+7=25$(일)입니다.

• 10월 10일은 토요일이므로 10월 12일은 월요일이고, 7일마다 같은 요일이 반복되므로 2주일 후는 월요일입니다.

• 10월은 31일까지 있습니다. 10월에는 목요일이 1일, 8일, $8+7=15$(일), $15+7=22$(일), $22+7=29$(일)로 5번 있습니다.

10월

일	월	화	수	목	금	토
				1	2	3
4	5	6	7	8	9	10
11	12	13	14	15	16	17
18	19	20	21	22	23	24
25	26	27	28	29	30	31

(3) • 6월의 첫째 번 토요일은 2일이므로 셋째 번 토요일은 $2+7+7=16$(일)입니다.

• 6월의 첫째 번 금요일은 1일이므로 넷째 번 금요일은 $1+7+7+7=22$(일)입니다.

• 7일마다 같은 요일이 반복되므로 $22+7=29$(일)은 금요일이고, 6월 30일은 토요일입니다.

6월

일	월	화	수	목	금	토
					1	2
3	4	5	6	7	8	9
10	11	12	13	14	15	16
17	18	19	20	21	22	23
24	25	26	27	28	29	30

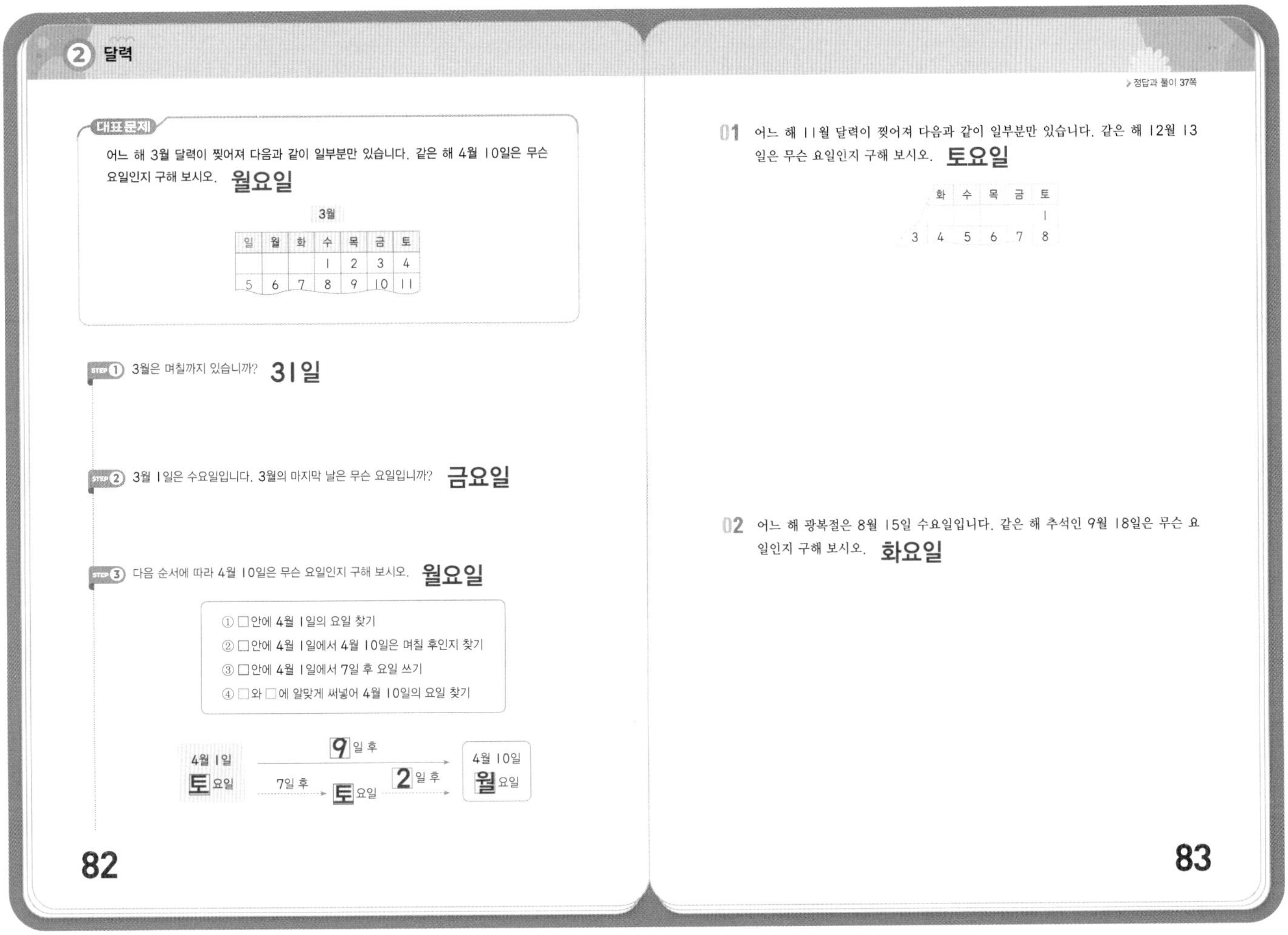

② 달력

대표문제

어느 해 3월 달력이 찢어져 다음과 같이 일부분만 있습니다. 같은 해 4월 10일은 무슨 요일인지 구해 보시오. 월요일

3월

일	월	화	수	목	금	토
			1	2	3	4
5	6	7	8	9	10	11

STEP ① 3월은 며칠까지 있습니까? 31일

STEP ② 3월 1일은 수요일입니다. 3월의 마지막 날은 무슨 요일입니까? 금요일

STEP ③ 다음 순서에 따라 4월 10일은 무슨 요일인지 구해 보시오. 월요일

① □안에 4월 1일의 요일 찾기
② □안에 4월 1일에서 4월 10일은 며칠 후인지 찾기
③ □안에 4월 1일에서 7일 후 요일 쓰기
④ □와 □에 알맞게 써넣어 4월 10일의 요일 찾기

4월 1일 토 요일 — 9 일 후 → 4월 10일 월 요일
7일 후 → 토 요일 — 2 일 후 →

> 정답과 풀이 37쪽

01 어느 해 11월 달력이 찢어져 다음과 같이 일부분만 있습니다. 같은 해 12월 13일은 무슨 요일인지 구해 보시오. 토요일

	화	수	목	금	토
					1
3	4	5	6	7	8

02 어느 해 광복절은 8월 15일 수요일입니다. 같은 해 추석인 9월 18일은 무슨 요일인지 구해 보시오. 화요일

대표문제

STEP ① 3월은 31일까지 있습니다.

STEP ② 3월 1일은 수요일입니다. 7일마다 같은 요일이 반복되므로 1일, 8일, 15일, 22일, 29일은 수요일입니다. 30일은 목요일, 3월의 마지막 날인 31일은 금요일입니다.

3월

일	월	화	수	목	금	토
			1	2	3	4
5	6	7	8	9	10	11
12	13	14	15	16	17	18
19	20	21	22	23	24	25
26	27	28	29	30	31	

STEP ③ 주어진 순서에 따라 답을 써넣습니다.

① 3월 31일이 금요일이므로 4월 1일은 토요일입니다.
② 4월 1일에서 4월 10일은 9일 후입니다.
③ 4월 1일 토요일에서 7일 후는 토요일입니다.
④ 토요일에서 2일 후는 월요일입니다.

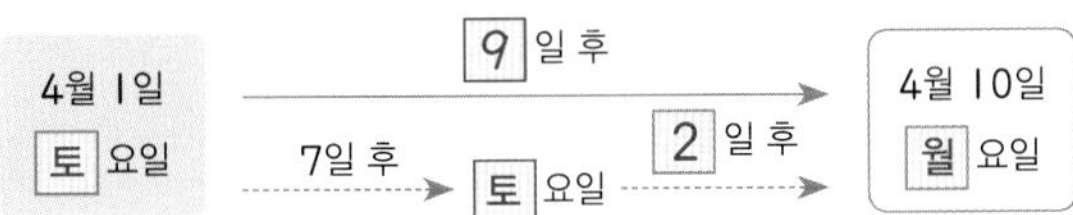

01 11월은 30일까지 있고, 11월 1일은 토요일입니다. 7일마다 같은 요일이 반복되므로 8일, 15일, 22일, 29일은 토요일이고, 11월의 마지막 날인 30일은 일요일입니다.
따라서 12월 1일은 월요일이므로 12월 13일의 요일은 다음과 같이 찾을 수 있습니다.

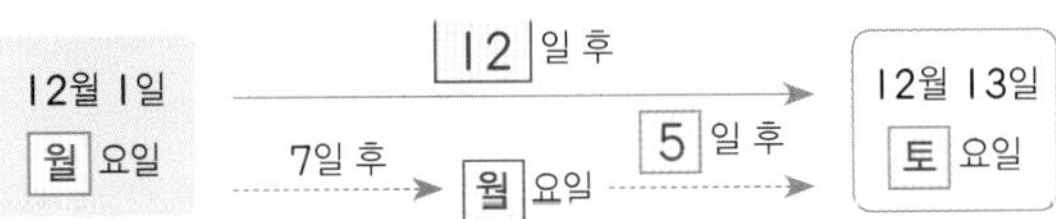

02 8월은 31일까지 있고, 8월 15일은 수요일입니다. 7일마다 같은 요일이 반복되므로 22일, 29일은 수요일이고, 30일은 목요일, 8월의 마지막 날인 31일은 금요일입니다.
따라서 9월 1일은 토요일이므로 9월 18일의 요일은 다음과 같이 찾을 수 있습니다.

9월 1일 토 요일 — 17 일 후 → 9월 18일 화 요일
14일 후 → 토 요일 — 3 일 후 →

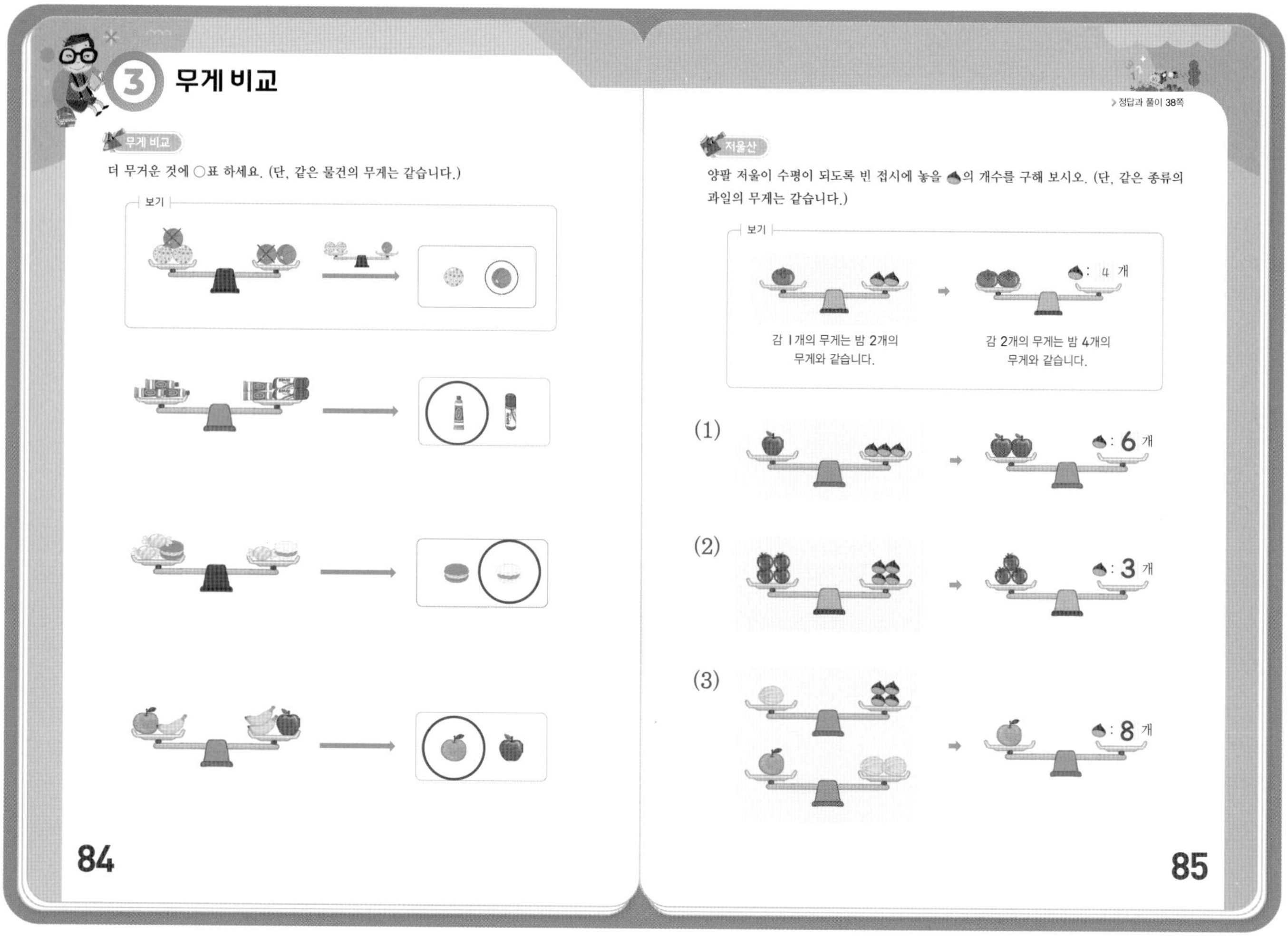

3 무게 비교

무게 비교

더 무거운 것에 ○표 하세요. (단, 같은 물건의 무게는 같습니다.)

보기

84

> 정답과 풀이 38쪽

저울산

양팔 저울이 수평이 되도록 빈 접시에 놓을 밤의 개수를 구해 보시오. (단, 같은 종류의 과일의 무게는 같습니다.)

보기

감 1개의 무게는 밤 2개의 무게와 같습니다. → 감 2개의 무게는 밤 4개의 무게와 같습니다. 밤: 4 개

(1) 밤: 6 개

(2) 밤: 3 개

(3) 밤: 8 개

85

무게 비교

같은 것끼리 ×표 하여 지우고, 남은 것을 비교합니다.

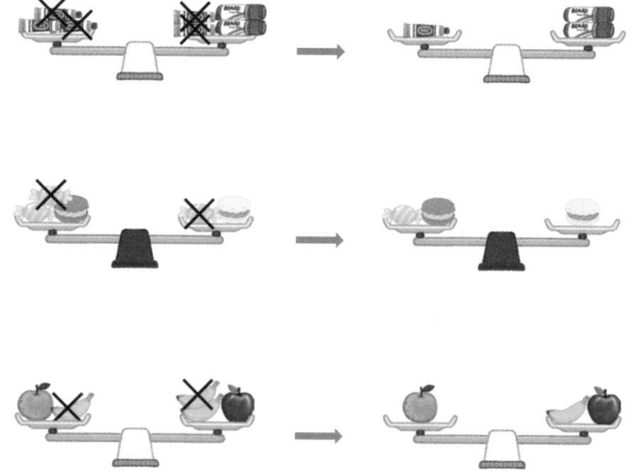

저울산

(1) 사과 1개의 무게와 밤 3개의 무게가 같으므로
사과 2개의 무게는 밤 $3 \times 2 = 6$(개)의 무게와 같습니다.

(2) 방울토마토 4개의 무게와 밤 4개의 무게가 같으므로
방울토마토 1개와 밤 1개의 무게는 같습니다.
따라서 방울토마토 3개의 무게는 밤 3개의 무게와 같습니다.

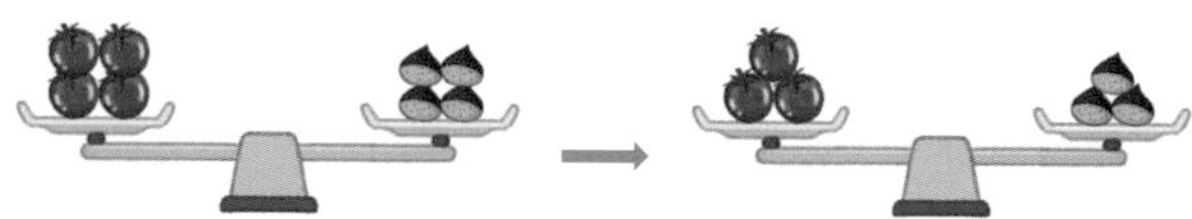

(3) 참외 1개의 무게는 밤 4개의 무게와 같으므로
참외 2개의 무게는 밤 $2 \times 4 = 8$(개)의 무게와 같습니다.
배 1개의 무게는 참외 2개의 무게와 같으므로 밤 8개의 무게와 같습니다.

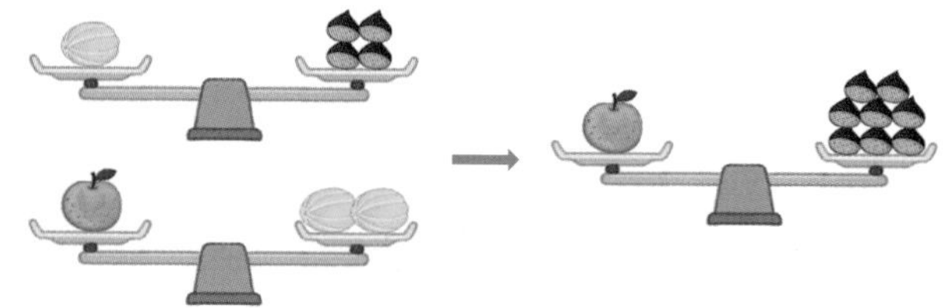

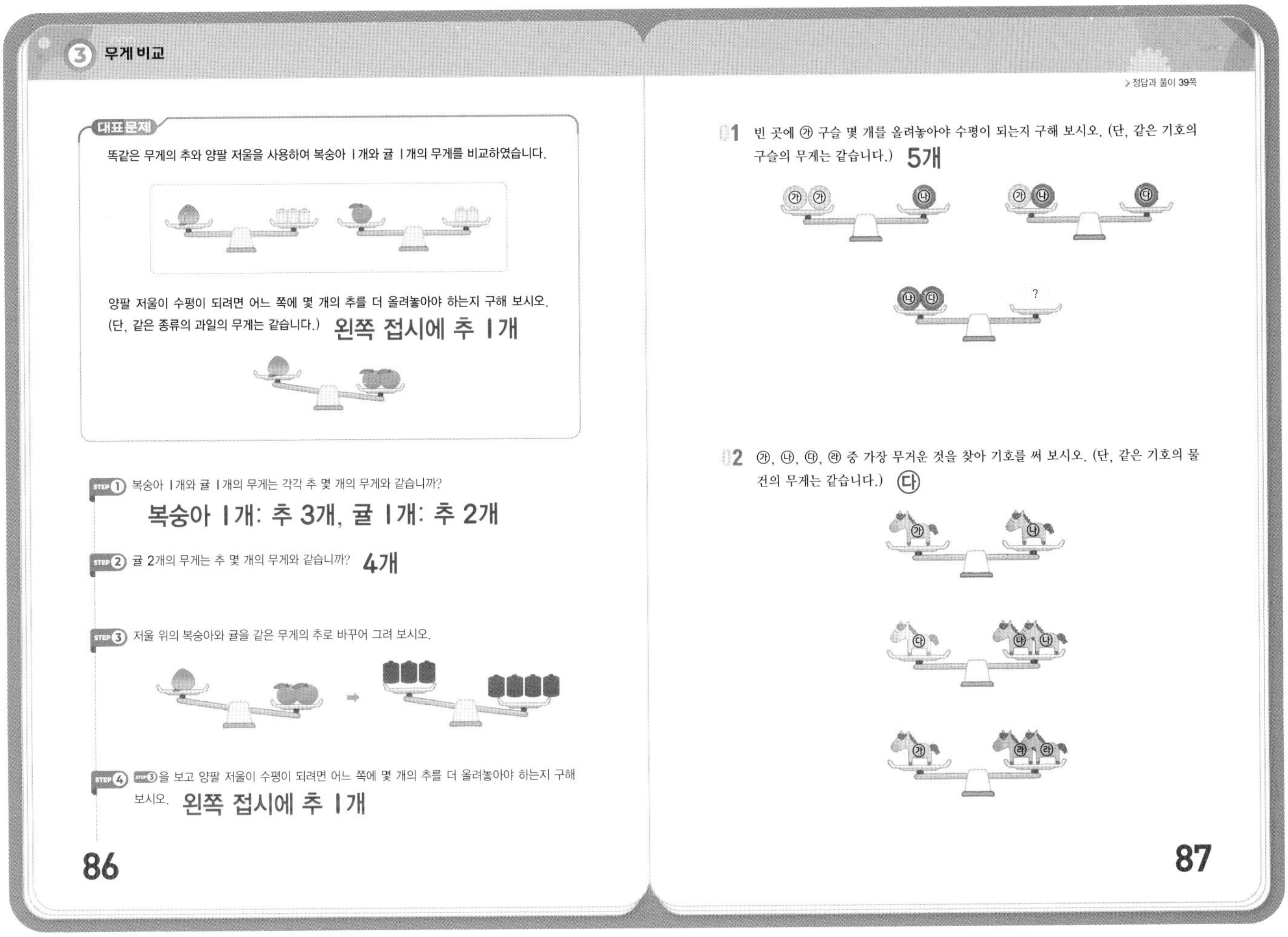

③ 무게 비교

대표문제

똑같은 무게의 추와 양팔 저울을 사용하여 복숭아 1개와 귤 1개의 무게를 비교하였습니다.

양팔 저울이 수평이 되려면 어느 쪽에 몇 개의 추를 더 올려놓아야 하는지 구해 보시오. (단, 같은 종류의 과일의 무게는 같습니다.) **왼쪽 접시에 추 1개**

STEP ① 복숭아 1개와 귤 1개의 무게는 각각 추 몇 개의 무게와 같습니까? **복숭아 1개: 추 3개, 귤 1개: 추 2개**

STEP ② 귤 2개의 무게는 추 몇 개의 무게와 같습니까? **4개**

STEP ③ 저울 위의 복숭아와 귤을 같은 무게의 추로 바꾸어 그려 보시오.

STEP ④ STEP ③을 보고 양팔 저울이 수평이 되려면 어느 쪽에 몇 개의 추를 더 올려놓아야 하는지 구해 보시오. **왼쪽 접시에 추 1개**

86

정답과 풀이 39쪽

01 빈 곳에 ㉮ 구슬 몇 개를 올려놓아야 수평이 되는지 구해 보시오. (단, 같은 기호의 구슬의 무게는 같습니다.) **5개**

02 ㉮, ㉯, ㉰, ㉱ 중 가장 무거운 것을 찾아 기호를 써 보시오. (단, 같은 기호의 물건의 무게는 같습니다.) **㉰**

87

대표문제

STEP ① 복숭아 1개의 무게는 추 3개의 무게와 같고, 귤 1개의 무게는 추 2개의 무게와 같습니다.

STEP ② 귤 2개의 무게는 추 $2\times2=4$(개)의 무게와 같습니다.

STEP ③ 복숭아 1개의 무게는 추 3개의 무게와 같고, 귤 2개의 무게는 추 4개의 무게와 같으므로 저울 위의 복숭아와 귤을 같은 무게의 추로 바꾸어 그리면 다음과 같습니다.

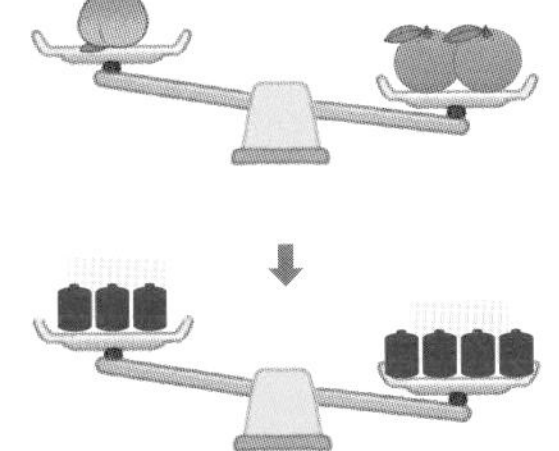

STEP ④ 저울이 수평이 되려면 왼쪽 접시에 1개의 추를 더 올려놓아야 합니다.

01 ㉯ 구슬의 무게는 ㉮ 구슬 2개의 무게와 같습니다.
㉰ 구슬의 무게는 ㉮ 구슬 1개, ㉯ 구슬 1개의 무게와 같으므로 ㉮ 구슬 $1+2=3$(개)의 무게와 같습니다.
따라서 ㉯ 구슬 1개, ㉰ 구슬 1개의 무게는 ㉮ 구슬 $2+3=5$(개)의 무게와 같으므로 주어진 저울의 오른쪽 접시에 ㉮ 구슬 5개를 올려놓아야 수평이 됩니다.

02 ㉰의 무게는 ㉯ 2개의 무게와 같으므로 ㉰의 무게는 ㉮와 ㉯의 무게보다 무겁습니다.
㉮의 무게는 ㉱ 2개의 무게와 같으므로 ㉮와 ㉯의 무게는 ㉱의 무게보다 무겁습니다.
따라서 가장 무거운 것은 ㉰입니다.

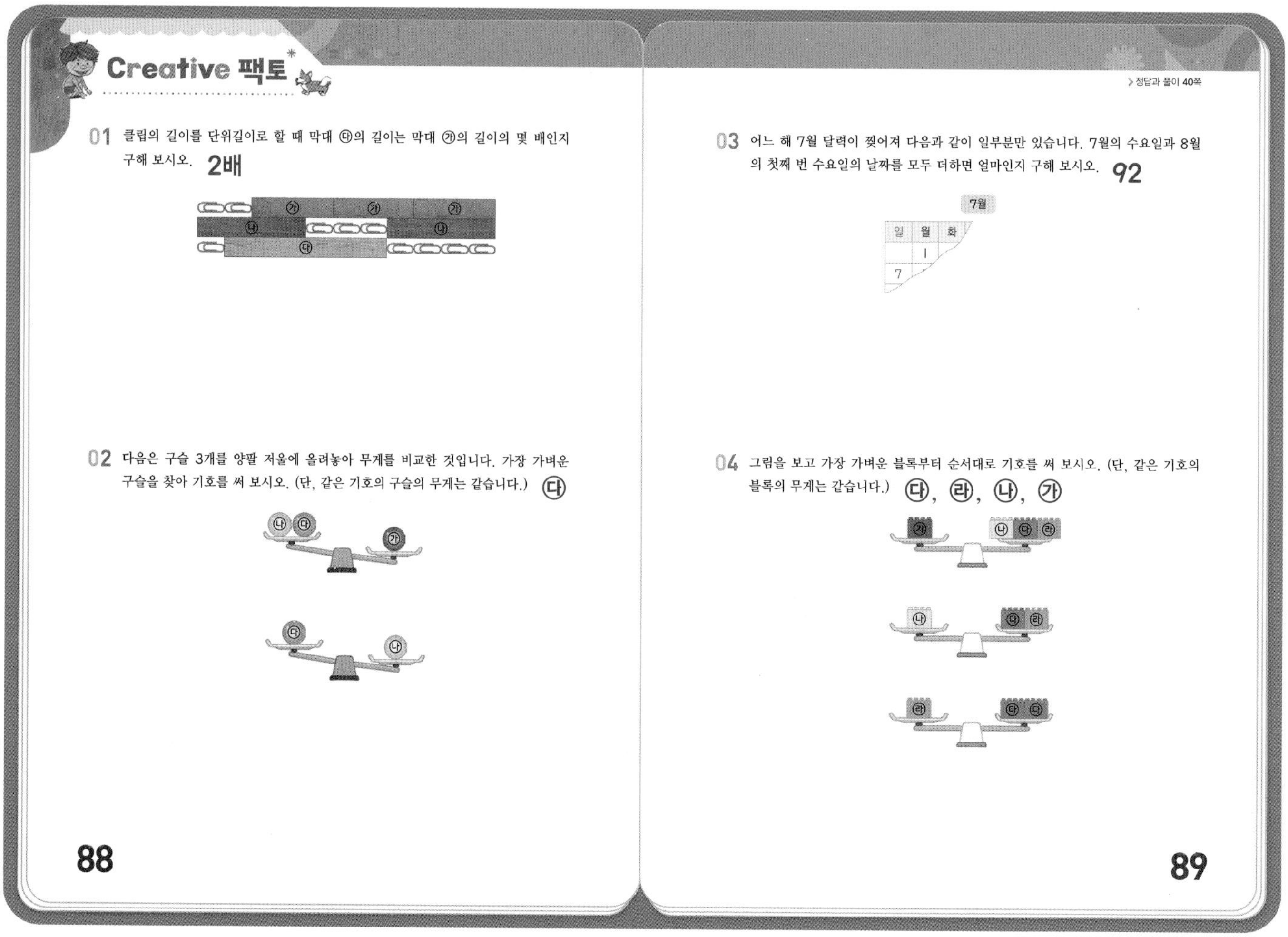

Creative 팩토

정답과 풀이 40쪽

01 클립의 길이를 단위길이로 할 때 막대 ㉰의 길이는 막대 ㉮의 길이의 몇 배인지 구해 보시오. 2배

02 다음은 구슬 3개를 양팔 저울에 올려놓아 무게를 비교한 것입니다. 가장 가벼운 구슬을 찾아 기호를 써 보시오. (단, 같은 기호의 구슬의 무게는 같습니다.) ㉰

88

03 어느 해 7월 달력이 찢어져 다음과 같이 일부분만 있습니다. 7월의 수요일과 8월의 첫째 번 수요일의 날짜를 모두 더하면 얼마인지 구해 보시오. 92

7월

일	월	화
	1	
7		

04 그림을 보고 가장 가벼운 블록부터 순서대로 기호를 써 보시오. (단, 같은 기호의 블록의 무게는 같습니다.) ㉰, ㉱, ㉯, ㉮

89

01 막대 ㉯는 클립 4개의 길이와 같기 때문에 둘째 줄은 클립 11개의 길이와 같습니다.

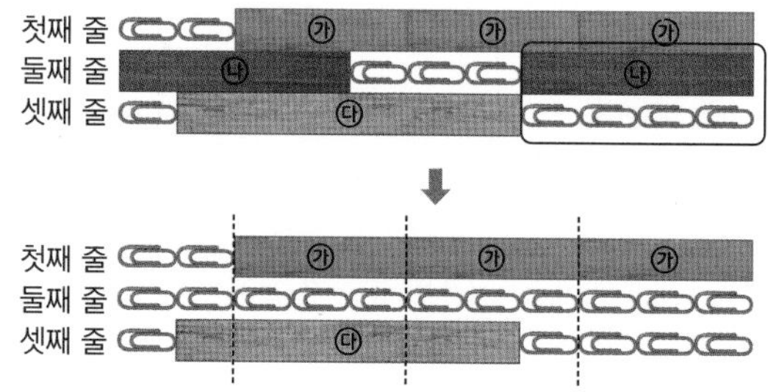

막대 ㉮는 클립 3개 길이와 같고, 막대 ㉰는 클립 6개의 길이와 같습니다.
따라서 막대 ㉰의 길이는 막대 ㉮의 길이의 2배입니다.

02 구슬 ㉮는 구슬 ㉯와 ㉰를 합한 것보다 무거우므로 3개의 구슬 중 가장 무겁습니다. 또, 구슬 ㉰는 구슬 ㉯보다 가벼우므로 가장 가벼운 구슬은 ㉰입니다.

03 7월 3일은 수요일입니다. 7월은 31일까지 있고 7일마다 같은 요일이 반복되므로 3일, 10일, 17일, 24일, 31일이 수요일입니다.
8월 1일은 목요일이고, 8월의 첫째 번 수요일은 7일입니다.
따라서 7월의 수요일 날짜와 8월의 첫째 번 수요일 날짜를 모두 더하면 $3+10+17+24+31+7=92$입니다.

04
- ㉮는 ㉯, ㉰, ㉱를 합한 것과 무게가 같으므로 가장 무겁습니다.
- ㉯는 ㉰, ㉱를 합한 것과 무게가 같으므로 둘째 번으로 무겁습니다.
- ㉱는 ㉰ 2개의 무게와 같으므로 셋째 번으로 무겁습니다.

따라서 가장 가벼운 블록부터 순서대로 쓰면 ㉰, ㉱, ㉯, ㉮입니다.

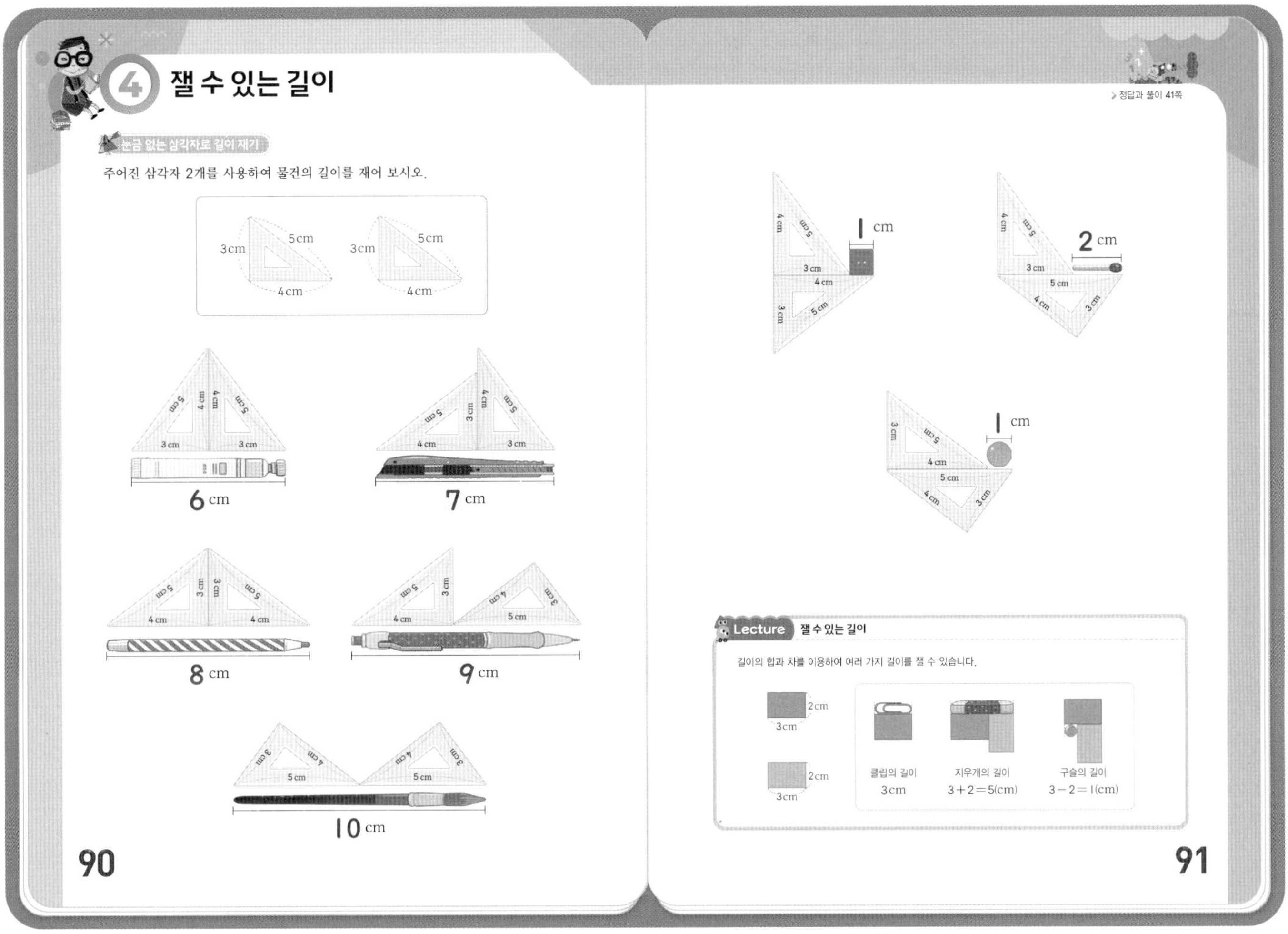

4 잴 수 있는 길이

눈금 없는 삼각자로 길이 재기

주어진 삼각자 2개를 사용하여 물건의 길이를 재어 보시오.

3cm 5cm 4cm　3cm 5cm 4cm

6 cm　7 cm

8 cm　9 cm

10 cm

90

정답과 풀이 41쪽

1 cm　2 cm

1 cm

Lecture 잴 수 있는 길이

길이의 합과 차를 이용하여 여러 가지 길이를 잴 수 있습니다.

2cm 3cm　2cm 3cm

클립의 길이 3cm　지우개의 길이 3+2=5(cm)　구슬의 길이 3−2=1(cm)

91

눈금 없는 삼각자로 길이 재기

주어진 삼각자의 길이의 합을 이용하여 주어진 물건의 길이를 잽니다.

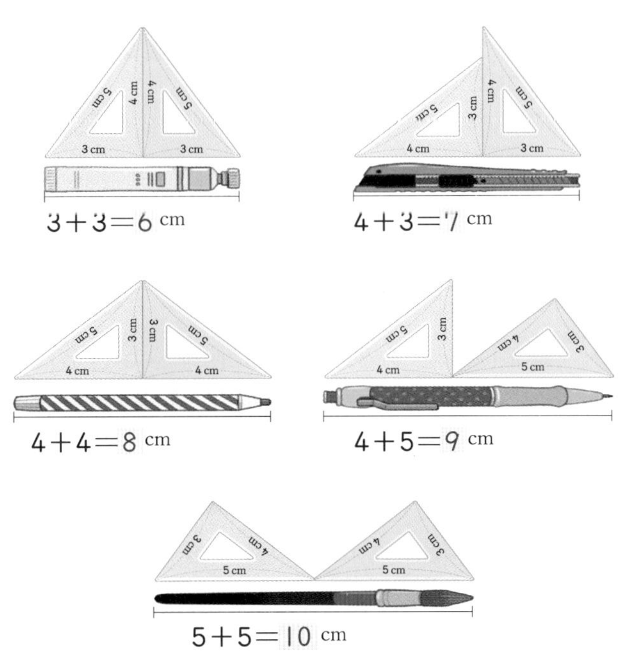

주어진 삼각자의 길이의 차를 이용하여 주어진 물건의 길이를 잽니다.

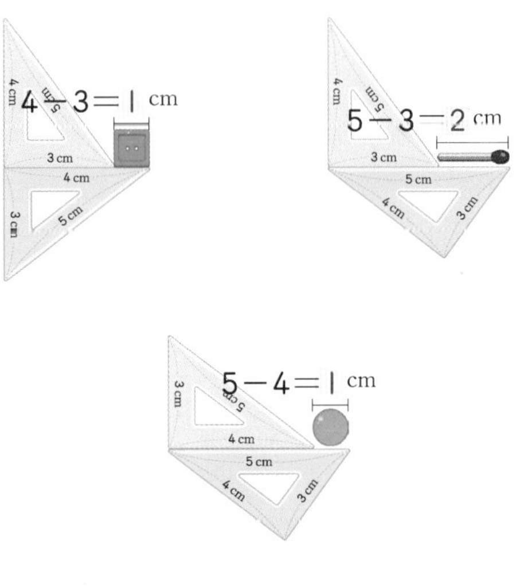

④ 잴 수 있는 길이

대표문제

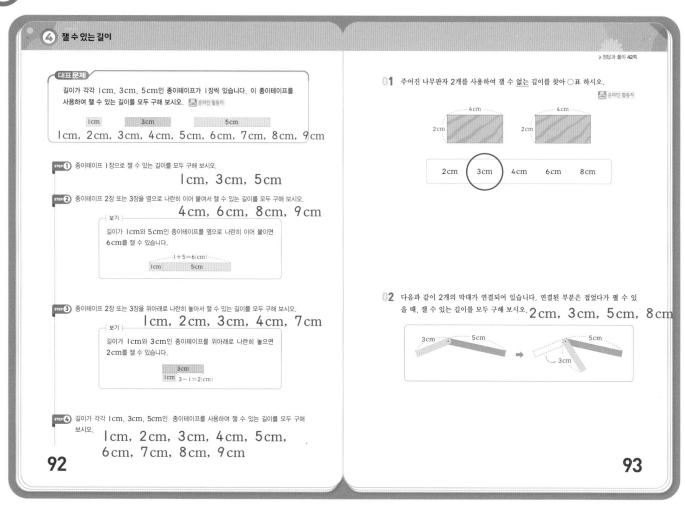

길이가 각각 1cm, 3cm, 5cm인 종이테이프가 1장씩 있습니다. 이 종이테이프를 사용하여 잴 수 있는 길이를 모두 구해 보시오. 온라인 활동지

1cm 3cm 5cm

1cm, 2cm, 3cm, 4cm, 5cm, 6cm, 7cm, 8cm, 9cm

STEP ① 종이테이프 1장으로 잴 수 있는 길이를 모두 구해 보시오.

1cm, 3cm, 5cm

STEP ② 종이테이프 2장 또는 3장을 옆으로 나란히 이어 붙여서 잴 수 있는 길이를 모두 구해 보시오.

4cm, 6cm, 8cm, 9cm

보기
길이가 1cm와 5cm인 종이테이프를 옆으로 나란히 이어 붙이면 6cm를 잴 수 있습니다.
1+5=6(cm)
1cm 5cm

STEP ③ 종이테이프 2장 또는 3장을 위아래로 나란히 놓아서 잴 수 있는 길이를 모두 구해 보시오.

1cm, 2cm, 3cm, 4cm, 7cm

보기
길이가 1cm와 3cm인 종이테이프를 위아래로 나란히 놓으면 2cm를 잴 수 있습니다.
3cm
1cm 3−1=2(cm)

STEP ④ 길이가 각각 1cm, 3cm, 5cm인 종이테이프를 사용하여 잴 수 있는 길이를 모두 구해 보시오.

1cm, 2cm, 3cm, 4cm, 5cm, 6cm, 7cm, 8cm, 9cm

92

정답과 풀이 42쪽

01 주어진 나무판자 2개를 사용하여 잴 수 없는 길이를 찾아 ○표 하시오. 온라인 활동지

4cm 2cm 4cm 2cm

2cm (3cm) 4cm 6cm 8cm

02 다음과 같이 2개의 막대가 연결되어 있습니다. 연결된 부분은 접었다가 펼 수 있을 때, 잴 수 있는 길이를 모두 구해 보시오. 2cm, 3cm, 5cm, 8cm

3cm 5cm → 5cm 3cm

93

대표문제

STEP ② 종이테이프를 옆으로 나란히 이어 붙여 잴 수 있는 길이는 다음과 같습니다.

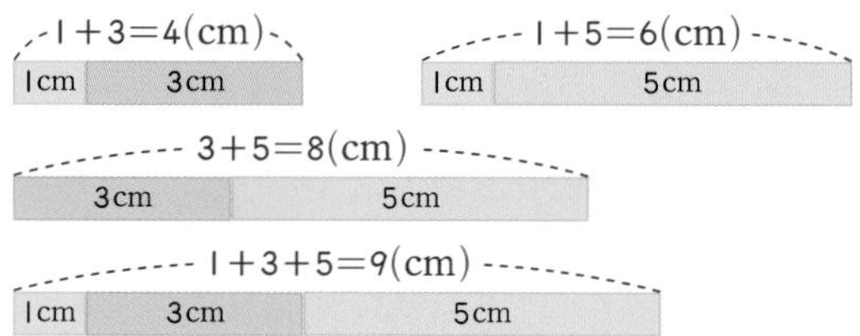

STEP ③ 종이테이프를 위아래로 이어 붙여 잴 수 있는 길이는 다음과 같습니다.

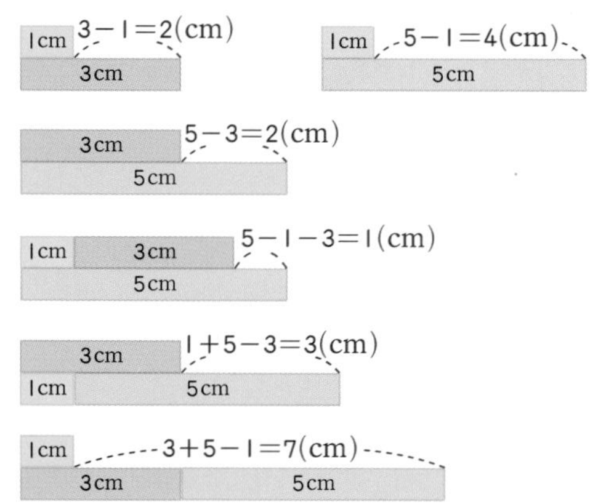

01 • 나무판자 1개로 잴 수 있는 길이는 2cm와 4cm입니다.

• 나무판자 2개를 ①과 같이 이어 붙이면 4+2=6(cm)를 잴 수 있습니다.

① 4+2=6(cm)

• 나무판자 2개를 ②와 같이 이어 붙이면 4+4=8(cm)를 잴 수 있습니다.

② 4+4=8(cm)

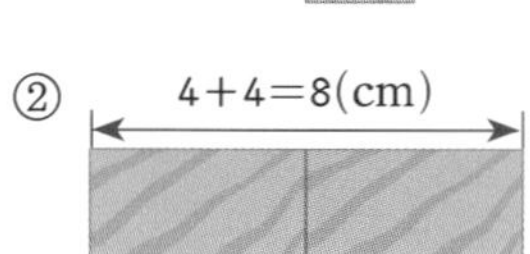

따라서 잴 수 없는 길이는 3cm입니다.

02 • 막대 1개로 잴 수 있는 길이는 3cm와 5cm입니다.

• 막대 2개를 일직선으로 펼치면 3+5=8(cm)를 잴 수 있습니다.

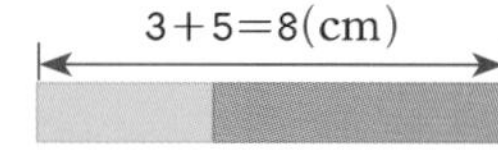

• 3cm 막대를 돌려서 5cm 막대와 겹치게 만들면 2cm를 잴 수 있습니다.

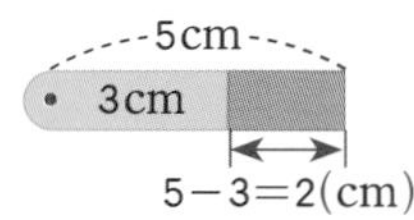

따라서 잴 수 있는 길이는 2cm, 3cm, 5cm, 8cm입니다.

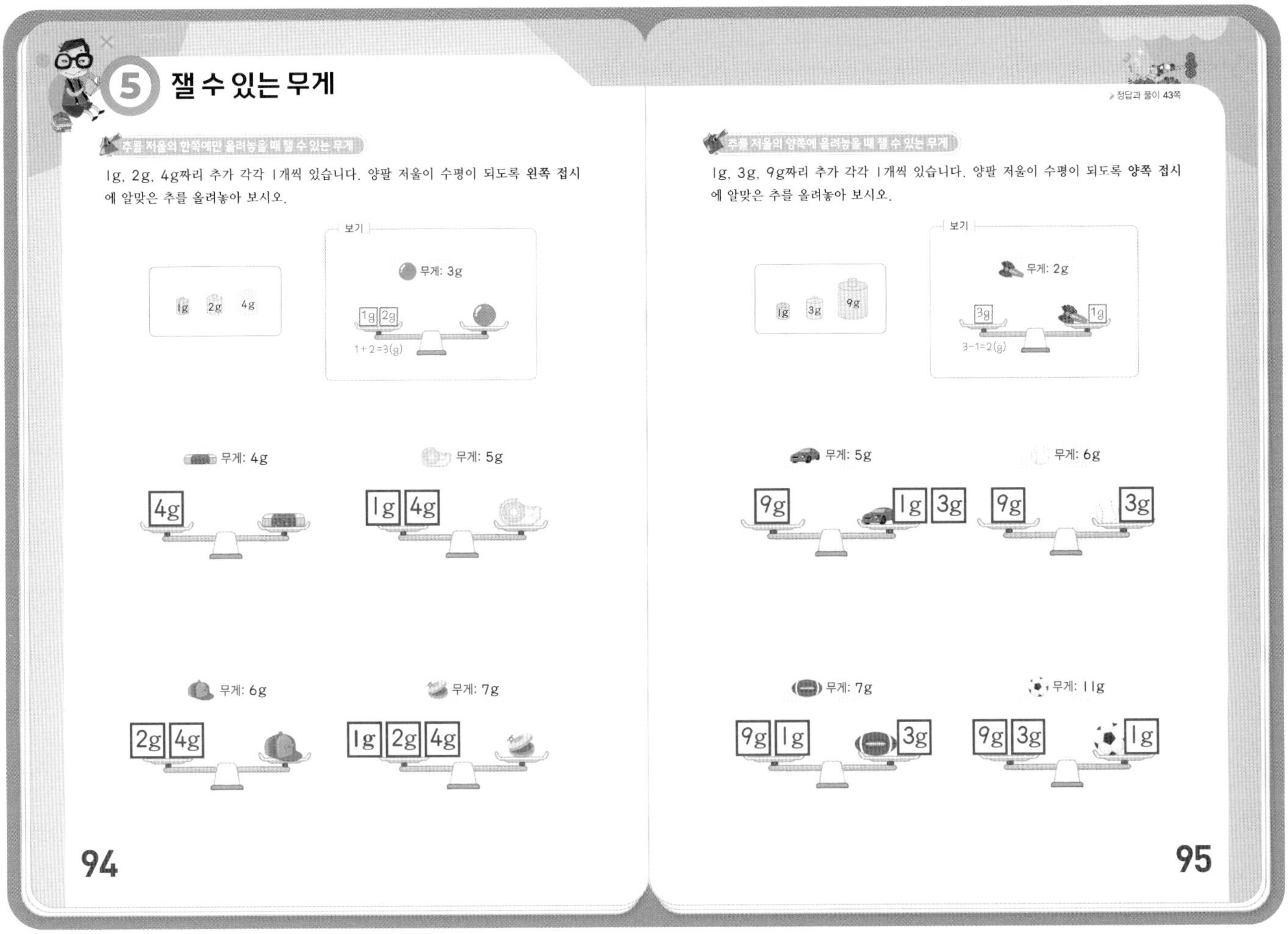

5 잴 수 있는 무게

정답과 풀이 43쪽

추를 저울의 한쪽에만 올려놓을 때 잴 수 있는 무게

1g, 2g, 4g짜리 추가 각각 1개씩 있습니다. 양팔 저울이 수평이 되도록 **왼쪽 접시**에 알맞은 추를 올려놓아 보시오.

1g 2g 4g

보기

무게: 3g

1g 2g

1+2=3(g)

무게: 4g — 4g

무게: 5g — 1g 4g

무게: 6g — 2g 4g

무게: 7g — 1g 2g 4g

94

추를 저울의 양쪽에 올려놓을 때 잴 수 있는 무게

1g, 3g, 9g짜리 추가 각각 1개씩 있습니다. 양팔 저울이 수평이 되도록 **양쪽 접시**에 알맞은 추를 올려놓아 보시오.

1g 3g 9g

보기

무게: 2g

3g | 1g

3-1=2(g)

무게: 5g — 9g | 1g 3g

무게: 6g — 9g | 3g

무게: 7g — 9g 1g | 3g

무게: 11g — 9g 3g | 1g

95

추를 저울의 한쪽에만 올려놓을 때 잴 수 있는 무게

추를 한쪽 접시에만 올려놓아 잴 수 있는 무게는 합을 이용하여 구할 수 있습니다.

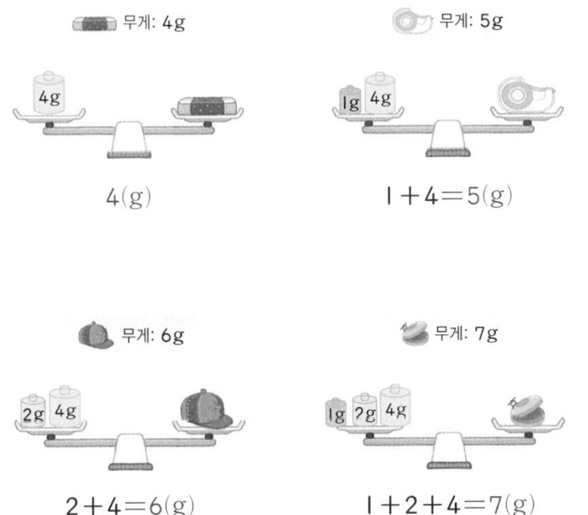

추를 저울의 양쪽에 올려놓을 때 잴 수 있는 무게

추를 양쪽 접시에 올려놓아 잴 수 있는 무게는 합과 차를 이용하여 구할 수 있습니다.

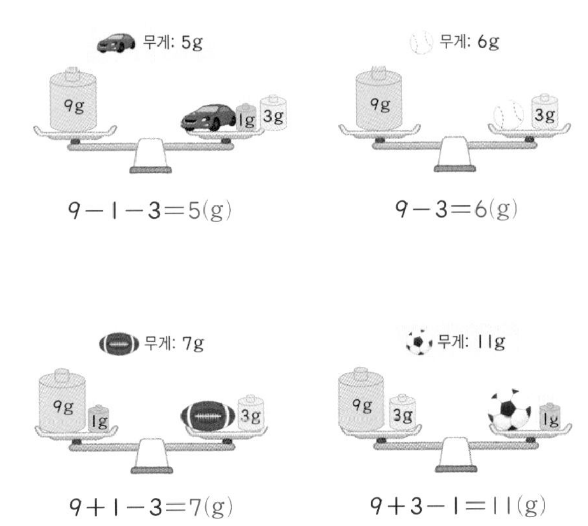

⑤ 잴 수 있는 무게

대표문제

2g, 3g, 5g짜리 추가 1개씩 있습니다. 양팔 저울의 한쪽 접시에만 추를 올려놓고, 다른 쪽 접시에는 구슬을 올려놓았습니다. 잴 수 있는 구슬의 무게를 모두 구해 보시오. 2g, 3g, 5g, 7g, 8g, 10g

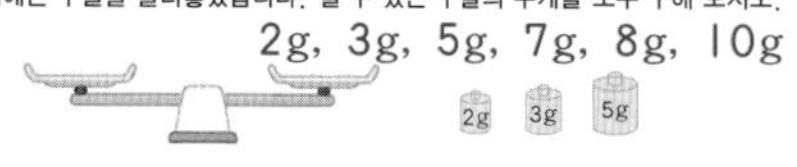

STEP ① 양팔 저울의 한쪽 접시에만 추를 올려놓아 잴 수 있는 최대 무게는 얼마입니까? 10g

STEP ② 다음의 표를 완성하고, 1g에서 10g까지의 무게 중 잴 수 있는 무게를 찾아보시오.

저울의 양쪽 접시	식	저울의 양쪽 접시	식
①	×	⑥	×
2g ②	2g	2g 5g ⑦	2+5=7(g)
3g ③	3g	3g 5g ⑧	3+5=8(g)
④	×	⑨	×
5g ⑤	5g	2g 3g 5g ⑩	2+3+5=10(g)

STEP ③ 잴 수 있는 구슬의 무게를 모두 구해 보시오.

2g, 3g, 5g, 7g, 8g, 10g

96

> 정답과 풀이 44쪽

01 1g, 4g, 6g짜리 추가 1개씩 있습니다. 추를 양팔 저울의 한쪽 접시에만 올려놓을 때, 잴 수 있는 무게는 모두 몇 가지인지 구해 보시오. 7가지

02 2g, 3g, 8g짜리 추가 1개씩 있습니다. 추를 양팔 저울의 양쪽 접시에 올려놓을 수 있을 때, 잴 수 있는 무게는 모두 몇 가지인지 구해 보시오. 11가지

97

대표문제

STEP ① (추를 모두 올려놓았을 때의 무게)=2+3+5=10(g)

STEP ② 각 무게별로 잴 수 있는 방법을 찾아봅니다.

저울의 양쪽 접시	식	저울의 양쪽 접시	식
①	×	⑥	×
2g ②	2g	2g 5g ⑦	2+5=7(g)
3g ③	3g	3g 5g ⑧	3+5=8(g)
④	×	⑨	×
5g ⑤	5g	2g 3g 5g ⑩	2+3+5=10(g)

STEP ③ 잴 수 있는 무게는 2g, 3g, 5g, 7g, 8g, 10g입니다.

01 추의 개수에 따라 잴 수 있는 무게를 모두 구합니다.

- 추 1개: 1g, 4g, 6g
- 추 2개: 5g(1+4), 7g(1+6), 10g(4+6)
- 추 3개: 11g(1+4+6)

따라서 잴 수 있는 무게는 1g, 4g, 5g, 6g, 7g, 10g, 11g이므로 모두 7가지입니다.

02 잴 수 있는 최대 무게는 13g이므로 각 무게별로 잴 수 있는 방법을 찾아봅니다.

무게(g)	식
1	3−2=1
2	2
3	3
5	2+3=5, 8−3=5
6	8−2=6
7	8+2−3=7
8	8
9	3+8−2=9
10	2+8=10
11	3+8=11
13	2+3+8=13

따라서 모두 11가지의 무게를 잴 수 있습니다.

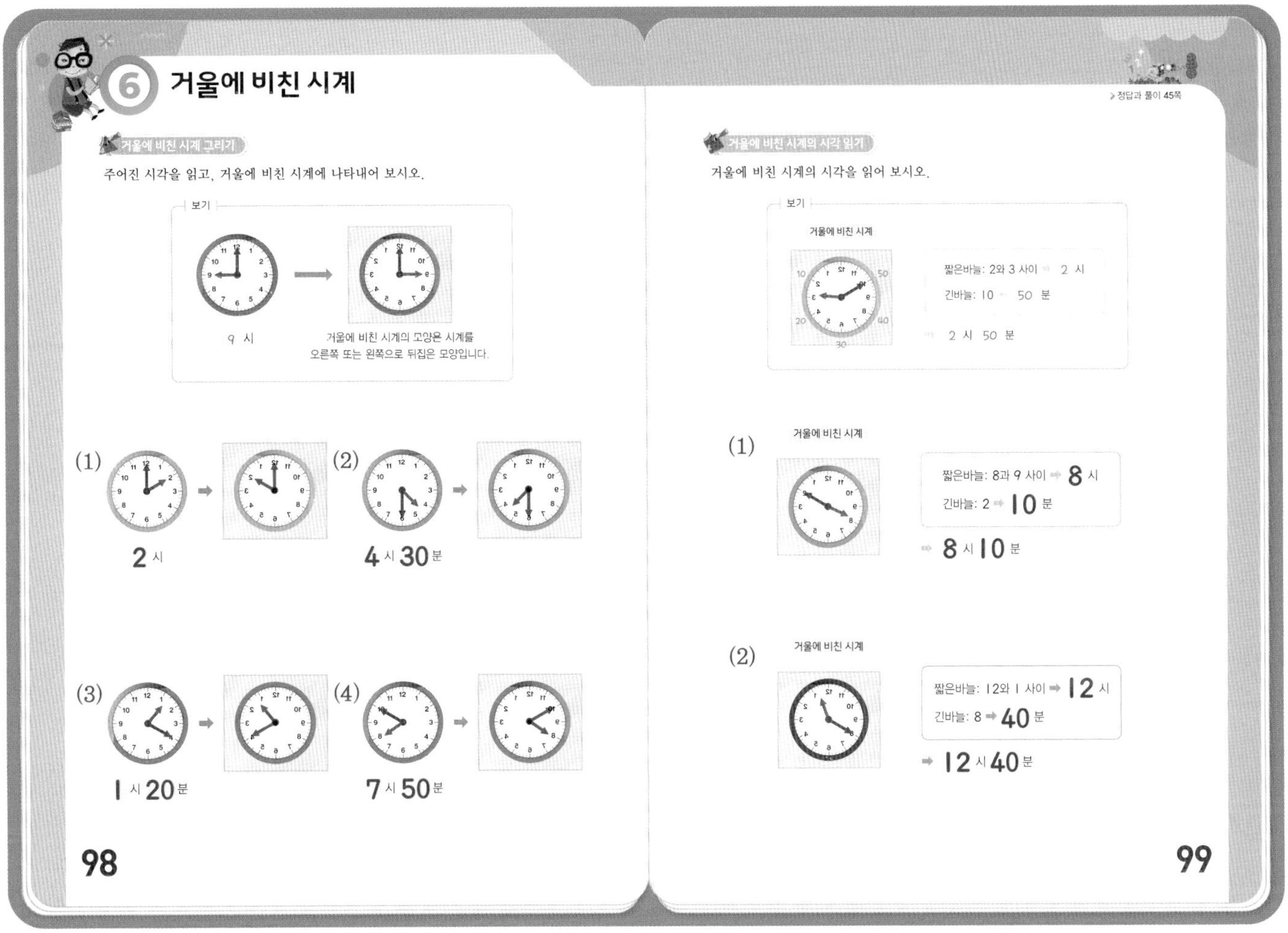

6 거울에 비친 시계

거울에 비친 시계 그리기

주어진 시각을 읽고, 거울에 비친 시계에 나타내어 보시오.

보기

9 시

거울에 비친 시계의 모양은 시계를 오른쪽 또는 왼쪽으로 뒤집은 모양입니다.

(1) 2 시

(2) 4 시 30 분

(3) 1 시 20 분

(4) 7 시 50 분

98

정답과 풀이 45쪽

거울에 비친 시계의 시각 읽기

거울에 비친 시계의 시각을 읽어 보시오.

보기

거울에 비친 시계

짧은바늘: 2와 3 사이 ➡ 2 시

긴바늘: 10 ➡ 50 분

➡ 2 시 50 분

(1) 거울에 비친 시계

짧은바늘: 8과 9 사이 ➡ 8 시

긴바늘: 2 ➡ 10 분

➡ 8 시 10 분

(2) 거울에 비친 시계

짧은바늘: 12와 1 사이 ➡ 12 시

긴바늘: 8 ➡ 40 분

➡ 12 시 40 분

99

거울에 비친 시계 그리기

거울에 비친 시계의 모양은 시계를 오른쪽 또는 왼쪽으로 뒤집은 모양입니다.

(1)

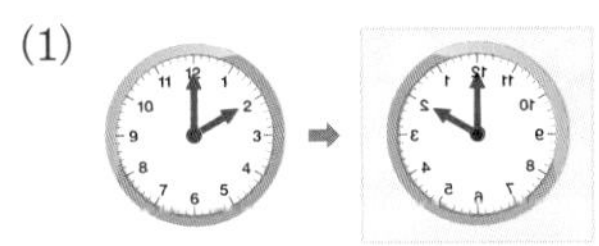

거울에 비친 시계에 짧은바늘은 2, 긴바늘은 12를 가리키도록 그립니다.

(2)

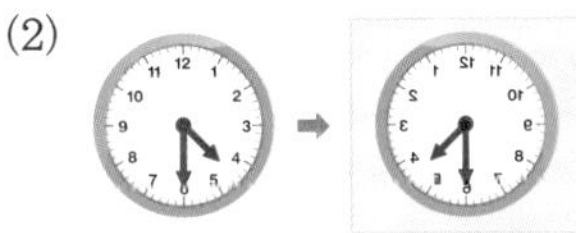

거울에 비친 시계에 짧은바늘은 4와 5 사이, 긴바늘은 6을 가리키도록 그립니다.

(3)

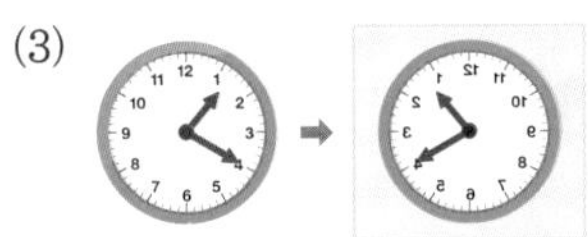

거울에 비친 시계에 짧은바늘은 1과 2 사이, 긴바늘은 4를 가리키도록 그립니다.

(4)

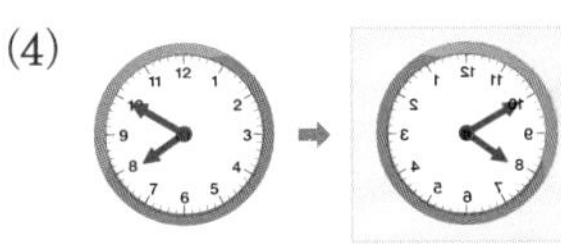

거울에 비친 시계에 짧은바늘은 7과 8 사이, 긴바늘은 10을 가리키도록 그립니다.

거울에 비친 시계의 시각 읽기

(1) 짧은바늘이 8과 9 사이, 긴바늘이 2를 가리키므로 8시 10분입니다.

거울에 비친 시계 원래 시계

(2) 짧은바늘이 12와 1 사이, 긴바늘이 8을 가리키므로 12시 40분입니다.

거울에 비친 시계 원래 시계

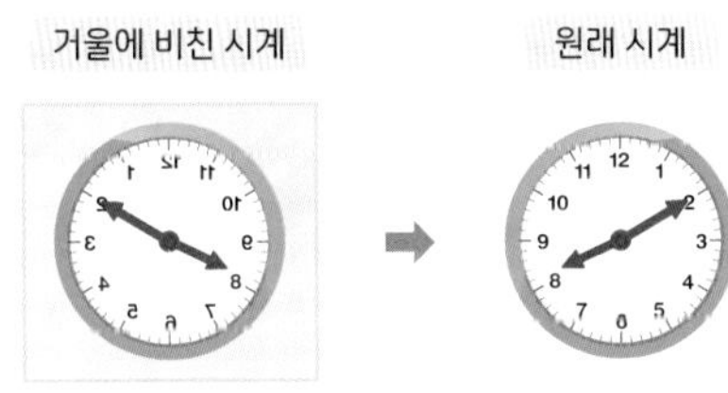

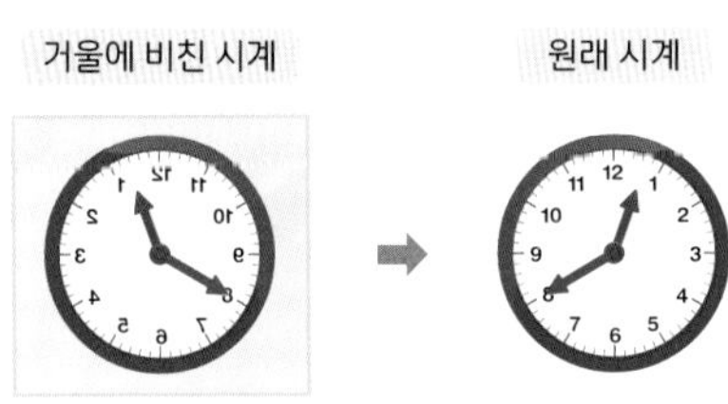

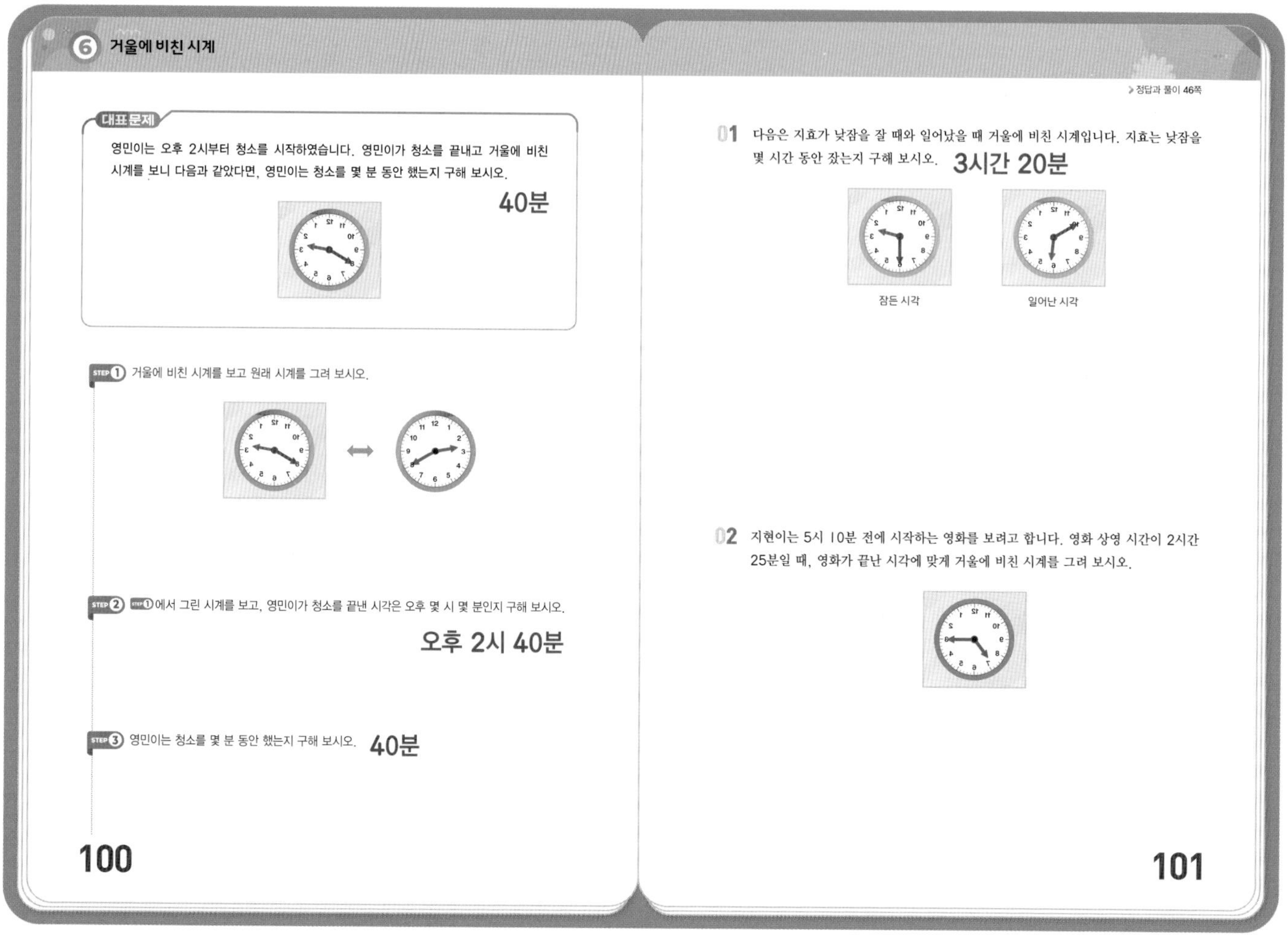

⑥ 거울에 비친 시계

> 정답과 풀이 46쪽

대표문제

영민이는 오후 2시부터 청소를 시작하였습니다. 영민이가 청소를 끝내고 거울에 비친 시계를 보니 다음과 같았다면, 영민이는 청소를 몇 분 동안 했는지 구해 보시오.

40분

STEP ① 거울에 비친 시계를 보고 원래 시계를 그려 보시오.

STEP ② STEP ①에서 그린 시계를 보고, 영민이가 청소를 끝낸 시각은 오후 몇 시 몇 분인지 구해 보시오.

오후 2시 40분

STEP ③ 영민이는 청소를 몇 분 동안 했는지 구해 보시오. 40분

100

01 다음은 지효가 낮잠을 잘 때와 일어났을 때 거울에 비친 시계입니다. 지효는 낮잠을 몇 시간 동안 잤는지 구해 보시오. 3시간 20분

잠든 시각 일어난 시각

02 지현이는 5시 10분 전에 시작하는 영화를 보려고 합니다. 영화 상영 시간이 2시간 25분일 때, 영화가 끝난 시각에 맞게 거울에 비친 시계를 그려 보시오.

101

대표문제

STEP ① 거울에 비친 모양은 왼쪽 또는 오른쪽으로 뒤집은 모양입니다.

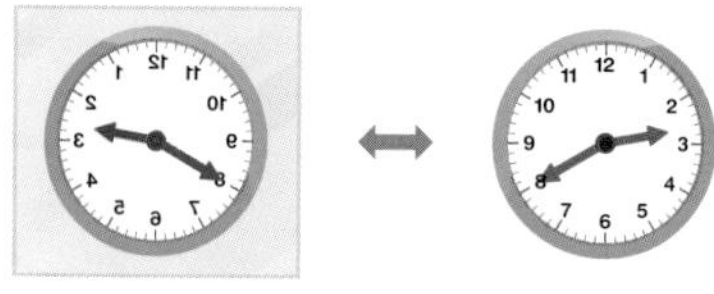

STEP ② • 짧은바늘이 2와 3 사이를 가리킵니다.
➡ 2시
• 긴바늘이 8을 가리킵니다.
➡ 40분

STEP ③ 영민이는 오후 2시에 청소를 시작하여 오후 2시 40분에 끝냈으므로 영민이가 청소를 한 시간은 40분입니다.

01 주어진 시계에서 왼쪽 또는 오른쪽으로 뒤집은 모양을 각각 그려 봅니다.

잠든 시각 일어난 시각

따라서 지효가 잠든 시각은 오후 2시 30분이고, 일어난 시각은 오후 5시 50분이므로 지효는 3시간 20분 동안 낮잠을 잤습니다.

02 5시 10분 전은 4시 50분입니다. 영화 상영 시간이 2시간 25분이므로

2시간 25분 후
4시 50분 ⟶ 7시 15분

영화가 끝난 시각은 7시 15분이고, 이 시각을 거울에 비친 시계에 나타내면 다음과 같습니다.

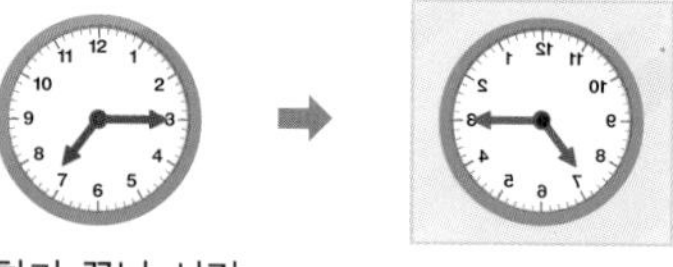

영화가 끝난 시각

정답과 풀이 47쪽

01 다음과 같은 2개의 눈금 없는 삼각자를 사용하여 잴 수 없는 길이를 찾아보시오. ⑤

온라인 활동지

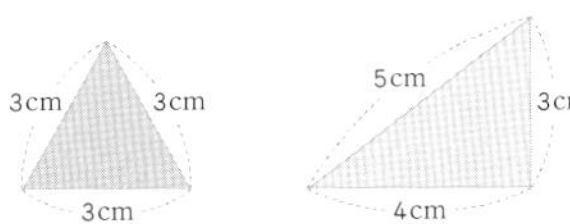

① 1cm ② 2cm ③ 6cm ④ 8cm ⑤ 10cm

02 뮤지컬 공연이 끝났을 때 거울에 비친 시계는 다음과 같았습니다. 뮤지컬 공연을 1시간 50분 동안 했다면 뮤지컬 공연이 시작되었을 때의 시각을 거울에 비친 시계에 그려 보시오.

뮤지컬이 시작된 시각

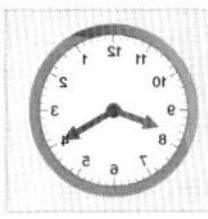
뮤지컬이 끝난 시각

03 2g, 4g, 5g짜리 추가 1개씩 있습니다. 추를 양팔 저울의 한쪽 접시에만 올려 놓을 때, 잴 수 있는 무게는 모두 몇 가지인지 구해 보시오. 7가지

04 시계의 짧은바늘은 숫자 12와 1 사이를 가리키고 긴바늘은 8을 가리키고 있습니다. 이 시각에서 긴바늘을 시계 반대 방향으로 한 바퀴 돌렸을 때의 시각을 거울에 비친 시계에 그려 보시오.

01 2개의 눈금 없는 삼각자를 다음과 같이 사용하여 잴 수 있는 길이를 찾아봅니다.

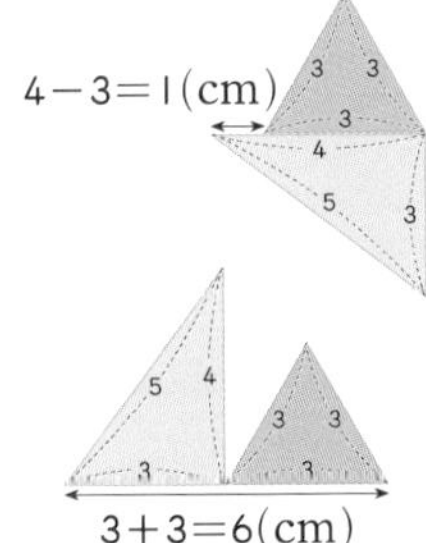

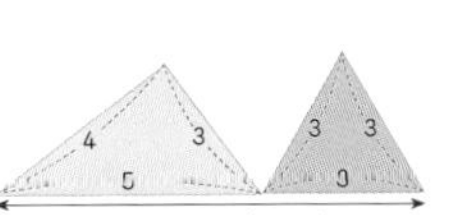

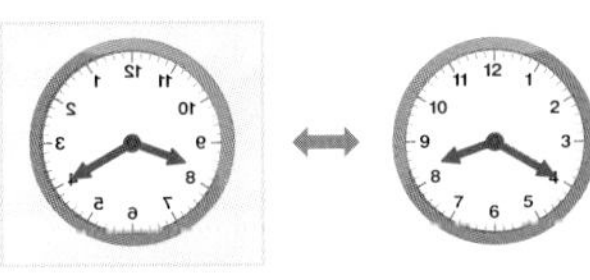

따라서 잴 수 없는 길이는 10cm입니다.

02 뮤지컬이 끝난 시각은 8시 20분입니다.
뮤지컬이 시작된 시각은 뮤지컬이 끝난 시각에서 1시간 50분 전이므로

8시 20분 —1시간 전→ 7시 20분 —50분 전→ 6시 30분

따라서 뮤지컬이 시작된 시각을 거울에 비친 시계에 나타내면 다음과 같습니다.

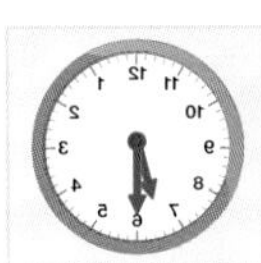

03 추의 개수에 따라 잴 수 있는 무게를 모두 구합니다.
- 추를 1개 사용했을 때: 2g, 4g, 5g
- 추를 2개 사용했을 때: 6g(2+4), 7g(2+5), 9g(4+5)
- 추를 3개 사용했을 때: 11g(2+4+5)

따라서 잴 수 있는 무게는 모두 7가지입니다.

04 시계의 짧은바늘은 숫자 12와 1 사이를 가리키고 긴바늘이 8을 가리키면 12시 40분입니다.
이때, 긴바늘을 시계 반대 방향으로 한 바퀴 돌리면 1시간 전인 11시 40분이 됩니다.

원래 시계

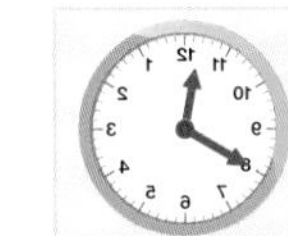
거울에 비친 시계

Perfect 경시대회

정답과 풀이 48쪽

01 연필의 길이는 크레파스의 길이보다 클립 몇 개의 길이만큼 더 긴지 구해 보시오. 3개

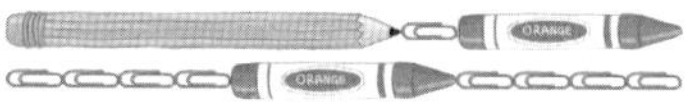

02 주어진 종이를 한 번씩만 사용하여 잴 수 있는 길이는 모두 몇 가지인지 구해 보시오. 온라인 활동지 6가지

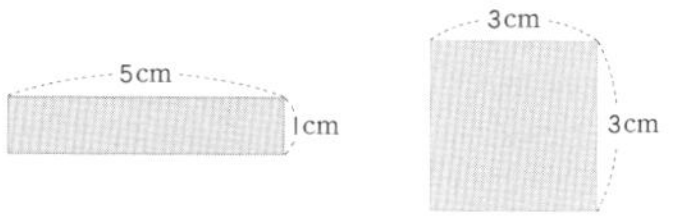

5cm, 1cm, 3cm, 3cm

03 1g인 추 2개, 3g인 추 2개, 5g인 추 2개가 있습니다. 추를 양팔 저울의 한쪽 접시에만 올려놓을 때, 1g에서 20g까지의 무게 중 잴 수 없는 무게를 모두 구해 보시오. 19g, 20g

1g 1g 3g 3g 5g 5g

04 어떤 시계 공장에서 실수로 짧은바늘과 긴바늘이 똑같은 시계를 만들었습니다. 이 시계를 거울에 비친 모양이 다음과 같을 때, 시계가 가리키는 시각은 몇 시 몇 분인지 써 보시오. 5시 45분

104 105

---

01 그림의 에서 크레파스는 클립 4개의 길이와 같고, 그림의 에서 연필은 클립 7개의 길이와 같습니다. 따라서 연필의 길이는 크레파스의 길이보다 클립 3개의 길이만큼 더 깁니다.

02 주어진 종이 1장으로 잴 수 있는 길이는 1cm, 3cm, 5cm입니다.

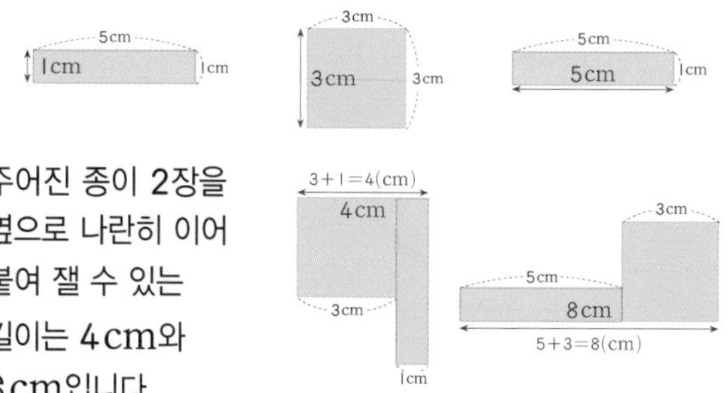

주어진 종이 2장을 옆으로 나란히 이어 붙여 잴 수 있는 길이는 4cm와 8cm입니다.

주어진 종이 2장을 위아래로 나란히 놓아 잴 수 있는 길이는 2cm입니다.

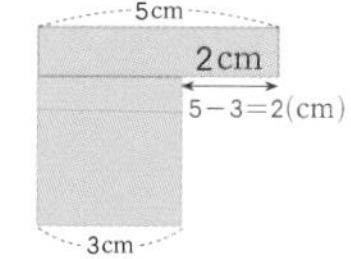

따라서 잴 수 있는 길이는 1cm, 2cm, 3cm, 4cm, 5cm, 8cm로 모두 6가지입니다.

03 1g부터 20g까지의 무게는 다음과 같이 잴 수 있습니다.

무게(g)	식	무게(g)	식
1	1	11	1+5+5=11, 3+3+5=11
2	1+1=2	12	1+3+3+5=12, 1+1+5+5=12
3	3	13	3+5+5=13, 1+1+3+3+5=13
4	1+3=4	14	1+3+5+5=14
5	5, 1+1+3=5	15	1+1+3+5+5=15
6	3+3=6, 1+5=6	16	3+3+5+5=16
7	1+1+5=7, 1+3+3=7	17	1+3+3+5+5=17
8	3+5=8, 1+1+3+3=8	18	1+1+3+3+5+5=18
9	1+3+5=9	19	×
10	5+5=10, 1+1+3+5=10	20	×

따라서 잴 수 없는 무게는 19g과 20g입니다.

04 먼저 주어진 시계 그림에서 왼쪽과 오른쪽이 바뀐 그림을 그려 봅니다.

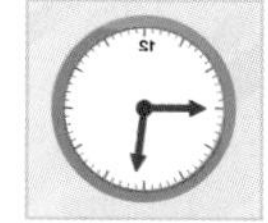
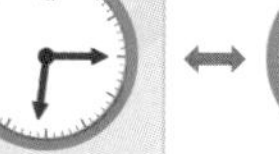

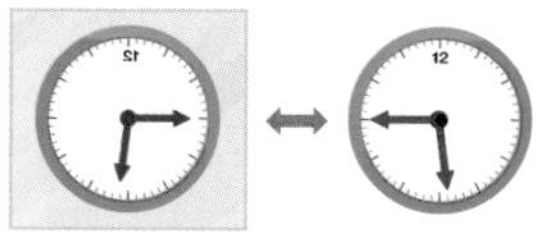

거울에 비친 시계　　원래 시계

원래 시계에서 왼쪽 바늘이 짧은바늘이 되면 긴바늘은 12를 가리켜야 하는데 그렇지 않으므로 왼쪽 바늘은 긴바늘이고, 아래쪽 바늘은 짧은바늘입니다.

따라서 시계가 가리키는 시각은 5시 45분입니다.

Challenge 영재교육원

정답과 풀이 49쪽

01 다음과 같이 2cm, 3cm, 4cm, 10cm 길이의 막대가 연결되어 있습니다.

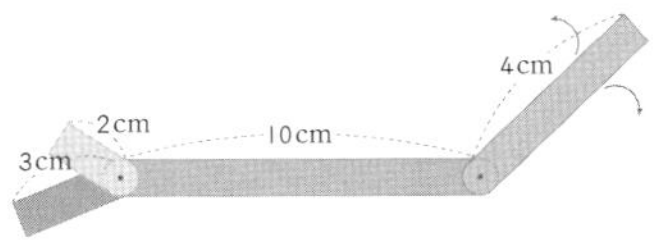

3cm 2cm 10cm 4cm

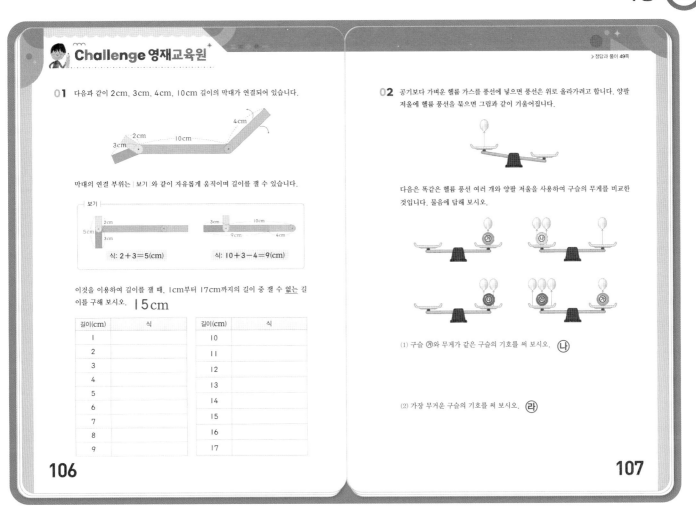

막대의 연결 부위는 보기 와 같이 자유롭게 움직이며 길이를 잴 수 있습니다.

보기

2cm 5cm 3cm 식: 2+3=5(cm)

3cm 10cm 9cm 4cm 식: 10+3−4=9(cm)

이것을 이용하여 길이를 잴 때, 1cm부터 17cm까지의 길이 중 잴 수 없는 길이를 구해 보시오. 15cm

길이(cm)	식
1	
2	
3	
4	
5	
6	
7	
8	
9	

길이(cm)	식
10	
11	
12	
13	
14	
15	
16	
17	

106

02 공기보다 가벼운 헬륨 가스를 풍선에 넣으면 풍선은 위로 올라가려고 합니다. 양팔 저울에 헬륨 풍선을 묶으면 그림과 같이 기울어집니다.

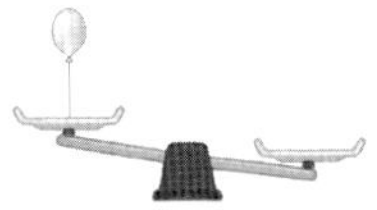

다음은 똑같은 헬륨 풍선 여러 개와 양팔 저울을 사용하여 구슬의 무게를 비교한 것입니다. 물음에 답해 보시오.

(1) 구슬 ㉮와 무게가 같은 구슬의 기호를 써 보시오. ㉯

(2) 가장 무거운 구슬의 기호를 써 보시오. ㉱

107

01 연결되어 있는 막대의 길이의 합과 차를 이용하여 길이를 잴 수 있습니다.

길이(cm)	식
1	3−2=1
2	2
3	3
4	4
5	2+3=5
6	10−4=6
7	10−3=7
8	10−2=8
9	10+3−4=9

길이(cm)	식
10	10
11	10+4−3=11
12	10+2=12
13	10+3=13
14	10+4=14
15	×
16	10+4+2=16
17	10+4+3=17

02 (1) 구슬 ㉮의 무게는 헬륨 풍선 1개가 위로 끌어당기는 힘과 같습니다.

똑같은 헬륨 풍선이 접시를 위로 끌어당기는 힘은 모두 같으므로, 둘째 번 저울에서 양쪽 접시의 헬륨 풍선을 하나씩 빼도 저울은 수평이 됩니다.

따라서 구슬 ㉯의 무게도 헬륨 풍선 1개가 위로 끌어당기는 힘과 같으므로 구슬 ㉮와 무게가 같은 것은 ㉯입니다.

(2) 셋째 번 저울에서 구슬 ㉰의 무게는 헬륨 풍선 2개가 위로 끌어당기는 힘과 같으므로 구슬 ㉮의 무게의 2배입니다.

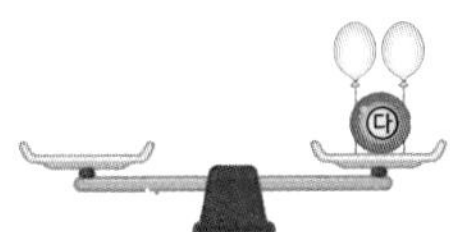

넷째 번 저울은 첫째 번 저울의 수평을 이용하여 오른쪽 저울과 같이 바꿀 수 있습니다.

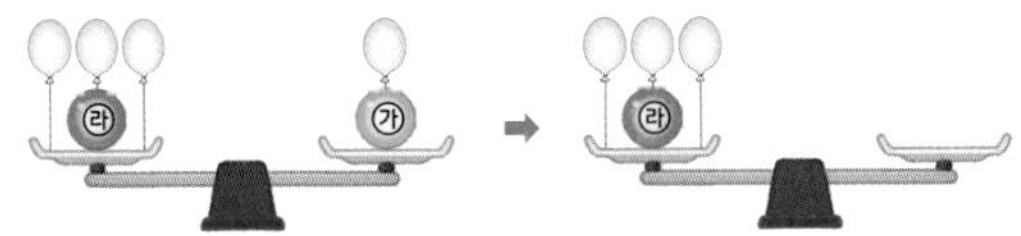

따라서 구슬 ㉱의 무게는 헬륨 풍선 3개가 위로 끌어당기는 힘과 같으므로 가장 무거운 구슬은 ㉱입니다.

형성평가 수 영역

01 1부터 25까지의 수가 쓰여 있는 구슬을 순서대로 나란히 늘어놓았습니다. 숫자 2가 쓰여 있는 구슬은 모두 몇 개인지 구해 보시오. 8개

02 주어진 4장의 숫자 카드 중 2장을 사용하여 만들 수 있는 두 자리 수 중에서 65보다 큰 수는 모두 몇 개인지 구해 보시오. 4개

3 4 6 8

2

03 다음은 네 사람이 한 달 동안 읽은 책의 쪽수를 나타낸 표입니다. 예서, 민준, 은우, 도윤이의 순서로 책을 많이 읽었습니다. □ 안에 알맞은 숫자를 써넣으시오.

이름	예서	민준	은우	도윤
읽은 책의 쪽수(쪽)	995	986	831	830

04 주어진 3장의 숫자 카드를 모두 사용하여 만들 수 있는 세 자리 수 중에서 셋째 번으로 큰 수를 구해 보시오. 380

3 0 8

3

01 1 ~ 9 → 숫자 2가 쓰여 있는 구슬은 1개입니다.
10 ~ 19 → 숫자 2가 쓰여 있는 구슬은 1개입니다.
20 ~ 25 → 숫자 2가 쓰여 있는 구슬은 6개입니다.
따라서 숫자 2가 쓰여 있는 구슬은 모두
$1+1+6=8$(개)입니다.

TIP 22를 두 번 세지 않도록 주의합니다.

02 만들 수 있는 두 자리 수 중에서 65보다 큰 수는 68, 83, 84, 86이므로 모두 4개입니다.

03
- 예서가 읽은 쪽수는 민준이가 읽은 쪽수보다 커야 합니다. 따라서 986보다 크고 일의 자리 수가 5인 수는 995입니다.
- 도윤이가 읽은 쪽수는 은우가 읽은 쪽수보다 작아야 합니다. 따라서 831보다 작고 백의 자리 수가 8, 십의 자리 수가 3인 수는 830입니다.

04 만들 수 있는 수를 가장 큰 수부터 순서대로 쓰면 830, 803, 380…입니다.
따라서 셋째 번으로 큰 수는 380입니다.

형성평가 수 영역

05 숫자가 1개씩 가려진 세 자리 수 '▲83'과 '2▲5'의 크기가 다음과 같을 때, ▲ 안에 공통으로 들어갈 수 있는 숫자를 구해 보시오. 4

▲83 < 529
236 < 2▲5

06 다음 조건에 맞는 두 자리 수를 구해 보시오. 22

조건
- 십의 자리 숫자와 일의 자리 숫자는 같습니다.
- 40보다 작은 수입니다.
- 짝수입니다.

07 다음과 같이 쪽수가 적혀 있는 책을 펼쳤을 때, 쪽수에 적혀 있는 숫자 3은 모두 몇 번 나오는지 구해 보시오. 9번

첫 페이지 4 5 … 34 35 마지막 페이지

08 0부터 9까지의 숫자 카드 중 3장을 골라 이 중 2장을 사용하여 두 자리 수를 만들려고 합니다. 만들 수 있는 수 중 둘째 번으로 작은 수가 12일 때, 고른 3장의 숫자 카드는 각각 무엇인지 구해 보시오. 0, 1, 2

4 5

05 • ▲83 < 529 → ▲ 안에 들어갈 수 있는 수는 1, 2, 3, 4입니다.
• 236 < 2▲5 → ▲ 안에 들어갈 수 있는 수는 4, 5, 6, 7, 8, 9입니다.
따라서 ▲ 안에 공통으로 들어갈 수 있는 숫자는 4입니다.

06 십의 자리 숫자와 일의 자리 숫자가 같은 수는 11, 22, 33…입니다.
이 중 40보다 작은 짝수는 22입니다.

07 4 ~ 9 → 숫자 3은 들어 있지 않습니다.
10 ~ 19 → 숫자 3은 1번 들어 있습니다.
20 ~ 29 → 숫자 3은 1번 들어 있습니다.
30 ~ 35 → 숫자 3은 십의 자리에 6번, 일의 자리에 1번 들어 있습니다.
따라서 숫자 3은 모두 1+1+6+1=9(번) 나옵니다.

08 만들 수 있는 수 중에서 둘째 번으로 작은 수가 12이므로, 가장 작은 수는 10이어야 합니다.
따라서 3장의 숫자 카드에 적힌 수는 0, 1, 2 입니다.

형성평가 수 영역

09 다음을 보고 각 자리 수가 서로 다른 세 자리 수 ★●◆을 구해 보시오. 432

- ★×◆=8
- ★ > ●
- ● > ◆
- ★ < 7

10 □안에 들어갈 수 있는 숫자는 모두 몇 개인지 구해 보시오. 5개

8□−7 < 78

수고하셨습니다!

6

정답과 풀이 50쪽

09
- ★ > ●, ● > ◆이므로 ★ > ● > ◆입니다.
- ★ × ◆ = 8 → ★과 ◆은 8, 1 또는 4, 2가 될 수 있습니다. 그런데 ★은 7보다 작으므로 4입니다. 따라서 ◆은 2가 됩니다.
- ★ > ● > ◆ → ●은 4와 2 사이에 있는 수이므로 3이 됩니다.

따라서 ★●◆은 432입니다.

10 85−7=78이므로, 8□이 85보다 작아야 합니다.
따라서 □안에 들어갈 수 있는 숫자는 0, 1, 2, 3, 4이므로 모두 5개입니다.

형성평가 퍼즐 영역

01 노노그램의 규칙 에 따라 빈칸을 알맞게 색칠해 보시오.

규칙
① 위에 있는 수는 세로줄에 연속하여 색칠된 칸의 수를 나타냅니다.
② 왼쪽에 있는 수는 가로줄에 연속하여 색칠된 칸의 수를 나타냅니다.

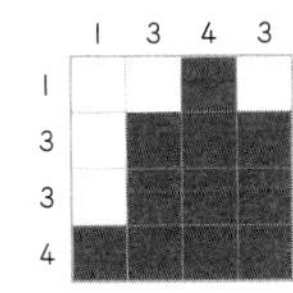

02 브릿지 퍼즐의 규칙 에 따라 선을 알맞게 그어 보시오.

규칙
◯에 적힌 수는 이웃한 ◯와 연결된 선(—)의 개수입니다.

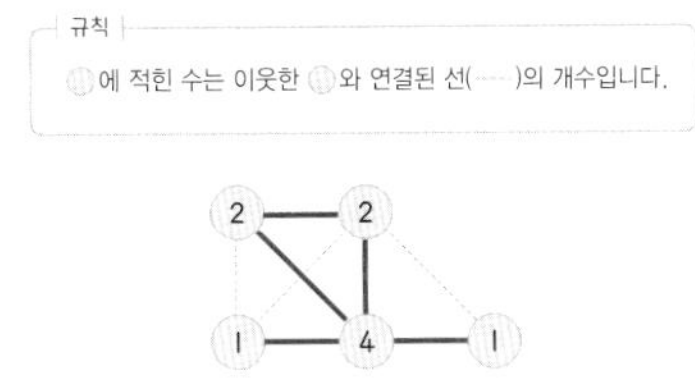

8

03 스도쿠의 규칙 에 따라 빈칸에 알맞은 수를 써넣으시오.

규칙
① 가로줄의 각 칸에 주어진 수가 한 번씩만 들어갑니다.
② 세로줄의 각 칸에 주어진 수가 한 번씩만 들어갑니다.
③ 굵은 선으로 나누어진 부분의 각 칸에 주어진 수가 한 번씩만 들어갑니다.

1, 2, 3, 4

1	3	2	4
2	4	3	1
4	2	1	3
3	1	4	2

04 폭탄 제거 퍼즐의 규칙 에 따라 폭탄을 제거하기 위해 가장 먼저 눌러야 하는 화살표 버튼을 찾아 ○표 하시오.

규칙
① 버튼 위 그림은 주어진 수만큼 화살표 방향으로 이동하여 도착한 버튼을 눌러야 한다는 표시입니다.
예 1: 왼쪽으로 1칸 2: 아래로 2칸
② 그림에 있는 숫자 버튼과 폭탄 제거 버튼을 순서에 맞게 모두 누르면 폭탄이 제거됩니다.

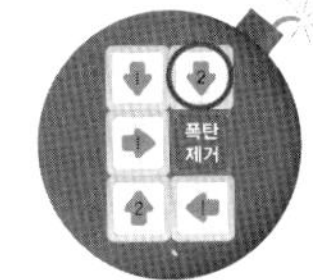

9

01

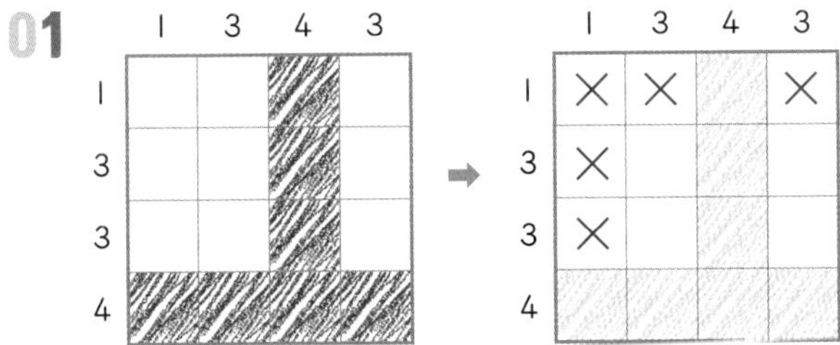

02 먼저 ◯ 안의 수와 선의 수가 같은 곳을 찾아 연결하고, 연결하지 않아야 하는 곳은 ×표하면서 퍼즐을 해결합니다.

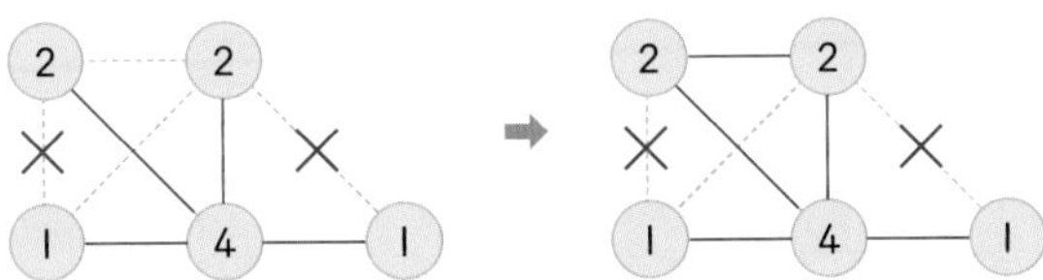

03

1	3		
2	4		1
4			3
3	1	4	

➡

1	3		
2	4	3	1
4	2		3
3	1	4	2

➡ …

04 순서를 거꾸로 하여 번호를 쓰면서 가장 먼저 눌러야 하는 버튼을 찾습니다.

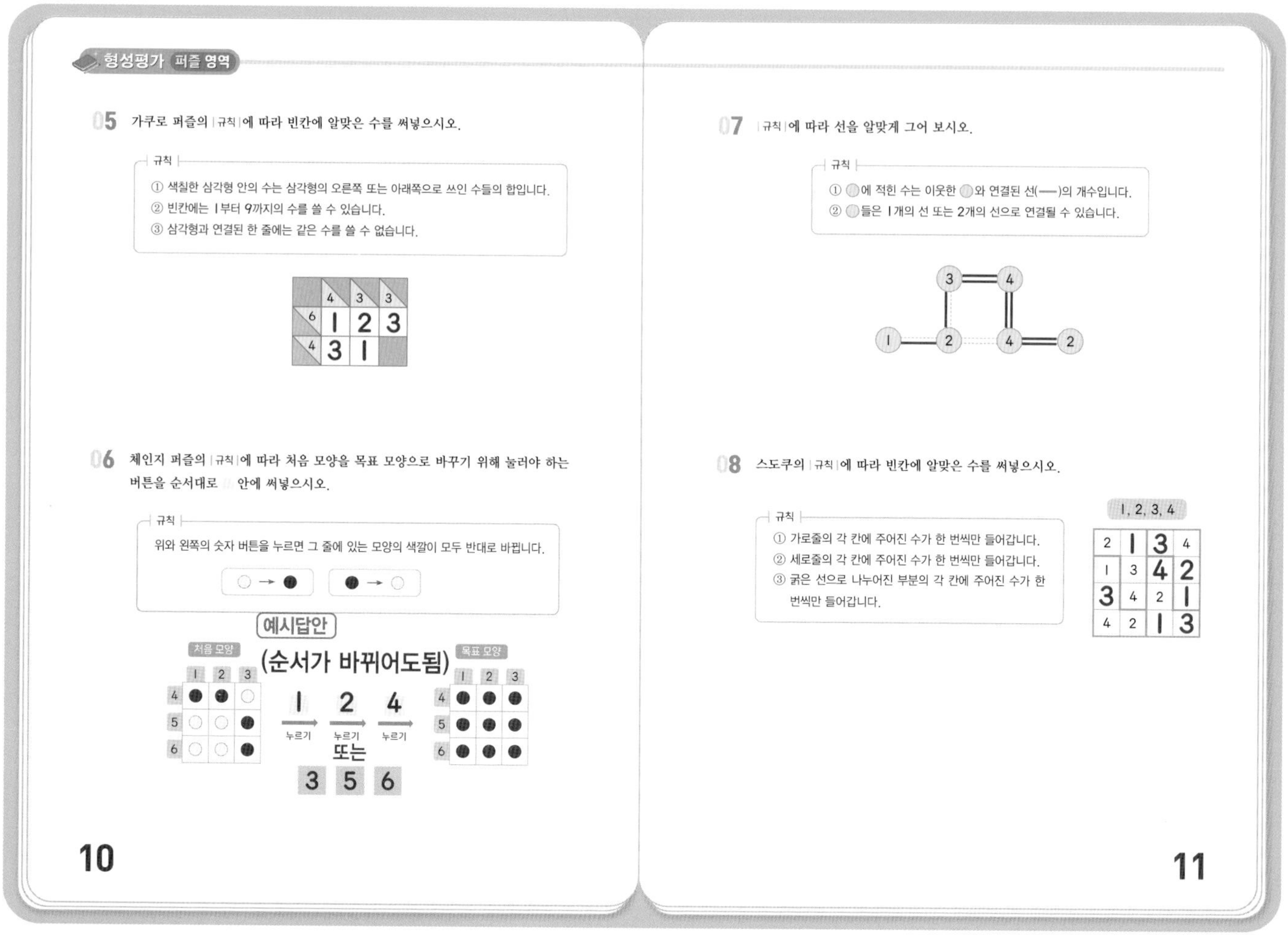

평가

형성평가 퍼즐 영역

05 가쿠로 퍼즐의 |규칙|에 따라 빈칸에 알맞은 수를 써넣으시오.

|규칙|
① 색칠한 삼각형 안의 수는 삼각형의 오른쪽 또는 아래쪽으로 쓰인 수들의 합입니다.
② 빈칸에는 1부터 9까지의 수를 쓸 수 있습니다.
③ 삼각형과 연결된 한 줄에는 같은 수를 쓸 수 없습니다.

	4	3	3
6	1	2	3
4	3	1	

06 체인지 퍼즐의 |규칙|에 따라 처음 모양을 목표 모양으로 바꾸기 위해 눌러야 하는 버튼을 순서대로 안에 써넣으시오.

|규칙|
위와 왼쪽의 숫자 버튼을 누르면 그 줄에 있는 모양의 색깔이 모두 반대로 바뀝니다.
○ → ● ● → ○

예시답안
(순서가 바뀌어도됨)

처음 모양 1 2 4 (누르기) 또는 3 5 6 목표 모양

10

07 |규칙|에 따라 선을 알맞게 그어 보시오.

|규칙|
① ◯에 적힌 수는 이웃한 ◯와 연결된 선(—)의 개수입니다.
② ◯들은 1개의 선 또는 2개의 선으로 연결될 수 있습니다.

08 스도쿠의 |규칙|에 따라 빈칸에 알맞은 수를 써넣으시오.

|규칙|
① 가로줄의 각 칸에 주어진 수가 한 번씩만 들어갑니다.
② 세로줄의 각 칸에 주어진 수가 한 번씩만 들어갑니다.
③ 굵은 선으로 나누어진 부분의 각 칸에 주어진 수가 한 번씩만 들어갑니다.

1, 2, 3, 4

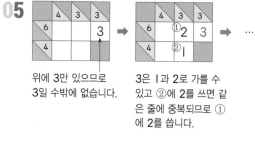

2	1	3	4
1	3	4	2
3	4	2	1
4	2	1	3

11

05

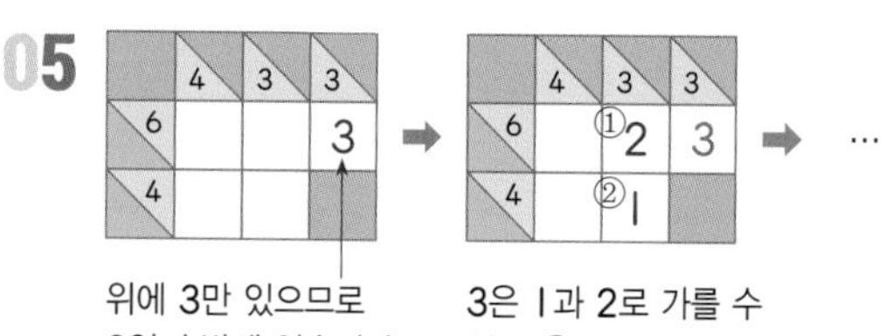

위에 3만 있으므로 3일 수밖에 없습니다.
3은 1과 2로 가를 수 있고 ②에 2를 쓰면 같은 줄에 중복되므로 ①에 2를 씁니다.

06 예시답안

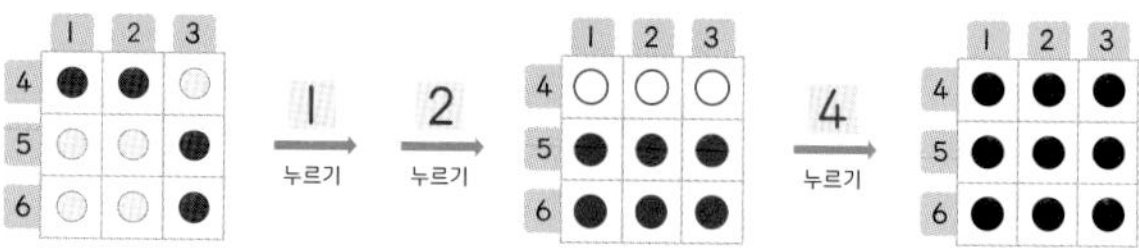

07 먼저 ◯안의 수와 선의 수가 같은 곳을 찾아 연결하고, 연결하지 않아야 하는 곳은 ×표 하면서 퍼즐을 해결합니다.

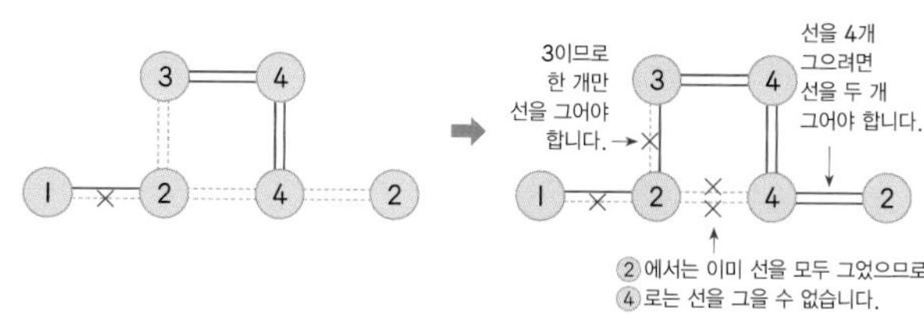

3이므로 한 개만 선을 그어야 합니다.
선을 4개 그으려면 선을 두 개 그어야 합니다.
②에서는 이미 선을 모두 그었으므로 ④로는 선을 그을 수 없습니다.

08

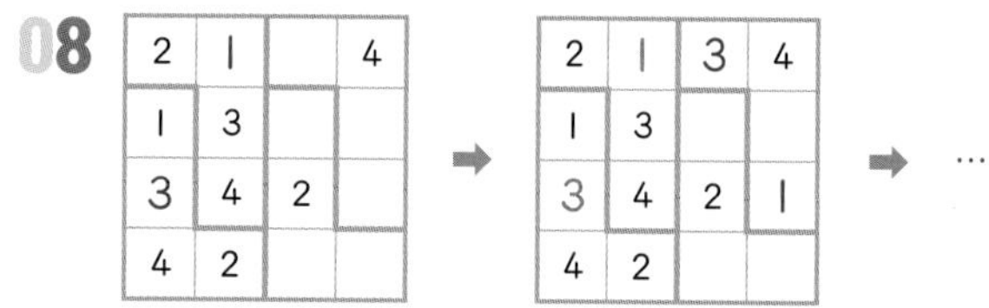

형성평가 퍼즐 영역

09 가로로 퍼즐의 규칙에 따라 빈칸에 알맞은 수를 써넣으시오.

규칙
① 색칠한 삼각형 안의 수는 삼각형의 오른쪽 또는 아래쪽으로 쓰인 수들의 합입니다.
② 빈칸에는 1부터 9까지의 수를 쓸 수 있습니다.
③ 삼각형과 연결된 한 줄에는 같은 수를 쓸 수 없습니다.

	4	8	3
6	1	2	3
4	3	1	
	5	5	

10 규칙에 따라 출발 버튼부터 도착 버튼까지 이동하려고 합니다. 빈 버튼에 알맞은 화살표의 방향과 수를 그려 넣으시오.

규칙
① 버튼 위 그림은 주어진 수만큼 화살표 방향으로 이동하여 도착한 버튼을 눌러야 한다는 표시입니다.
② 그림에 있는 숫자 버튼과 도착 버튼을 순서에 맞게 모두 눌러야 합니다.

출발 2 | 2 | 1
1 | 1 | 도착
1 | 1 | 2

수고하셨습니다!

12

정답과 풀이 53쪽

09

	4	8	3
6			3
4			
	5	5	

➡

	4	8	3
6		①2	3
4		②1	
	5	5	

➡

	4	8	3
6	1	2	3
4	3	1	
	5	5	

3을 1과 2로 가를 수 있고,
②에 2를 쓰면 같은 줄에
중복되므로 ①에 2를 씁니다.

10 출발 버튼부터 순서대로, 도착 버튼부터 순서를 거꾸로 하여 번호를 쓰면 빈 버튼은 5째 번 버튼입니다. 따라서 6째 번 버튼을 향하도록 화살표의 방향과 수를 씁니다.

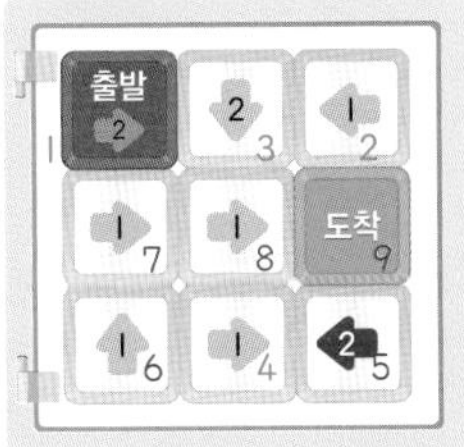

형성평가 측정 영역

01 (초코 도넛)은 (딸기 도넛)보다 (쿠키) 몇 개만큼 더 긴지 구해 보시오. **1개**

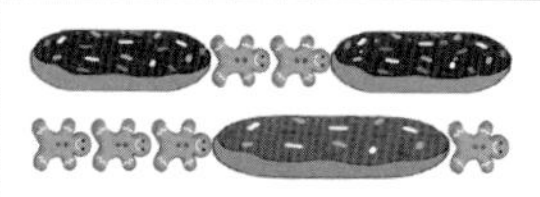

02 어느 해 4월 달력이 찢어져 다음과 같이 일부분만 있습니다. 같은 해 어린이날은 무슨 요일인지 구해 보시오. (단, 어린이날은 5월 5일입니다.) **목요일**

금	토
1	2
8	9

14

03 똑같은 무게의 추와 양팔 저울을 사용하여 딸기 1개와 체리 1개의 무게를 비교하였습니다.

양팔 저울이 수평이 되게 하려면 어느 쪽에 몇 개의 추를 더 올려놓아야 하는지 구해 보시오. (단, 같은 종류의 과일의 무게는 같습니다.) **오른쪽, 2개**

04 길이가 각각 2cm, 3cm, 7cm인 종이테이프가 1장씩 있습니다. 이 종이테이프를 사용하여 5cm를 재는 방법을 모두 구해 보시오.

$2+3=5(cm)$, $7-2=5(cm)$

15

---

01 초코 도넛 1개의 길이는 쿠키 3개의 길이와 같습니다.
쿠키 2개와 초코 도넛 1개의 길이는 쿠키 5개의 길이와 같고, 딸기 도넛 1개와 쿠키 1개의 길이와 같습니다.
딸기 도넛 1개의 길이는 쿠키 4개의 길이와 같으므로 딸기 도넛은 초코 도넛보다 쿠키 1개만큼 더 깁니다.

02 4월 9일은 토요일입니다.
7일마다 같은 요일이 반복되므로 16일, 23일, 30일은 토요일입니다.
4월의 마지막 날은 30일이므로 5월 1일은 일요일입니다.
따라서 어린이날인 5월 5일은 목요일입니다.

4월

일	월	화	수	목	금	토
					1	2
					8	9
						16
						23
						30

5월

일	월	화	수	목	금	토
1	2	3	4	5		

03 체리 1개는 추 3개의 무게와 같고, 딸기 1개는 추 4개의 무게와 같습니다.
양팔 저울에서 왼쪽 접시의 딸기 2개는 추 8개의 무게와 같고, 오른쪽 접시의 체리 2개는 추 6개의 무게와 같습니다.
따라서 오른쪽 접시에 추 2개를 더 올려놓아야 양팔 저울이 수평이 됩니다.

04

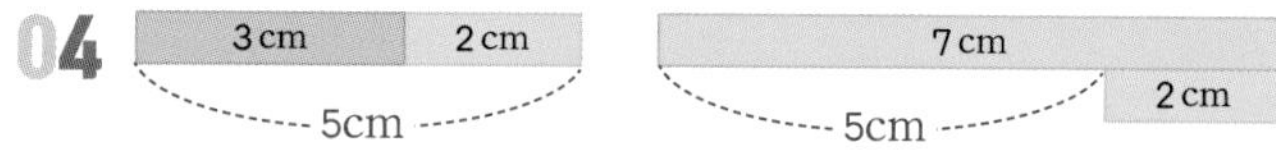

형성평가 측정 영역

05 3g, 4g, 7g짜리 추가 1개씩 있습니다. 양팔 저울의 한쪽 접시에만 추를 올려놓고, 다른 쪽 접시에는 구슬을 올려놓았습니다. 이 양팔 저울로 잴 수 있는 구슬의 무게를 모두 구해 보시오.

3g, 4g, 7g, 10g, 11g, 14g

06 막대 ㉯의 길이는 막대 ㉮의 길이보다 성냥개비 2개의 길이만큼 더 깁니다. 막대 ㉯의 길이는 성냥개비 몇 개의 길이와 같은지 구해 보시오. 6개

16

07 어느 해 12월 22일은 수요일입니다. 다음 해 1월 26일은 무슨 요일인지 구해 보시오. 수요일

08 3g, 4g, 5g짜리 추가 1개씩 있습니다. 추를 양팔 저울의 양쪽 접시에 올려놓을 수 있을 때, 잴 수 없는 무게를 찾아 번호를 써 보시오. ⑤

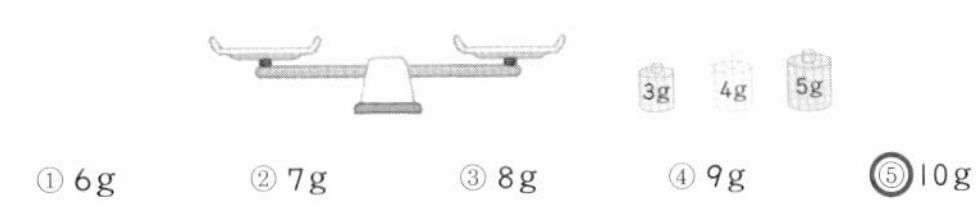

① 6g ② 7g ③ 8g ④ 9g ⑤ 10g

17

05 추의 개수에 따라 잴 수 있는 무게를 모두 구합니다.

- 추 1개 : 3g, 4g, 7g
- 추 2개 : 7g(3+4), 10g(3+7), 11g(4+7)
- 추 3개 : 14g(3+4+7)

따라서 잴 수 있는 무게는 3g, 4g, 7g, 10g, 11g, 14g입니다.

06 막대 ㉯의 길이는 막대 ㉮의 길이보다 성냥개비 2개의 길이만큼 더 깁니다. 따라서 아래 그림과 같이 표시할 수 있습니다.

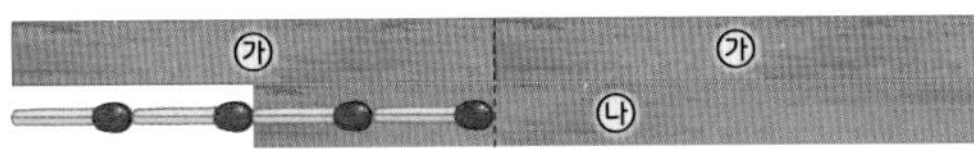

막대 ㉮는 성냥개비 4개의 길이와 같고, 막대 ㉯는 성냥개비 6개의 길이와 같습니다.

07 12월 22일은 수요일입니다. 7일마다 같은 요일이 반복되므로 29일은 수요일입니다. 12월의 마지막 날인 31일은 금요일이므로 다음 해 1월 1일은 토요일입니다. 다시 7일마다 같은 요일이 반복되므로 8일, 15일, 22일은 토요일입니다. 따라서 1월 26일은 수요일입니다.

12월

일	월	화	수	목	금	토
			22			
			29	30	31	

1월

일	월	화	수	목	금	토
						1
						8
						15
						22
23	24	25	26			

08 ① 6g : 4+5−3=6
② 7g : 3+4=7
③ 8g : 3+5=8
④ 9g : 4+5=9
따라서 잴 수 없는 무게는 10g입니다.

형성평가 측정 영역

09 다음은 류하가 숙제를 시작했을 때와 마쳤을 때 거울에 비친 시계입니다. 류하는 숙제를 몇 시간 동안 했는지 구해 보시오. 2시간

시작한 시각 마친 시각

10 다음과 같은 2개의 눈금 없는 삼각자를 사용하여 잴 수 없는 길이를 찾아 번호를 써 보시오. ②

4 cm 4 cm 4 cm 5 cm 3 cm 4 cm

① 1 cm ② 2 cm ③ 7 cm ④ 8 cm ⑤ 9 cm

수고하셨습니다!

18

정답과 풀이 56쪽

09 류하가 숙제를 시작한 시각은 1시 30분이고, 마친 시각은 3시 30분입니다. 따라서 2시간 동안 숙제를 했습니다.

10 2개의 눈금 없는 삼각자를 다음과 같이 사용하여 잴 수 있는 길이를 찾아봅니다.

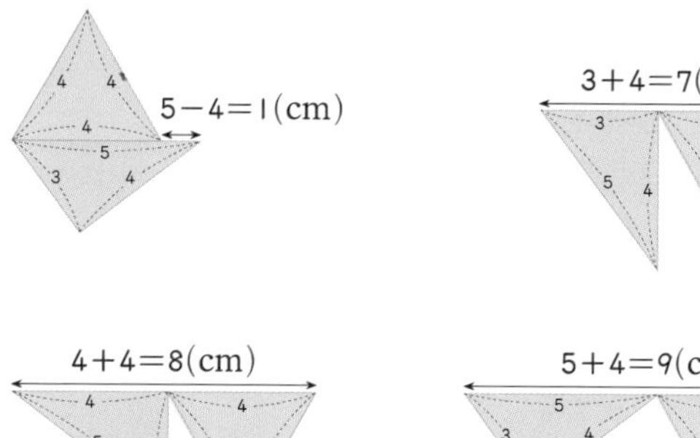

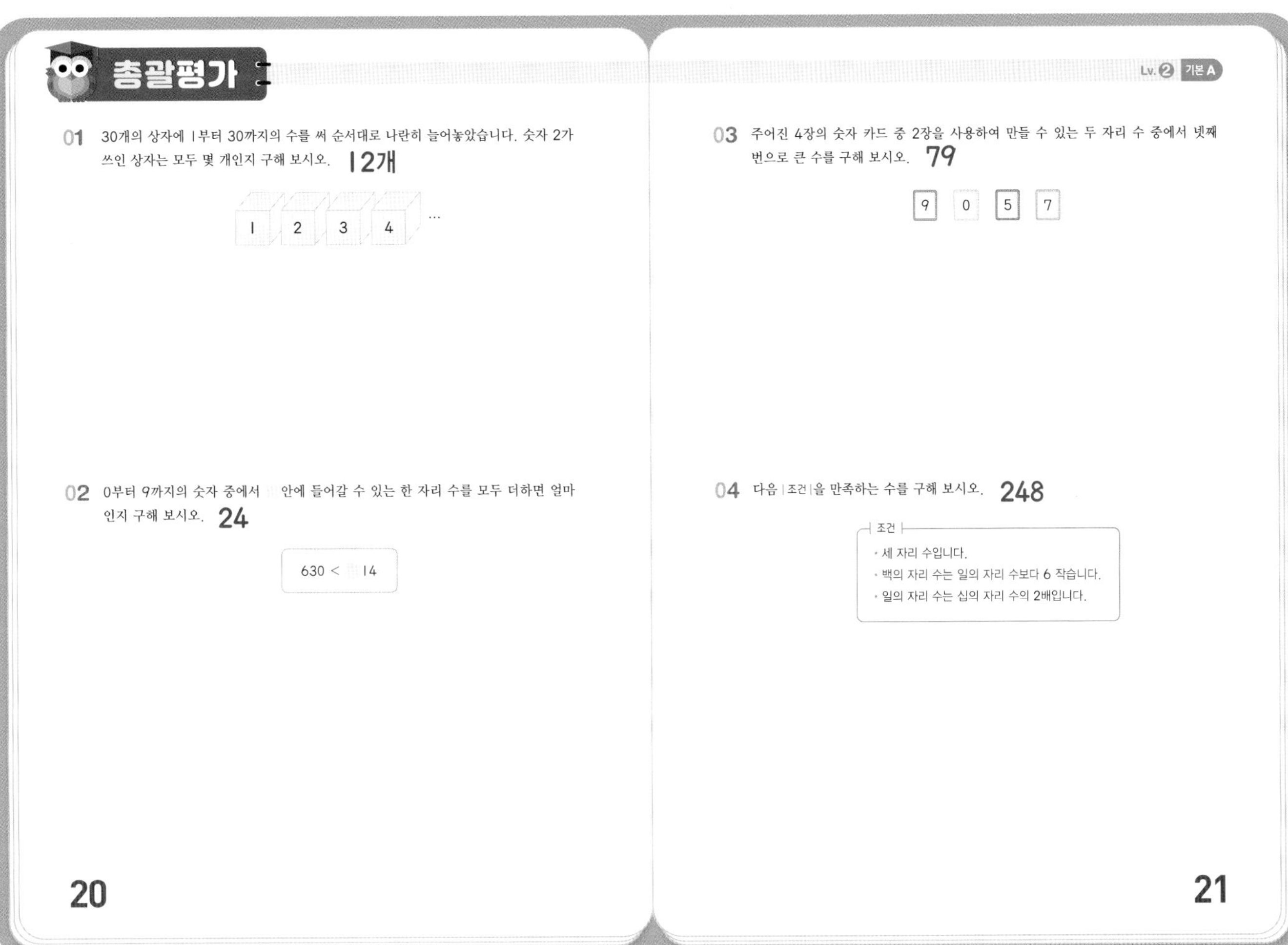

총괄평가

Lv.2 기본 A

01 30개의 상자에 1부터 30까지의 수를 써 순서대로 나란히 늘어놓았습니다. 숫자 2가 쓰인 상자는 모두 몇 개인지 구해 보시오. 12개

02 0부터 9까지의 숫자 중에서 ■ 안에 들어갈 수 있는 한 자리 수를 모두 더하면 얼마인지 구해 보시오. 24

630 < ■14

03 주어진 4장의 숫자 카드 중 2장을 사용하여 만들 수 있는 두 자리 수 중에서 넷째 번으로 큰 수를 구해 보시오. 79

9 0 5 7

04 다음 |조건|을 만족하는 수를 구해 보시오. 248

조건
- 세 자리 수입니다.
- 백의 자리 수는 일의 자리 수보다 6 작습니다.
- 일의 자리 수는 십의 자리 수의 2배입니다.

20 21

01 1부터 30까지의 수에서 일의 자리 숫자가 2인 수는 3개, 십의 자리 숫자가 2인 수는 10개입니다.
이때 22는 두 번 세었으므로 숫자 2가 나오는 상자는 모두 $3+10-1=12$(개)입니다.

02 ■ 안에 들어갈 수 있는 한 자리 수는 7, 8, 9입니다.
이 수들의 합은 $7+8+9=24$입니다.

03 만들 수 있는 두 자리 수는 50, 57, 59, 70, 75, 79, 90, 95, 97입니다. 이 중 넷째 번으로 큰 수는 79입니다.

04 백의 자리 수가 일의 자리 수보다 6 작은 수인 경우는 1□7, 2□8, 3□9입니다.
이 중 일의 자리 수가 십의 자리 수의 2배가 되는 경우는 2□8밖에 없습니다.
따라서 조건을 만족하는 수는 248입니다.

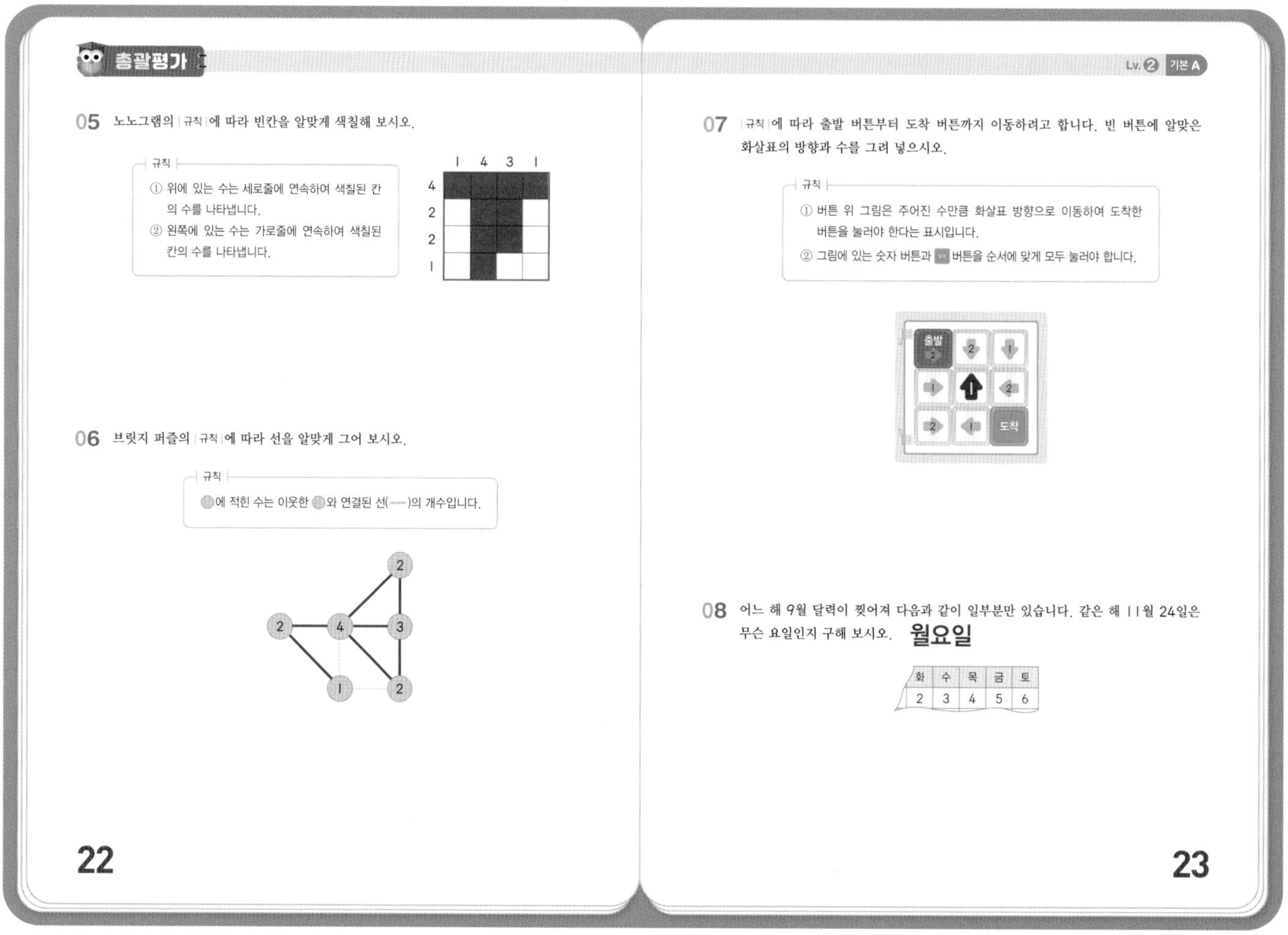

총괄평가

Lv.2 기본 A

05 노노그램의 |규칙|에 따라 빈칸을 알맞게 색칠해 보시오.

규칙
① 위에 있는 수는 세로줄에 연속하여 색칠된 칸의 수를 나타냅니다.
② 왼쪽에 있는 수는 가로줄에 연속하여 색칠된 칸의 수를 나타냅니다.

06 브릿지 퍼즐의 |규칙|에 따라 선을 알맞게 그어 보시오.

규칙
◯에 적힌 수는 이웃한 ◯와 연결된 선(—)의 개수입니다.

07 |규칙|에 따라 출발 버튼부터 도착 버튼까지 이동하려고 합니다. 빈 버튼에 알맞은 화살표의 방향과 수를 그려 넣으시오.

규칙
① 버튼 위 그림은 주어진 수만큼 화살표 방향으로 이동하여 도착한 버튼을 눌러야 한다는 표시입니다.
② 그림에 있는 숫자 버튼과 도착 버튼을 순서에 맞게 모두 눌러야 합니다.

08 어느 해 9월 달력이 찢어져 다음과 같이 일부분만 있습니다. 같은 해 11월 24일은 무슨 요일인지 구해 보시오. **월요일**

화	수	목	금	토
2	3	4	5	6

22

23

05 반드시 채워야 하는 칸부터 색칠하고, 색칠 하지 않아야 하는 칸에는 ×표 해가며 퍼즐을 해결합니다.

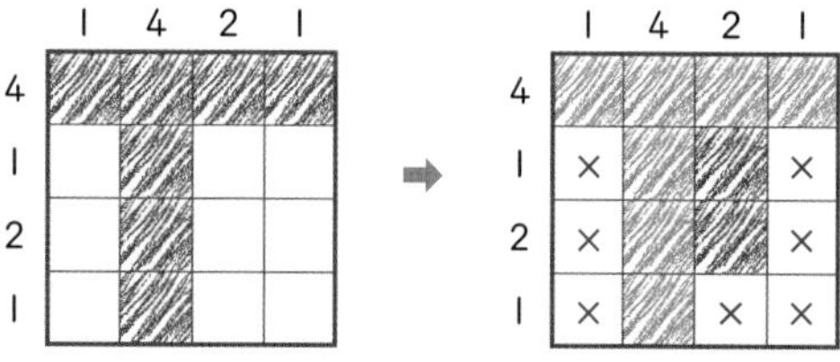

06 먼저 ◯ 안의 수와 선의 수가 같은 곳을 찾아 연결하고, 연결하지 않아야 하는 곳은 ×표 하면서 퍼즐을 해결합니다.

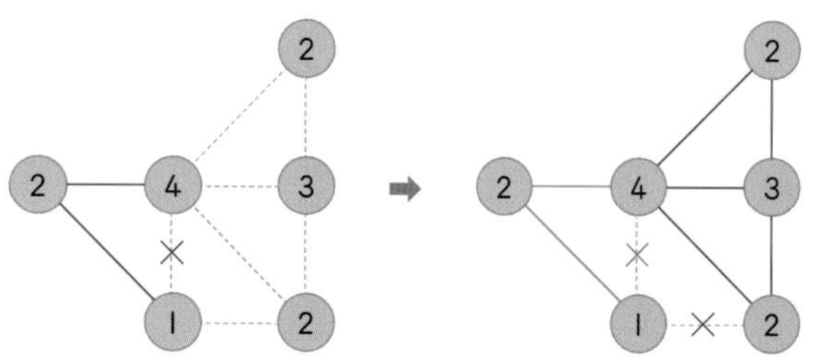

07 출발 버튼부터 순서대로, 도착 버튼부터 순서를 거꾸로 하여 번호를 쓰면 빈 버튼은 5째 번 버튼입니다. 따라서 6째 번 버튼을 향하도록 화살표의 방향과 수를 씁니다.

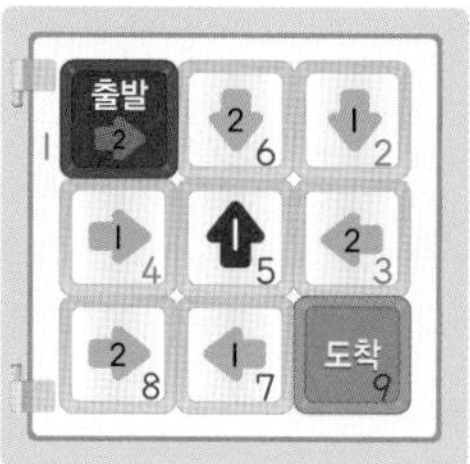

08 9월 2일은 화요일입니다. 7일마다 같은 요일이 반복되므로 2일, 9일, 16일, 23일, 30일은 화요일이고, 10월 1일은 수요일입니다.
10월 1일, 8일, 15일, 22일, 29일은 수요일이므로 30일은 목요일, 31일은 금요일입니다.
11월 1일, 8일, 15일, 22일은 토요일이므로 23일은 일요일, 24일은 월요일입니다.

총괄평가 1
Lv.❷ 기본 A
09 다음은 구슬 3개를 양팔 저울에 올려놓아 무게를 비교한 것입니다. 가장 무거운 구슬부터 순서대로 기호를 써 보시오.(단, 기호가 같은 구슬의 무게는 같습니다.)
㉯, ㉰, ㉮
10 축구 경기가 끝났을 때 거울에 비친 시계는 다음과 같았습니다. 축구 경기를 1시간 40분 동안 했다면 축구 경기가 시작되었을 때 거울에 비친 시계를 그려 보시오.
축구 경기가 시작된 시각
축구 경기가 끝난 시각
수고하셨습니다!
24
정답과 풀이 59쪽

09 구슬 ㉯는 구슬 ㉮와 ㉰를 합한 것보다 무거우므로 3개의 구슬 중 가장 무겁습니다. 또, 구슬 ㉰는 구슬 ㉮보다 무거우므로 둘째 번으로 무겁습니다.
따라서 가장 가벼운 구슬은 ㉮입니다.

10 축구 경기가 끝난 시각은 4시입니다. 축구 경기가 시작된 시각은 끝난 시각에서 1시간 40분 전이므로 2시 20분입니다.
시계의 짧은바늘은 2와 3 사이에, 긴바늘은 4를 가리키도록 그립니다.

MEMO

MEMO

MEMO

팩토는 자유롭게 자신감있게 창의적으로
생각하는 주·니·어·수·학·자입니다.

Free Active Creative Thinking O. Junior mathtian

논리적 사고력과 창의적 문제해결력을 키워 주는

매스티안 교재 활용법!

대상	창의사고력 교재			연산 교재
	팩토슐레 시리즈	팩토 시리즈		원리 연산 소마셈
4~5세	팩토슐레 Math Lv.1 (6권)			
5~6세	팩토슐레 Math Lv.2 (6권)			
6~7세	팩토슐레 Math Lv.3 (6권)	팩토 킨더 A, 팩토 킨더 B	팩토 킨더 C, 팩토 킨더 D	소마셈 K시리즈 K1~K8
7세~초1		팩토 키즈 기본 A, B, C	팩토 키즈 응용 A, B, C	소마셈 P시리즈 P1~P8
초1~2		팩토 Lv.1 기본 A, B, C	팩토 Lv.1 응용 A, B, C	소마셈 A시리즈 A1~A8
초2~3		팩토 Lv.2 기본 A, B, C	팩토 Lv.2 응용 A, B, C	소마셈 B시리즈 B1~B8
초3~4		팩토 Lv.3 기본 A, B, C	팩토 Lv.3 응용 A, B, C	소마셈 C시리즈 C1~C8
초4~5		팩토 Lv.4 기본 A, B	팩토 Lv.4 응용 A, B	소마셈 D시리즈 D1~D6
초5~6		팩토 Lv.5 기본 A, B	팩토 Lv.5 응용 A, B	
초6~		팩토 Lv.6 기본 A, B	팩토 Lv.6 응용 A, B	